20世纪中国科学口述史

The Oral History of Science
in 20th Century China Series

THE AUTOBIOGRAPHY OF
LI HSIEN—WEN

# 李先闻自述

李先闻 / 著

湖南教育出版社

# 总序 1

•席泽宗•

正当 21 世纪开头的时候,湖南教育出版社策划编辑出版一套《20 世纪中国科学口述史》丛书,有计划地访问一些当事人,希望他们能将亲历、亲见、亲闻的史实口述回忆,让采访者整理成文字和音像资料,为后人留下一些宝贵的文化财富。这是一件很有意义的事,应该得到各方面的支持。

口述历史很重要。《论语》就不是孔子(前 551—前 479)的著作,而是口述。这情形与希腊的苏格拉底(约前 470—前 399)及其以前的哲学家们相似。那个时代学者们还没有自己著书立说的习惯,思想学说都是靠自己口述而由门人弟子记录下来的。正如《汉书·艺文志》所说:"《论语》者,孔子应答弟子、时人,及弟子相与言而接闻于夫子之语也。当时弟子各有所记,夫子既卒,门人相与辑而论篡,故谓之《论语》。"《论语》被奉为儒家经典,流传两千多

---

席泽宗(1927—2008),天文史学家,中国科学院院士(1991)。

年，一字值千金。我们当代人的所见、所闻、所历，不能与之相比，但"集腋成裘，聚沙成塔"，贡献出来，流传下去，对社会还是有益的。

司马迁著《史记》，上古部分文献太少，主要根据"传说"（一代一代"传"下来的"说"，即口述、口述、再口述），准确的年代只能从西周共和元年（前841年）算起，这不仅给年代学留下了一个空当，因而有今日的"夏商周断代工程"，还给后人提供了怀疑的口实。辛亥革命前后，国内外出现了疑古思潮，提出"东周以前无史"论，企图把中国文明史砍去一半。幸而这时在河南安阳殷墟发现了甲骨文，王国维于1917年写了《殷卜辞中所见先公先王考》及《续考》，指出甲骨文中发现的殷商王室的世系，与《史记·殷本纪》中所载相吻合，《殷本纪》中的口述记载只有个别错误。这就把中国有文字可考的历史，由东周上推了近千年。由此，王国维提出"二重证据法"："古书之未得证明者，不能加以否定，而其已得证明者，不能不加以肯定。"他又于1926年在上海《科学》杂志第11卷第6期上发表《最近二三十年中国新发现之学问》一文，指出中国历代出现的新学问大都是由于新的发现。他举了很多例子，最重要的是汉代曲阜孔壁中古文和西晋汲冢竹书的发现，说明新材料对于学术的推动作用。与此同时，胡适于1928年在《新月》第1卷第9期上写了一篇《治学的方法与材料》，进一步指出，我们不仅是要找埋在地下的古书，更重要的是要面向自然界找实物材料。他说："材料可以帮助方法；材料的不够，可以限制做学问的方法；而且材料的不同，又可以使做学问的结果与成绩不同。"他用1600年到1645年间的一段历史，进行中西对比，指出所用材料不同，成绩便有绝大的不同。这一段时间，中国正是顾炎武（1613—1682）、阎若璩（1636—1704）这些大师们活动的时代，他们做学问也走上了新的道路，站在证据上求证明。顾炎武为了证明衣服的"服"字古音读做"逼"，竟然找出了162个例证，真可谓小心求证。但是，他们所用的材料是从书本到书本。和他们同时代的西方学者则大不相同，像开普勒、伽利略、牛顿、列文虎克、哈维、波义耳，他们研究学问所用的材料就不仅仅是书本，更重要的是自然界的东西。哈维在他的《血液循环论·自序》中说："我学解剖学和教授解剖学，都不是从书本上来的，是从实际解剖来的；不是从哲学家的学说上来的，是从自然界的条理上来的。"结果是，他们奠定了近代科学的基础，开辟了一个新的科学世界。而我们呢，只有两部《皇清经解》做我们300年来的学术成绩。

1915年《科学》的创刊和中国科学社的成立，标志着近代科学开始在中国落地、扎根，但成长、壮大、开花和结果，还有待于努力。中央研究院（1928年）、北平研究院（1929年）、中央工业试验所（1929年）、中央农业试验所（1931年）等国家科研机构的相继建立，《大学组织法》（1929年）、《大学规程》（1929年）和《学位授予法》（1934年）等的颁布，都为科学的进一步发展提供了必要条件。至1949年，全国已有700多位科学家在200余所高等院校、60多个科研机构、40多个学术团体中工作。用卢嘉锡半开玩笑的话来说，"这是一支物美价廉、经久耐用的队伍"。李约瑟把他记述抗战时期中国科学家工作的一本书，取名《科学前哨》（*Science Outpost*）。他在序中说："书名似

乎应当稍加解释。并不是我们中英科学合作馆的英籍同事远在中国而以科学前哨自居。我所指的是我们全体，不论英国人或中国人，构成中国西部的前哨。""这本书如有任何永久性的价值，一定是因为它提供了一类记录（虽然不甚充分）……看到中国这一代科学家们所具有的创造力、牺牲精神、坚韧、忠诚和希望，我们以和他们在一起为荣，今天的前哨就将成为明天的中心和司令部。"

李约瑟的预言即将实现。1949年中华人民共和国的成立，为科学的发展提供了前所未有的有利条件。1956年制定的《1956—1967年科学技术发展远景规划纲要》，通过十几个重大项目、几十个重点研究任务、几百个中心课题，把第二次世界大战以来的新科学和尖端技术都涵盖于其中，下决心，攀高峰。据杨振宁搜集起来的10项产品的年代比照，我们的赶超速度是很快的。从原子弹到氢弹，我们所花费的时间最少：法国8年，美国7年，英国5年，苏联4年，中国3年，爆炸在法国之前。还要注意一点，别的国家的科学家，是全力以赴搞科学，中国科学家要政治学习、劳动锻炼、下乡"四清"，至于"文化大革命"那样的干扰，更是史无前例，就连"中国核弹之父"钱三强也不能幸免。1978年以后，抛弃以"阶级斗争为纲"，才把书桌子放稳，安下心来搞科研，然而在市场经济大潮的冲击下，也有新的问题。科学是没有阶级性的，但是科学家是在社会中生活的，科学事业是社会建构的一部分，都有时代的烙印。与过去300年相比，科学在20世纪的中国，特别是后50年，取得了举世瞩目的成就。总结这段历史经验，对于21世纪科学的发展无疑是有借鉴意义的。这项工作国内有许多人在做。

  湖南教育出版社邀请有经验的专家组成编委会，派人准备从人物（包括科研组织管理工作者）、学科、事件等方面进行访谈和旧籍整理，这无疑是一种新的形式。口述历史虽然是历史学的最初形态，但那时没有录音、摄像等设备，也没有现在的严密组织准备，效果是不一样的。因此，我相信，这套书一定能成功，故为之序。

2007 年 10 月于北京

20 世纪是中国社会巨变的一个世纪，也是中国科学大发展的一个世纪。

中国的现代科学是在西方科学传入之后发展起来的。远在明末清初，西方科学就传到了中国。但从明末到清末，300 年的"西学东渐"，其主要成果不过是翻译介绍了一些西方科学著作，传播了一些科学知识。到了 20 世纪，中国才出现了现代意义的科学事业和科学家。

20 世纪之初，在以"新政"为标榜的政治和社会改革风潮中，延续千年的科举制度被废除，近代新学制开始在全国范围内实施，现代科学被纳入我国教育体制，从此科学知识成为中国读书人的必修课程，科学观念逐步深入人心。"赛先生"与"德先生"成为五四新文化运动的两面旗帜。

20 世纪二三十年代，特别是国民政府成立之后，国立和

---

韩启德（1945—　），病理生理学家，中国科学院院士（1997）。现任全国人大常委会副委员长，九三学社中央主席，中国科学技术协会主席。

私立大学的科学教育和科研水平稳步提高，以中央研究院为代表的专门科研机构逐步建立，一系列专业学会成立起来并开展各种学术活动，奠定了我国现代科学各主要学科的基础。然而，日本侵华战争使我国刚刚起步的现代科学事业遭到严重摧残。抗战胜利后，内战又使科学事业在短期内无法恢复元气。

中华人民共和国成立之后，在中国共产党的领导下，科学事业受到前所未有的重视。建国后不久，国家就陆续成立了从中央到地方的各级综合性和专业性科研机构，调整和新建了一大批高等院校，组织实施了一系列重大科研计划。在20世纪的50年代末到60年代，以"两弹"（原子弹和导弹）研制、大庆油田的开发和人工合成结晶牛胰岛素等重大成就为标志，我国科学事业实现了跨越式的发展。不幸的是，不断升级的政治运动严重干扰和破坏了科学事业。"文化大革命"十年动乱，使我国科学不进反退，拉大了我们与世界先进水平的差距。

改革开放迎来了中国科学的春天，知识分子终于彻底摘掉了"臭老九"的帽子，我国科技工作者焕发出前所未有的活力。经过科技体制改革的探索，在20世纪末，我国确立了"科教兴国"战略。近年来，国家对科技的投入大幅增长，科研水平稳步提高，我国科学技术全面发展的时代正在到来。

一个世纪之前，中国的现代科学事业几乎还是一张白纸。今天的中国科学已经以崭新的面貌自立于世界。"两弹一星"、杂交水稻、载人航天等一系列成就，标志着我国科学技术事业的空前发展，同时也极大地提升了我国的国际地位。但我们也应清醒地认识到，我们与国际科学技术的先进水平还存在相当差距，我们仍然在探索适合中国国情的科技发展道路，建立完善的现代科研体制的任务还没有完成。

　　中国现代科学技术的发展既有顺利的坦途，也历经坎坷和曲折。艰苦的物质条件和严酷的政治运动没有动摇中国科技工作者的爱国报国之心和求索创新之志。为中国科学技术事业建立功勋的既有像"两弹元勋"一样的科学英雄，更有许多默默无闻、甘于奉献的科技工作者。他们的名字，他们的事迹，是中国现代历史中的重要篇章。比较令人遗憾的是，我们很少见到中国科学家的自述、自传一类的作品。因此，许多科学家的事迹，他们的奋斗与探索，还不大为社会所了解；许多珍贵的历史资料，随着一些重要当事人的老去而永远消失，铸成无法挽回的损失。

　　湖南教育出版社出版的这套《20世纪中国科学口述史》丛书，在一定程度上弥补了这个缺憾。口述历史的特点是真实生动、细节丰满、可读性强。这套丛书中，无论是口述自传、个人或专题访谈录，还是科学家自述，都出自科学家、科技管理者、科学普及工作者或科技战线的其他工作者的亲口或亲笔叙述，是中国现代科学事业的参与者回忆亲历、亲见、亲闻的史实，提供了许多鲜为人知、鲜活逼真的历史篇章，可以补充文献记载的缺失，是我们研究中国现代科学发展史的珍贵资料。同时，书中也展现了我国科技工作者爱国敬业、艰苦探索、勇于创新、无怨无悔的精神境界，必将激励后来者为发展我国的科学技术而努力奋斗。

　　近年来，访谈类节目在电视、电台热播，大受欢迎。我相信，《20世纪中国科学口述史》丛书也一定能赢得读者的喜爱，在我国科学文化建设中发挥应有的作用。故乐为之序。

2007 年 10 月于北京

# 主编的话

一

在 2002 年春召开的全国政协九届五次会议期间，历史学家李学勤和文物保护专家胡继高两位先生提交了一项《关于建立"口述学术史资料中心"的建议案》。提案称：20 世纪已成为历史，在新世纪里中国的学术发展将达到高潮，因此需要有计划地系统积累各学科历史的资料。他们认为"这对于继承老一代科学家的精神和成就，总结各学科的发展经历，推动新世纪中我国学术的创新进展，必能起重要的作用"。提出的具体建议是，由科技部、教育部牵头，联合中国科学院、中国社会科学院、中国工程院等单位，共同建立"口述学术史资料中心"。

会后，由科技部会同有关部门协商后答复："目前可考虑在中科院、社科院等相关院所及一些大学，根据科学技术和人文社会科学的不同性质和各门学科发展的具体状况，选择有关专家、学者开展相应工作。"中国社会科学出版社随即于当年启动了《口述历史》丛刊和《口述自传丛书》的出版计划。再后，由中国社会科学院近代史研究所等单位发起成立了"中华口述历史研究会"，在学术界与各种媒体的

推动之下，近年出现了一股不大不小的"口述史"热潮。

笔者于1990年代主持中国科学院院史资料征集工作，初以建院早期史为重点，参与和组织了对一些老科学家和老领导的人物访谈。近年在上述李、胡提案的影响之下，有张柏春、王扬宗等同道先后商议组织力量开展中国近现代科学口述史的工作，我亦与闻其间，且曾与刘钝先生联名向有关领导提出过相应建议。2006年春，欣逢湖南教育出版社有意出版这样一套丛书，派员来京商谈，在席泽宗、王绶琯等学术界前辈的支持下，他们属意于新世纪的先进文化建设，决心力著先鞭，遂有《20世纪中国科学口述史》丛书之启动。

## 二

西方自文艺复兴以来，经过宗教改革、世界地理大发现、科学革命和产业革命，建立了资本主义主导的全球市场和近代文明。在此过程中，科学技术的迅猛发展为社会发展提供了最强大的动力，其影响至20世纪最为显著。

在从传统社会向近代社会的转型中，国人知识结构的质变，第一代科学家群体的登台，与世界接轨的科学体制的建立，现代科学技术学科体系的形成与发展，乃至以"两弹一星"为标志的一系列重大科技成就的取得，都发生在20世纪。自1895年严复喊出"西学格致救亡"，至1995年中共中央、国务院确定"科教兴国"的国策，百年中国，这"科学"是与"国运"紧密关联着的。百年中国的科学，也就有太多太多的史事需要梳理，有太多太多的经验教训需要总结。

关于20世纪中国历史的研究，可能是格于专业背景方面的障碍，治通史的学者较少关注科学事业的发展，专习20

世纪科学史者起步较晚，尚未形成气候。无论精治通史的大家学者，抑或研习专史的散兵游勇，都共同面临着一个难题——史料的缺乏。

史料，是治史的基础。根据 20 世纪科学史研究工作的特点，搜求新史料，应该注意以下 4 个方面：

1. 文字记载类。既存史料有比较集中之收藏者，一是以出版物为主的图书馆，一是以行政文书为主的档案馆。从高度分散的各种文献中寻找科学史料，是一项沙里淘金的劳动。收藏丰富的图书馆数量之少，档案馆的开放程度之低，又都给这一搜求增加了相当的难度。挖掘新史料，我们不能把眼睛只盯在图书馆和档案馆，还应该关注在现行常规体制运行之外的非正式出版物，如各种学术机构和社团印行的内部资料，个人印制的作品集，以及特殊时期（如"文革"）形成的文字资料等，散落于社会之中的名人日记、信函和手稿等则尤为珍贵。

2. 亲历记忆类。在时间距离上，20 世纪与我们相去未远，大量的史实还在阅历丰富的老人们的头脑中保留着印记。亲身经历过 20 世纪科学事业发展且做出过重要贡献的科学家和领导干部，大都已是高龄。以 80 岁左右的老人为例，他们在少年时代已亲历抗日战争，大学毕业于共和国诞生之初，而国家科学事业发展的"黄金十年时期"（1956—1966）则正是他们施展才华、奉献青春、激情燃烧的岁月。这些留存在记忆中的历史，对文字记载史料而言，不仅可以大大填补其缺失，增加其佐证，纠正其讹误，还可以展示出当年文字所不能记述或难以记述的时代忌讳、人际隐秘关系和个人的心路历程。科学研究过程中的失败挫折和灵感顿悟，学术交流中的辩争和启迪，社会环境中非科学因素的激

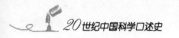

励和干扰等，许多为论文报告所难以言道者，当事人的记忆却有助于我们还原历史的全景。

3. 图像资料类。首要是照片。由于摄影技术的发展和普及，个人拍摄和收藏的照片，在数量上要远远多于现有馆藏。其次是在科研活动中形成的，如地图，星图，动、植、矿物标本图，野外考察写生等。由于图像留存的是直观的形象和场景，是事物外观的近真写照，为文字所难以表现和不能表现，在反映科学事业发展史的史实细节方面，就更有其特殊价值。如何收集、辨识、编订和利用这些图像资料，是一项很具挑战性、新颖性和重要性的课题。与此相关，长期以来，电影中的科教片和新闻片，以及后来居上的电视媒体中，也有很多珍贵的科学历史镜头，其史料价值如何有效地利用也是很值得注意的。至于摄像设备进入寻常百姓家，反映科学发展的新影像资料更上层楼，显然应该将其纳入史料收集的常规工作，但这已是 20 世纪后期的新事物，就抢救而言，当前不是关注的重点。

4. 实物遗存类。因为时间上相去不远，如重要机构旧址、名人遗物、奖章证书、牌匾徽识，以及不同时期具有特别意义的观测实验仪器、发明样品等，所在多有。这很需要通过鉴定和筛选，除少量有可能进入文物保护系列或成为博物馆收藏之外，还有相当数量应予以造册登记，向有关机构说明其历史价值，鼓励他们自行采取适当的暂时保护或收藏措施，以防大量迅速毁损或流失。我们相信，随着中国在新世纪里文化建设高潮的出现，博物馆事业的兴起则势在必然，历史较久的科研院所和大学等机构，以及各地、各部门和各学科的科学史工作者，应该提早行动，勿待临渴而掘井。

本丛书以"口述史"冠名，正是要承担起挖掘和抢救亲历记忆类史料的任务。

# 三

口述史或口述历史（oral history），关于其定义，目前尚没有定论。

对一般公众而言，不要把口述史理解为对一般历史常识的"口述"，它不是教师用以在课堂讲述的历史讲义，当然更不是说书人用来在舞台上表演的历史演义。对史学家而言，可以在史料学范围内从方法学的角度对口述史做系统研究，但不可能完全在口述史料的基础上打造出任何一门"史学"分支（不管是断代史，还是专门史）。口述史的直接产品，毕竟是记录亲历者忆述的录音光碟和文本。不管是中文的"历史"，还是英文的 history，词义多歧，而与我们史学研究直接相关者有两种解释：一是指历史学，二是指对过去发生事情的记载。如果把后者转化为史学用语，就应该解读为"史料"。中国现代史的口述史名家唐德刚先生，在回答人们的提问时就明确地说过："口述历史并不是一个人讲一个人记的历史，而是口述史料。"①

口述史的"核心"是"被提取和保存的记忆"②，这样，如何进行提取和保存，就只是个技术手段的问题。不管是刀刻或笔录，还是录音或录影；不管是竹片或纸张，还是录音带或光碟，都是随着不同时代的技术进步而逐步改进发展的。现时代的录音技术，只是为现时代口述史提供了高水平

---

① 唐德刚：《文学与口述历史》。见《史学与红学》。桂林：广西师范大学出版社，2008 年，第 19 页。

② 唐纳德·里奇著，王芝芝、姚力译：《大家来做口述历史》。北京：当代中国出版社，2006 年，第 2 页。

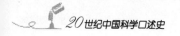

的技术保障，但不应该以它作为定义口述史的充分性因素。发明录音机之前也有笔录的口述史，即使在已经普及录音机的今天，某些情况下未能使用录音机而采取笔录的方式，也不能否定其口述史的价值，更何况今后可能还会有比录音机更先进的仪器设备出现。因此，本丛书要求当前承担任务的作者都要做访谈录音，但也接纳早年间没有录音条件而进行笔录访谈的文本。

再者，访者要在访谈之前做好提问的准备，这是必须的。不过，准备是否完善，不仅取决于访者的工作态度，也依赖于访者的专业水平。当前在专业水平不可能一步到位而又不可能从容等待的情况下，对访谈者和受访者之间的互动水平就不能要求过高。只有放手做去，在干中学，才能逐步提高。能够把亟待抢救的抢救出来，就是有价值的。国际间的现代口述史研究已经广泛地辐射到社会学、新闻学、语言学、人类学、民俗学和医学等多种学科领域中，而本丛书的目标只是面向20世纪中国科学史的研究，只是把"口述史"用来做挖掘和抢救这类史料的一种重要方法。这或许不过是文献档案的补充与延伸而已，那就权作我们处于口述史的"初级阶段"吧。

20世纪，渐行渐远。我们搜求与这百年有关的记忆史料，抚其尾，还仿佛就在昨天，而望其首，已是遥不可及。记忆存在于人的头脑中，而人的生命是有限的。因此，有别于挖掘其他史料者，口述史的工作安排尤需注意轻重缓急。

"口述史"是用来做挖掘和抢救亲历记忆史料的重要方法，但不是唯一的方法。鉴于此，本丛书在倡导按口述史的现代标准开展工作的同时，还应适当放宽尺度，不拘一格，将某些很有价值的笔述回忆类史料也有选择地纳入"丛"中。

# 四

本丛书选择亲历中国 20 世纪科学技术发展史的中国著名科学家作为主要访谈对象，本求真之原则，记录其亲历亲闻的史实，并按大致统一的编例整理成书稿。

科学，作为一种社会事业，除科学研究之外，还包括科学教育、科学组织、科学管理、科学出版、科学普及等各个领域，与此相关的人物和专题皆可列入选题，而不只限于著名科学家。从学科的角度说，人文社会科学领域中凡与自然科学有交叉而互动发展的内容亦将收录。

根据迄今实际情况，拟将书稿划分为 5 种体例：

1. 人物访谈录——以问答对话方式成文。

2. 口述自传——以第一人称主述，由访问者协助整理。

3. 自述——由亲历者笔述成文。

4. 专题访谈录——以重大事件、成果、学科、机构等为主题，做群体访谈。

5. 旧籍整理——选择符合本丛书宗旨的国内外已有出版物重刊。

形式服务于内容，还可视实际需要而增加其他体例。

受访者与访问者双方同为各书的作者。忆述内容应以亲历者的科学生涯和有关活动为主线展开，强调要以人带史，以事系史，忆述那些自己亲历亲闻的重要人物、机构和事件，努力挖掘科学事业发展历程中的鲜活细节。

书中开辟"背景资料"栏，列入相关文献，尤其是未经披露的史料，同时还要求受访者提供有历史价值的图片。这些既是为了有助于读者能更好地理解忆述正文的内容，也是为了使全书尽可能地发挥"富集"史料的作用。

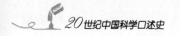

有必要指出，每个人都会受到学识、修养、经验、环境的局限，尤其是人生老来在记忆力方面的变化，都会影响到对史实忆述的客观性，但不能因此而否定口述史的重要价值。书籍、报刊、档案、日记、信函、照片，任何一类史料都有它们各自的局限性。参与口述史工作的受访者和访问者，即便是能百分之百做到"实事求是"，也不能保证因此而成就一部完整的信史。史学研究自有其学术规范，不仅要用各种史料相互参证，而且面对每种史料都要经历一个"去粗取精，去伪存真"的过程。本丛书捧给大家看的，都是可供研究20世纪中国科学史的史料，囿限于斯，珍贵亦于斯。

受访者口述中出现的历史争议，如果不能在访谈过程中得以澄清或解决，可由访问者视需要而酌情加以必要的注释和说明。如对某些重要史实有不同的说法，则尽可能存异，不强求统一，并可酌情做必要的说明或考证。因此，读者不必视为定论，且可质疑、辨伪和提出新的史料证据。

本丛书将认真遵循史学规范，推动口述史的发展，并兼及搜求各种回忆类史料，以研究20世纪中国科学史为目标，以挖掘和抢救史料为急务！

欢迎各界朋友供稿或提供组稿线索，诚望识者的批评指教。谨以此序告白于20世纪中国科学史的研究者和爱好者。

樊洪业

2008 年 10 月于中关村

# 目录

CONTENTS

# 出版说明

李先闻（1902—1976），四川江津人，植物遗传学家。1915 年，李先闻考取清华留美预备学校，在清华学习八年。1923 年赴美进入普渡大学农学院园艺系学习，1926 年毕业后转往康奈尔大学研究生院深造，在育种系著名遗传学家爱默生教授（R. A. Emerson）指导下学习遗传学。他在康大的同窗中，有不少人后来都成为国际著名的遗传学家，其中与他交谊最深的同学好友比得尔（G. W. Beadle），因提出"一个基因一个酶"的学说而获 1958 年诺贝尔生理学医学奖。李先闻于 1929 年获博士学位后回国，先后在中央大学、东北大学、北平大学任教。其间一度因没有找到合适的工作，靠在清华大学作体育教员和篮球教练为生。1932 年后，李先闻任教于河南大学，1935 年转到武汉大学任教。1938 年初入川，到四川省农业改进所工作。其间，他以服务桑梓、报效祖国为志愿，在作物的遗传学研究和育种栽培上都做出了重要的成绩，并培养了李竞雄、鲍文奎等杰出人才。1944 年夏，他奉命与几位专家一道赴美国考察农业，至次年 5 月回成都。1946 年转任中央研究院植物研究所（上海）研究员。1948 年当选为中央研究院首批院士。同年底，李先闻赴台

湾，先后在台湾糖业公司屏东甘蔗育种场、台南糖业试验所从事甘蔗育种改良工作达14年，被台湾农民誉为"甘蔗之神"。1954年起他还受命筹建台湾中研院植物研究所，1962年任所长。晚年他从事水稻诱变育种研究，数年之间选获了优异的水稻矮秆品系，享誉国际。1971年，李先闻因病退休。1976年7月4日因心脏病发作逝世。

李先闻在台北中研院工作期间与胡适多有接触，受胡氏之影响，他晚年开始撰写回忆录，于1969至1970年陆续在《传记文学》上发表。1970年略加修订，结集为《李先闻自传》，由台湾商务印书馆于1970年出版。这一自传，把他一生的曲折经历，所见所闻，直白地呈现给读者，是一位终生献身学术研究的科学家，在曲折动荡的时代中人生经历的全景纪录。从辛亥革命到第二次世界大战，从清华学堂的师生到美国康奈尔大学研究院的著名遗传学研究集体，从教育学术界的世象和潜规则到家庭琐屑，世态炎凉、人情冷暖，作者都娓娓道来、不厌其详。周诒春、马约翰、盛世才、胡适、朱家骅、赵连芳、胡子昂、沈宗瀚、蒋彦士等中国现代教育、科学乃至政界的知名人物，经作者寥寥数笔，精神面貌俱现。全书文笔细腻平实，品评人物秉笔直书，对美、日等国科学家的研究风格和作风有独到的观察和中肯的评论，对自己的工作和贡献的叙述也很客观。这些特征，使《李先闻自传》在中国近现代科学家的自传中堪称不可多得之作。

作者疏于中文写作，叙述中有时出现与中文语法相格的字句组合，总体来说，书中前多半比较流畅，后面的少半部分经常出现表述不顺畅，甚至明显有标题与内容不合，体例前后不一，情节重复，时序错乱，以及"一逗到底"、主语不清而致语意模糊的叙述。这可能是因为作者初时处于静心写作的状态，有时间从容修改，而在被杂志连载发表之后，其后续之文则不免成文匆促所致。

这次在大陆重版，编者做了如下整理：

一、对繁体字、数字和标点符号做规范处理。在原文若因改动而可能产生歧义时，则不做改动。对大陆以外华语中如菲列宾（菲律宾）、雪梨（悉尼）、司坦福（斯坦福）等长期形成的惯用译名不做改动。

二、对原书内容尽量维持原貌，仅对 20 世纪六七十年代因两岸对立而出现的习惯性表述作了个别技术处理；对原书中少量明显的书写或排印错误做必要改正；对书中记误的人名径改不注，如"田中义磨"（田中义麿）、"刘承超"（刘承钊）、"乐天愚"（乐天宇）、吴韫桢（吴韫珍）、叶矫（叶峤）、叶大绂（俞大绂）、李整理（李正理）、陈品枝（陈品芝）等。

三、原书最后两章的叙事脉络比较混乱，编者在保持原有叙事文字内容的基础上，对若干节段的位序做了调整。

四、按图随文走的原则对原书插图的位序做了调整。原书中作者的插图说明比较随意而无规范，此次做了相应改写。

五、由编者改动或添加的个别文字以楷体置于〔 〕之中。对作者叙述中涉及的某些重要人物或事项、重要的失实叙述和个别冷僻用词等予以说明，脚注皆为编者注（原书无脚注）。

六、李先闻在《李先闻自传》出版后曾撰文《难忘的老同学比得尔》（原载《传记文学》第 22 卷 5、6 两期），因系其亲历亲闻，此次收入本书附录中。为使读者对李氏一生有一概括了解，编者选择了李竞雄撰写的《李先闻》一文（中国科学技术协会编《中国科学技术专家传略·理学篇·生物学卷 1》，1996 年，河北教育出版社）附于书后。

七、附录中的《李先闻年表》和《李先闻主要著述目录》，是由整理者在李竞雄撰文的基础上订补而成。

八、经上述整理后，按本丛书的统一规范，将书名改为《李先闻自述》。

樊洪业　王扬宗
2009 年 2 月 5 日

# 自 序

AUTHOR'S WORDS

1968 年是我的"生病"年。先是高血压，住在荣民总医院四十天，8 月初又患大吐而特吐脱水太多病，再进院住了四天。之后，不慎在家中重重地跌了一跤，右臂的筋络，伤得很重。

1969 年春天，在家中静养。李有柄大夫谆谆地告诫我，不要去办公室，不要烦心，也不要过度用脑。换句话说，不用做事，不要读书。自从 1968 年生病起，每天只能走路。其他桌球、单车等比较剧烈一点的运动，因心脏衰弱及高血压的缘故都不能再去"摸"了。好动的我，这不能，那也不可。自己想想，我的头脑尚未完全不能用，当可以做一点事。

自 1961 年从台南搬到南港中央研究院定居后，当时常和适之先生在一起，一方面可以向这一代学人请益，一方面可共商中研院研究工作的进行及科学在中国生根的问题。闲谈时，适之先生常常提到人们写自传的重要性，很引起我的注意。那时我不过是一个努力工作的工作者，加以自己的中文，虽曾写过几篇论文，但并未写过长篇的著作，有心也无能力写。经过这个长时期的休养后，于是想到以写自传来度

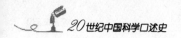

过这个无聊的岁月，一方面可以把自己一生奋斗的经验告诉年青的一代，勉人也是自勉。1969年4月开始用"摆龙门阵"的方式，讲与代笔人一句一句地写。经代笔人整理后，再改正三四次，然后正式誉抄给刘绍唐兄在《传记文学》杂志上发表。5月起，该杂志以"一个农家子的奋斗"为标题开始刊登。7月间，我的右臂逐渐复原，从1932年春到河南大学以后开始，都是自己的写作。1969年7月在南港主办暑期科学研讨会生物组，8月底至10月半到美国参加国际植物学会，顺道考察及探亲，写作工作暂停了一个多月。回国后，重新开始继续写，一直写到1970年4月2日，前后共花九个多月时间，把前半生六十年的经历，写了约有二十万字，告一段落。在此我要谢谢《传记文学》杂志编者刘绍唐兄的鼓励与爱护，同事张元和女士的整理及抄写。在写作的长时间中，承李有柄大夫随时照料，给予医药的调养，使我健康没有恶变，反而精神与体力一天一天地健旺起来。最后，我要谢谢商务印书馆主持人王云五先生的爱护，把我这前半生的奋斗经过，编印成单行本，由该馆刊行。

1970年4月3日晨7时写于南港

# 1

CHAPTER ONE

我的家世

我的祖籍是广东梅县。清朝太平天国时，李大顺、李二顺在下川东一带作乱，把那一带的人都杀完了。清朝政府强迫移民到那儿去，我的先祖永良公夫妇也是被迫迁去的移民。因为他们到得晚，四川江津好一点的地方，都被那些捷足先登的人划地为界，据为己产了。永良公就只得在长冲场，后来变为我们大祠堂原址［处］搭一个高粱栅，住下来。

先祖"填川"

我们客家人过去已迁移过三次，这是第四次迁徙，迁到四川的。客家人有不屈服，置之死地而后生的坚毅个性，虽然处境艰难，总能求生存。我的先祖刻苦耐劳地替人家种田、做佣工，以维持生活，儿女倒生了不少。中国人家谱上只记载男性，女性是不记载的，所以，我不知道有几位高祖姑母，只知道有五位高祖。我的高祖用芳公排第三，也就是始迁祖永良公的第三个儿子。他老人家在一家磨坊里做长工，每天陪着蒙了眼的不停转磨的牛在磨房里，两脚两手不停地踏着筛着土制的筛面粉器，勤勤恳恳地做工。忠厚诚实

客家人的个性

地为人，被老板赏识了，于是帮助他，多给他些钱，叫他自己做生意。因此，他陆续地买起田地，置起产来。中年以后，他拥有八百多担租谷，家境渐渐好转。用芳公手足情深，讲究义气，觉得自己有了田地，兄弟们还在外边吃苦，替人家做工，于心不安。就把田分为六份，将在外面挑水为生，或做其他零工的四位兄弟们都找回来。每人分赠一份，留一份做"蒸尝"①。大家继续地耕田种地，务农为业。

**川东的租谷制**　　川东的租谷制，每担租（六十老秤斤计）自己种的话，每年可十足收一担谷子，或者更多些。假若租给别人种，每年就只分到七成或六成，雨水不调的话甚至只能收五成或更少些。

**李家排行**　　我们李家排行是用"永、用、元、善、培、先、泽、世、传、德、业、绍、家、声"十四个字。我是第六代。我的曾祖元兴公分在凌家坝居住，只两弟兄。祖父善伦公，号天和，兄弟二人，排行第二。当时族人中"善"字辈大排行起来，已有三十六位了。其中有一位住在"砖房"的堂房曾祖，中过举，显亲扬名，娶了有钱的马氏夫人。富贵都有了，可惜马老太太有遗传性的疯病，也带给他们那房后代有疯病遗传的不幸。

祖父善伦公在六岁时跌伤，发育后背驼手弯。小时又被顽皮孩子在耳边放炮仗，把耳朵震聋了。他老人家原配卢氏祖母，是位迟钝的人，而且又有肺病，只生大伯父一人，就早死了。他们那房的后代，都比较迟钝，也有好些生肺病**"枯病窝"**的，人们就说我们家中是"枯病窝"（当时人称肺病为

————————
① 用于祭祀祖先开支的田产。

"枯病")。

卢氏祖母去世后，继娶张氏祖母，生二伯父（号耀群），父亲（名培辛，号崇光），和四叔培癸（号哲夫）三人。

张氏祖母是个能干识大体的人，刻苦耐劳，相夫教子。夏天绩麻，冬天纺纱，陪着儿子们读书，读到深更半夜，希望儿子们成名，光耀门庭。可是我父亲读书只读到十八岁，就因为要管家事种田，丢掉了书本。二伯父是念得满腹经纶，但因光绪末年变法，废科举，所以也没有中举的机会。后来考取官费，出国到日本，学速成师范。四叔先习武，想考武举，也因科举废了，就自费去日本学法政。

废科举

我还记得，那时我家是只能温饱的中产之家。人口众多，上下有四桌人吃饭，没有多余的钱供子弟出洋念书，又不能不让能读书、力求上进的四叔去求学。在非出洋不可的情形下，就借"印子钱"给他去日本。印子钱是每年连本带利加一倍偿还的，假若当时只借一百两银子，但几年后，就变为欠下数千两的债了，这是中国农村流行的高利贷。抗战胜利我离开四川时，这个制度还在盛行。

"印子钱"

四叔在日本早稻田大学读书时，就加入同盟会，热心革命。回国后，先到宜昌任职，后调重庆法政学校教书。他是中山先生派回四川七位同志之一，暗里为推翻满清进行各种活动。他回国做事后，慢慢才还清出国前所借的"印子钱"。

辛亥革命成功，四叔跃上政坛，当了重庆警察厅长。接事时，厅里只有一支枪，还打不响。第二年改任铜圆局总办，每年分红所得不少，又做做生意，家中境况大好。可是好景不长，四叔被调赴北京做事，大哥从陆军学校就请长假回家，吃喝嫖赌把现银子都挥霍完，家中又回到以前的境

"绅粮之列"

3

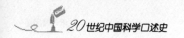

地。但是还有二百多担租和柑子园，因叔叔做过官，就挤在"绅粮"① 之列，打肿脸充胖子，坐吃山空了。由勤俭绩麻纺纱人家，变为江津城中的"绅粮"首户，装面子并不是一件好事。

家境好好坏坏，对我似乎没有多大关系。还是四叔力主我投考清华，到外面去念书，才使我由一个农家子变成了洋学生。这关系我一生的命运极大。

---

① 绅士和粮户，泛指地方上有地位、有财势的人家。

# 2

## CHAPTER TWO

小学时候

我于 1902 年 10 月 10 日出生在四川江津登杆坡老家。四川人生下来，过了一整年才算一岁，与下江人生下来就算一岁不同，这个算法和现在所谓实足年龄恰恰相同。算起来，今年我已经六十六岁了。

先母蓝氏，共生八胎。有一男一女，生下来就夭折，其余都是亲自抚养长大的①。当时先父当家，母亲既要照顾孩子，又要煮饭管家务，够辛苦的。幸而，我们这房人都很健壮，不然，母亲就更辛苦了。

我在本房行三，大排行第四，凌家坝这一支我最小，是先祖的宠儿。

童年的事，就记得的几件旧事：

（一）张阿婆（祖母）在祖父六十岁时去世的。祖父又续弦娶了一位阿婆，姓氏想不起来了。祖父活到八十岁才逝

四川人的年龄算法

---

① 据昆虫学家朱弘复忆述，李先闻与聂荣臻有姻亲关系。编者按，李家在江津长冲场登杆坡，聂家在江津吴滩场郎家村，两家相距不远。但聂李两人的回忆文字中互未提及，注此备考。

世，可算高寿了。叔叔伯伯们也有好多位七十、八十多岁才寿终的，李家人似乎都长寿。

（二）家里平常过日子，都很节省，以青菜、豆腐为主要菜。逢三、六、九，赶场日子才买四两肉，红烧烧，专供祖父吃，吃不完，蒸蒸再吃。祖父欢喜我，吃饭时我坐在他老人家旁边，每每可以吃到他夹给我一块小小方方连皮的红烧肉。这份额外的恩惠，是我独享的。

（三）有次走路不小心，在石板地上摔一跤，额上跌裂开，至今还有一块疤。

（四）后来念书时，如果字写得好，有双圈的，母亲就奖赏四分之一的咸鸭蛋。蛋是家里鸭子生的，母亲腌的。

（五）大哥到外县念书，二哥进金山寺小学，堂姊妹不少，但没有男孩子和我玩，我似乎有些孤单。

四岁多入小学1906年9月，我才四岁多，就让我去半里外的金山寺小学念书。第一年，由佃户凌老三每天背我去上学，第二年就让我自己走去。这一年二哥又离开金山寺到重庆去上学，我一人走，时时心惊骇怕，就怕被疯狗咬着，所以拿了七节的黑竹当打狗棒。据说疯狗怕七节黑竹，想起来真好笑，也不知有什么根据。不过有一根竹棍在手，胆子自然也大些。

金山寺原来是个庙，改为学校时把菩萨打掉，庙产也充公了。这是五年制初小。我的开蒙老师是刘鸿都先生，教的是新课本。上小学以前，在家中由先父教过念《三字经》、四书五经之类的书。校里没有钟，但是大家都得很早就去。"神童"之誉我念书，倒是不要老师费心，因为在家已有相当基础，所以每年都考第一，在乡里便有"神童"之誉。

我从小就喜欢管大家的事情。记得同学们在老师没有来以前，吼着，跑着，跳着，闹成一团。我怕老师来了要责罚，就悄悄爬到后面一棵大榕树上，在上面可以清清楚楚看得见老师远远由石板路上走上来，一见老师，连忙爬下树来，通知同学说："老师来了。"于是同学们擦擦汗，匆忙就座，嘴里才呀呀呀呀念起书来，老师还以为大家很用功哩！我这样冒险做守卫，放弃游嬉，并不是受谁之托，而是发自内心的一种行为，并且引以为快。

放暑假时，闲在家里，也闲不住，田里正需要人，我便去帮忙割草，放牛，捉黄鳝，挖泥鳅。收谷子时，跑到田里去拾稻穗子，目的还是在捉蚱蜢。捉到时拿住它后面两条长腿，蚱蜢一磕一磕的好像磕头，实在太好玩了。

台大钱校长说过："神童和神童在一起比较，就有差别了！"这句话很有道理。我在小学功课好，被称为"神童"，九岁一过，去重庆进开智高小念书，那里聚集各校的高材生，就把我比下来了。祖父口中的"吾家千里驹"，金山寺"李先闻神童"，在开智高小并不能名列前茅。因为后天的培养，没法赶上住"砖房"的堂兄弟。他们家里有钱，请名师授课。他们天资说起来和我差不多，后天的教养比我好，所以我便瞠乎其后了。

*重庆开智高小*

先四叔希望我学业成绩优良，叫我转学到依仁高小攻读。依仁是聚兴诚银行老板杨家创办的，师资好。校长姓何，教务长姓李，都是日本留学生。杨三老板太太——陈老师是留美的，担任英文课。同班有大小七位男生，杨家子弟学业都很出众，也是一个有良好后天培养的例子。

*依仁高小*

在依仁，一年要花八十元学费（每元可兑换一百四十铜圆），当时一个鸡蛋只要一文钱，可见学费之贵了。

有一次操木枪，我不留心摔坏了，要赔偿一元四角。二哥陪我到铜圆局驻渝办事处四叔那里，背一大串制钱来赔。二哥一路走，一路埋怨我，不该那样不小心，摔坏木枪，要赔这么多钱。但是摔也摔坏了，叫我有什么办法，懊悔也来不及了！

离家两年在重庆依仁读书，常常想家，想父母，路远不能回家，有时到香水河二伯父家去住住。

祖父过七十大寿，全家大小三十几人都到重庆，住铜圆局（重庆对岸）四叔那里，开了一百多桌烧烤席。那时我才第一次穿呢马褂，好像小大人，但脾气还是小孩脾气。有次父亲来看我，我请假到二伯父家会父亲。想多留父亲一会，又没有好办法挽留，于是打算从二伯父家小楼上跳下去。心想，如果跌伤，父亲岂不是可以多留一会，看护我吗？这种幼稚、愚蠢的苦肉计，还没有来得及实现，父亲已离我而去。

重庆到江津，距离一百二十华里，旱路走一天，水路（下水）二三小时，但不让我回家，大概一方面怕我回家耽误功课或心软，一方面也是省路费。我在学校，并不怎么用功，常躲在臭茅厕里看小本的小说书（《济公传》、《七侠五义》、《封神榜》等），看上半小时，苍蝇闹哄哄的也不管。

先二伯母师范毕业，在重庆当女中校长。二伯父做另一中学的教员。他们住在香水河，实在是一条大而臭的排水沟。二伯母有"枯病"（肺病），发起来要喝童便治疗。我已十岁了，还叫我撒尿给她喝。当时医药不发达，人们都相信秘方。

**童便治肺病**

# 3

投考清华

CHAPTER THREE

民国三年（1914）高小毕业，四叔要我考清华。清华是庚子赔款美国退回来的一部分款子创办的，依各省所摊赔款数额决定各省学生名额。我们四川那年派有九个名额。

四叔于二次革命后，被分派参加共和党，派别不同，暑假铜圆局要办交卸。那时也正是我们要去成都考清华的时期，把钞票装在竹子编的书箱下面，表面上放一两层书。同行的有杨家老九、老十、罗同学和我，还有各县派的保护人员。三十多人浩浩荡荡，翻山越岭，一直到了成都，幸未出事。

报考清华是限定十一岁到十三岁，但别地方来的，说不定有超过年龄限制的学生在内。一共四五百人，聚集在城东的联合中学之内。初考录取三十名，我就名落孙山。杨家老九、老十都考取了，复试时一人正取，一人备取。四叔安慰我，叫我明年再考，回依仁补修一年再来。

这回给我的刺激，也可以说是鼓励很大。回重庆住在二伯父家走读，晚上点油灯温书。二伯父教我国文，所以后来

报考清华，第一次名落孙山

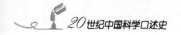

我的数学较差，国文还不错。

第二年暑假，只我一人跟着两个抬我轿子的轿夫，去成都赶考。临动身的前一晚，我一夜没有睡，哭到天明。想起头一年大批人热热闹闹地去，现在一人冷冷清清，有些害怕。二次革命后，散兵游勇，流为盗匪，漫山遍野随处皆是。这一千多里，要走十一天路程的长途，我才十二岁，自然有些提心吊胆。

从重庆到成都

何校长受四叔之托，打发轿夫们抬我上路，在五里路么店歇脚，十里路的场上吃"帽儿头"。在"未晚先投宿，鸡鸣早看天"的情形下，经过十几县。每天宿店时，住正房，喝茶、洗脸、吃饭、抹澡一套事做完。轿夫等我上床，放下帐子，他们就自图自地去吃鸦片烟，也不管臭虫、跳蚤、虱子成群结队来偷袭我。第二天天还未亮，四五点钟，鸡鸣就叫起了我，然后洗脸赶路。轿夫每天好像吃四次大烟，我也未敢去看他们。他们因为吸鸦片，人显得很瘦，但是抬我这个小客人和一只小箱子，却是健步如飞。

带病应考

早行夜宿，第十一天后，到达成都，住聚兴诚银行内。当晚就发高烧，杨六老板请一位儒医刘麻子（留学日本的）来替我诊治。他说这是白喉，要我洗热水澡，盖厚被，出汗发散。退烧后，很软弱，杨老板骇得叫我别去考，回家调养。我勉强支持着仍到头一年的城东联合中学内去应考。应试的人又有四五百人，点名时，我答不出声音，点名先生再叫"李先闻"时，我两手分开人群，走到他面前，哑哑地答了个"有"字。两天考完，住在那里没事，聚兴诚银行的职员口述《平妖记》的小说，安慰躺在病床上的我。

有一天，忽然有人来敲门。我开门后，对方问我是不是李先闻，我说"是的"，他说："恭喜高中了！"我问："要不要复试？"他说："不要，你是十三名中的第九名。今年只考一次。"记得当时所取的第十二名，是四川省教育厅督学的老二，第十三名是教育厅厅长的独子，备取第一的是督学的大少爷。

一听见考中的消息，我跳起来，病似乎就完全好了。大哥还煨鸡给我补身体。

小同乡夏彦儒，这次也考取清华，他是第六名。他十岁就曾应考，前两年都没有考取，这次考取了，自然很高兴。于是，我们约伴回家，由东大路到重庆，有时坐轿，有时就让轿子空抬着，两人骑马走。沿途走着，玩着，不像来时那样苦闷。记得在由重庆回江津的路上，捉到个金龟子，回到家，用线拴着给六岁的妹妹玩。金龟子飞起来有响声，妹妹好喜欢，后来玩死了，还向我再要，好像我还有金龟子似的。

考中荣归，一家快乐，祖父母，大伯父，二伯父、母，父母都欣慰非常，说李家千里驹真磨出来了。

到重庆报到前，有一次，我到五子沱柑子园去玩。园里有七千多棵老树，

1915 年得到清华学校录取通知后摄于成都

肥料要由江津城里，挑人家的粪，装船运到园里浇灌。采收时，也是一挑一挑，挑到河边上船，由下水船运到重庆卖。因柑子都是同时成熟，重庆市上堆积如山，市价因之大跌，加以腐烂太多。看了以后觉得太不经济，这就是我后来到美国学园艺的起因。

当时家境，又因大哥不学好，挥霍无度，家中又回到借债时的困境。在收谷时，父亲那张愁苦的脸，给我很深的印象。我小心灵里，恨不得叫田里稻多长些出来，让父亲快乐。

离川前，聚兴诚银行老板们为我饯行，问我将来学什么。我说："学工科。"其实学什么工科，自己也讲不出所以然来。

这次考取清华，满心欢喜，觉得从此可以到洋学堂去享福，也洗掉前一年没有考取的耻辱，真是得意。至于将来学什么，立什么志向，都没有在我心上。

8月间，跟着大哥、夏彦儒和他的大哥四人，一同坐船到重庆报到，住在银号里。晚上大哥鬼鬼祟祟溜出去，当时不知他到哪里去。现在想来，必定是到花街柳巷无疑。

"出门一里，不如家里"这句话，不是没有道理。我因鞋紧，找不到鞋拔子，就拿把剪刀，权当鞋拔用，用力拔上来，一不小心，剪尖把小腿刺了个洞。这个疤和头上的疤都是儿时的纪念。

在一家客栈里报到后，教育厅六十多岁的那位白胡子视察吴权奇先生，护送我们这一班人上路。他已护送过两次，这是第三次。路费是由教育厅负担，坐蜀通轮顺流而下。头一天到万县，第二天过巫峡到宜昌。十三个未出过远门的孩子，都常集在船头甲板上看风景，大开眼界。

夏彦儒和我年纪最小（他还比我小一岁），爱顽皮，觉得"强盗牌"香烟头上有甜味，两人就偷偷地买来，偷偷地抽着玩。后来听说吴视察负责一路视察我们品行，如果不检点，到北京后，他一报告，立刻开除学籍，清华就不收了。我们自觉吸烟不好，又恐吴先生知道了要报告，心里一直不安，这真是自讨的苦吃。

在宜昌住两天，改乘大轮船，两昼夜到汉口，住江海关左近的后花楼客栈。下午饿了，想吃零食，和夏同学一齐去吃面。到面店里，跑堂的打着湖北调问我们："您家吃什么？"我们用四川乡音回答说："吃面。"他又问："您家吃什么面？""你有什么面？"他报了一连串的面名字。我们说："两碗肉丝面。"面来了，我们想加些醋，就问："有醋没有？"他说："有臭！"便拿来我们一闻，一股霉臭，就问他说："是'臭'？"他连连答应说："尸臭，尸臭。"我们气得拂袖而去。后来才知道，"尸臭"是"是醋"的湖北音。方言不同，常会引起这样的误会。

再坐三等火车北上，经过黄河大铁桥，因保险期已过，怕出事，只得缓缓而行。到北京住前门外西河沿一家客栈里，伙计都穿二梁鞋、白布袜，彬彬有礼，掌柜的更不用说，是穿长袍马褂。到底是旧帝都，与他处气派不同。伙计招待殷勤，一口京片子，听了确实顺耳。

"尸臭"是
"是醋"

# 4

CHAPTER FOUR

# 清华八年

**到清华有进大观园的感觉**

清华学校校址，在海甸西面，圆明园故址离校不远。报到那天，吴老先生领着我们全体四川学生，坐火车到清华园站，然后步行到校。我当时紧张骇怕，进到校里，有进大观园的感觉。

有位张同学，在北上的途中，因擅自出去嬉游，被吴视察报告"行为不检"，当即开除。我和夏彦儒捏了一把汗，因为吸烟的事，幸未被发现，才得住进清华园，一住就是八年。

我们入学时，周诒春（寄梅）先生当校长。陈筱田先生

**校规严厉**

当斋务长（同学背后都叫他陈胖子），管我们生活德育，剃头、洗澡他都要过问。学生的钱，用存折支领，折子放在银行里，所以他能明了各个学生的用度。规定两星期写一封家信，大家一律穿蓝布大褂和布底鞋，不许出校门。见到校长时，要垂手立正。学生犯过，或英文课两门不及格的，就下

**黄条子**

黄条子开除。我功课平平，最怕见黄条子。有一次，是我到北京后第一个冬天，和同学们玩雪球，我将雪塞进杨道源同

学后领子内，雪水将他的内衣浸湿，他向斋务长报告，我被陈先生叫去训了一顿。在校八年，只吃过这一次"大菜"。

有一位贾同学，因为常常违反校规，一天，有一个穿着整整齐齐的校工，很有礼貌地向他说："斋务长请您去！"他就知道不妙了，气愤地说："大爷就来！"后来果遭开除。当时清华校规之严，可见一斑。

各省考进清华，我们同级的同学有一百三十多人，分为六班，甲、乙、丙、丁、戊、己。我是落后地区的考取生，分在己班。初时因老师们乡音重，我听不大懂，教授方法不怎么好，又不严，自己又不知用功，四年中等科，平平而过。那时教授法，没有启发性，原来程度好的，进步快；根底不好的，似乎很少进步。

课程方面，注重英文课。上午上英文课，下午上国文课。评定成绩用"常态制"，把学生学业等级分为五等，超、上、中、下和不及格。各等的比例是：五、廿、五十、廿、五。每一学分，上课一小时或试验两小时。成绩中等得一点，上等得一点一，超等得一点二，下等得点九，不及格是零。如果补考及格，可得点七，补考不及格仍是零。这个制度，是个竞争制度。同学们对于这个制度的实施，很是头痛。连同英文课有两门不及格，就要开除，一门不及格则留级。

评定成绩用"常态制"

我们民国四年（1915）同时进去的一百三十多人，到民国十二年毕业时，只剩下三十多人。虽然同届毕业的八十一人，为各届人数之冠，但四十多人是插班或者留级下来的。

近百人被淘汰或留级

每天下午四点钟一过，教室宿舍都关起来，要我们全体同学去运动。大家都去操场上，各玩各的。不运动的人，在

校内散步，后来有健身房，花样更多。我这个好动的小野马，到运动场、健身房就精神百倍。打篮球、踢足球、玩手球、翻杠子、游泳。我身材矮，虽只有五英尺二寸高，体重只有一百十磅左右，可是运动起来，却不让人。学会这样，又学那样，玩过这样，又玩那样，与在教室里只想睡觉的我，判若两人。

晚上自修，查房的先生们在玻璃门外查看。我大半的时间是以手撑着头，假装看书，其实是打瞌睡，"梦周公"去了。自修完毕，说来奇怪，又是精神百倍。听差替我们去买各人喜欢吃的零食，如炒板栗、烤红薯、芝麻秆、福建饼、花生、花生米、糖球等等。每人一大堆，各归各吃，有时也请客。果壳破纸，乱丢一抛。十时熄灯，斋务处派人来查房，或陈胖子亲自来，大家才安静下来。两间宿舍，共设一个火炉，冬天烧煤取暖，半夜煤烧完，火灭了，那真冷得难受！

**顾毓琇**　　我们中等科前三排是教室，后三排是宿舍。宿舍是"王"字形，我和顾毓琇及另外三位同学住最后一排，左边第二间房。地方大，厕所远，我夜里怕狼（听说西园有狼），不敢起床出去小便，常会在梦中便不知不觉地尿在床上了。

**胆小尿床**　　湿得不好过，尤其是冬天，炉火熄了更冷，只得向旁边缩着睡，因此垫褥上尽是"地图"。斋务长后来知道年幼的学生胆小不方便，晚上在通道里准备不少便桶，确是德政。

每到暑假，校舍整修，不回家的学生，都寄宿在西山八大处、卧佛寺去消夏。记得第一个暑假，我们住卧佛寺；第二个暑假住大觉寺；第三个暑假又回住卧佛寺。

民国八年（1919），当我读中等科四年级时，因巴黎和会讨论山东问题，北京大学学生们发动请愿，反对我国代表在和会上签字，并要求罢免曹汝霖、陆宗舆、章宗祥，这就是有名的"五四运动"。

北京各学校学生们不断地贴标语，演讲，发传单，宣传抵制日货，罢课游行，以响应出席巴黎和会代表王正廷、顾维钧等不签字行动。

清华学校在城外，消息不大灵通，直到稍后，才集合操练，要救国，打敌人。军事教官刘先生当团长，有军事知识的赵连芳同学（比我大八岁，高二级，不久前在台逝世）当副团长。他是辛亥革命由家中逃出步行到汉口参加革命的，也曾被捕过，在黄兴军队里当过文书，进陆军学校后，当军官，升到连长。第二次革命，在江西湖口打败，自己把指挥刀折断，而弃武就文的。

赵连芳

我那时在校中是童子军，远看同学操练，觉得他们好威风。赵连芳个子矮，看上去不比他的指挥刀长多少，但有力量的口令声，使我羡慕。当时，年青人都进入疯狂状态。我们清华同学，由高个的同学在前面举着大旗，吹号，打鼓，由西直门进城，参加游行，沿路喊口号，要彻底抵制日货，销毁日货，好像这样才是爱国，书本子、功课全丢在脑后去了。

童子军

6月3日，我们一小队奉学生大会命令，到东安市场去贴标语，演讲，宣传。我是维持秩序的童子军。下午一时左右正当饥肠辘辘之时，忽有一队军警，把我们包围起来，我们表示勇敢不怕。被他们拿绳子将我们一个一个的手套起来，押到北京大学关进红楼法学院。先被逮捕进去的已有千余人，很多人在围墙上欢迎我们。那天，一批一批被捕进来

被拘

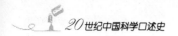

的人不少。到三四点钟时，有些人一路走，一路大呼救国，涕泪俱下。我是只凭感情，茫茫然参加的。听人说，或许都要被枪毙，不觉有些害怕。晚上在蚊子嗡嗡声中，各据一张上课桌，或一条有靠背的长课椅睡觉。我把童军帽叠一叠当枕头，但嫌太低，仰睡侧睡，都不舒服。看他们穿军装有军帽可当枕头，未免羡慕。在校园里，因我名字"先闻"，同学给我起绰号叫"小蚊子"，这时睡在旁边被蚊子咬的同学向我说："你为什么又来咬我?"这真是叫做苦中作乐，其实，大家谁都不知道将被如何发落。

**绰号"小蚊子"**

第二天早上，给我们吃的东西是两个黑窝窝头、小米粥和咸菜。午后，吃窝窝头、白菜汤等。如此每天两餐，大家饥不择食，都抢着吃，也觉得怪好吃的。没有面盆及手巾洗脸，就在水龙头旁，用手向脸上抹，再用手指当牙刷刷牙。一连十几天不洗澡，不换衣服，身上都发出臭味来。

围墙外面，每天有一队一队的学生们，摇旗呐喊，要援救我们。但是大门外围墙四周，军警戒备森严，无法冲进。最后几天，情形稍稍缓和下来。没有被捕的同学们，托军警转送进来大批面包、水果、饼干、罐头等，慰问我们。大家有好的吃，那些照例给我们吃的小米粥、窝窝头，也没有人领教了。临走那天，慰问品吃不了，堆积如山，但大家因恢复自由要紧，都弃之不顾了。

听说全国大专学生、中学生、师范生等，都一致罢课声援被捕的学生，最后学生们终于获得胜利，被捕的全被释放。我们又举着大旗，擂着鼓，吹着号，耀武扬威各回本校。清华学校被捕的学生有二三百人，由红楼到西直门，沿途又大呼口号，在校同学把大门打开，热烈地欢迎我们回校。

事后，各校被捕的四川同学一百多人，还到了公园聚餐一次，摄影留念。好像那时法国某画刊上，还刊登过我的童子军照，是军警押解我们那一小队，到红楼路上前的一刹那。

领导活动的主席先是陈长桐（1919 级的同学，现在纽约世界银行做事），后来是罗隆基、何浩若等。罗是江西人，一口老表音，口若悬河，能言善道的，瘦长条个子。他们越闹越疯，罢课罢考仍不肯停。民国十年（1921）夏，罗、何等要毕业那年，校长已换为金邦正了，出布告说："如果罢考的话，就给以留级处分！"他们那级有六十三人，廿一人未去考，后来果然留级一年，编为大一班。所以他们在清华，读了九年，罗隆基曾有"九年清华，三赶校长"的豪语。

罗、何等罢考的二十一位同学，都是他们班上的优秀分子，允文允武。文的如萨本栋、赵连芳、何浩若、罗隆基等；武的（指在运动方面），同时功课也非常好的如时昭涵、时昭泽、陈崇武等，都是当时代表中国参加远东运动会的人物。他们重诺言、够义气。这批同学后来到美国，差不多都得到了 Ph. D. 学位。那些不遵守大会决议，自毁诺言的四十二人，虽去考试，比他们早一年毕业，但从此被其他同学们看不起，觉得他们没骨气，其中的一人就是吴国桢。

我们班上也有两位同学，偷偷去考的，一位姓郭，一位姓应。后来同学们知道以后，就不齿他们，不和他二人玩，同时也不理睬他们。他们好生没趣，后来也没有什么大成就。

罗隆基

金邦正

萨本栋

吴国桢

留学时，我们班上弃文习武的有孙立人，其余的都各学各的，大都是理工科，学文史科的就不太多了。

**孙立人**

中等科四年级时，英文课是位外国小姐 Miss Bader 教，六个学分，很重要。课本用 *Treasure Island*，我买译本《金银岛》看故事，根本不买原文本来读。上课堂，老师问我："Tom"做什么？我瞠目不知所对，因为我只晓得汤姆，不晓得"Tom"就是汤姆。青春发育期，昏头昏脑，不知道功课要紧。所以英文不及格，暑假后补考才勉强 pass。

**英文补考**

陈崇武是我们运动场上的龙头，他本人是代表远东的选手，是中国去菲列宾参加撑竿跳的；同时也是学校中篮球、足球等健将，足球是守门的，球艺相当高。记得有次大考，考化学，我陪他熬了一夜，温习功课，眼睛睁不开时，用冷水洗脸，我们之间情感很不错。可是后来当我英文不及格时，有天我照常和他们去玩手球，将到运动场，他却说："你功课都不及格，不配同我们玩。"他这两句话，使我听后，觉得比老师给我不及格还难过。从此就用功读书，一改以前得过且过的态度。第二年进高等科一年，成绩都在中等。只凭小聪明，根底不好，还是没有什么大进展。

**陈崇武**

在清华学校中等科四年级时与四叔合影

升到高等科时，就对农学有兴趣。赵连芳同学为首，领导农

科同学们，组织新农社，打算由美留学回国后，都去蒙古开　新农社
垦。赵连芳立志学农艺，有的学畜牧，有的学兽医，我则糊
里糊涂，不知道要学什么。

我比赵连芳低两班，有兴趣学农，跟他们往西园土山上
开土窑洞。利用下午运动时间，做开垦工作，掘一个大土
洞，把土一挑一挑取出来，做一个平台。于是有洞以后，就
养山羊、兔子、鸽子、鸡、鸭子、蜜蜂等等。

副校长赵国材送我们一箱意大利蜜蜂。养得正起劲时，
一天，山羊从高土丘上跳下来，把蜂箱打翻，箱子跌坏，群
蜂乱飞。大家束手无策，不敢上前，怕被蜂蜇，养蜂就此
完结。

兔子在我们替它预备的木箱下，挖了长长的土隧道。交
配后，小兔子生长在隧道尽头。它们很聪明，也很谨慎，常
把木箱下地道进口的地方堵起来，不让兔子气味出来，以防
其他动物伤害它们的小兔子。我们好奇，找寻到它们藏小兔
子的地方，挖开一看，有九只白白肥肥的可爱小兔，连忙盖
好土，以为仍保安全。谁知兔味散出，那晚就被黄鼠狼将小
兔通通咬死。我们的好奇心，反而害了这群小动物。还有我
一只心爱的卷毛鸡，也让黄鼠狼拖去了。

这段在校畜牧试验及栽培的工作，虽多失败，但得了不
少常识、经验，更为后来学农增加不少信心。

在功课中，生物、化学比较学得不错，其他英文、数、
理都没有读好，国文甚至比进清华时还退步。

高等科一年级时，有一位郭老师，用他浓重的乡音福州　高等科
英语讲几何学。他讲得好，我很明白，但我不完全听得懂。
高二时，一位外国老师 Professor Heinz 教数学，他教的尽是

商业用的数学，一上课就写一串的公式，我也听不懂。高等代数只准学工科的同学学，我们连物理也未学到。直到到美国后，读研究院三年级时，自己才去补习高等代数。这些基本科学，底子一点都没有打好。自己不用功固然是重要的原因，但是老师也得负相当的责任，尤其是直接指导教诲我们的老师。

高等科管理比在中等科时松得多。已有同学在抽烟，星期假日也到城里去听听戏。平时可以到校外去，不必请假，但进城去住夜的话，仍要请假的。

读到高等科三年级，分科以后，我学农科。这时兴趣也变浓厚了，功课突飞猛进，和邓叔群①（后来的院士之一）互争前一、二名。

无可讳言的，清华在当时是个好学校，也是个特殊学校——中国留美的预备学校。"德""智""体"并重，校风朴实，环境优美，绝大多数学生都用功勤学，所以达官贵人的子弟，都希望进清华，视能在清华读书为荣。记得有一个时期，九部总长，倒有八家子弟是清华学生，声誉可见。至于我没有进步，那是自己糊涂造成的，可是清华对我的培养，是使我后来走向学术研究的转捩点。

民国十一年（1922）暑假，和夏彦儒同学一块儿乘蜀亨轮（民生公司的船）回四川老家。上水船要走四天到巫峡，风景之美，比出川时更佳。

到家后，我们常常在江边河坝里，练习打棒球。对江有

（旁注）与邓叔群列前二名

———————————

① 邓叔群（1902—1970）真菌学、植物病理学、森林学家。中央研究院院士（1948），中国科学院学部委员（1955）。曾任中国科学院微生物研究所副所长。著有《中国的真菌》。

砰砰的声音，我们并不去管它。过路的人，看见我们满不在乎的样子，还在继续地玩球，就说："你们还在打球，不怕中流弹，被拉夫吗？"我们听了以后，骇怕得不得了，赶快回到城里家中去，再也不敢出去玩了。对岸打仗的枪声和呐喊声，如今犹在记忆中。后来一打听，原来是军阀们你打来我打去的，打个不停，那次正是刘湘打杨森。

家里在叔父从铜圆局交卸后，在江津城内的小官山买了犹龙居住宅，父亲还添盖了一座土洋房。但当我回去时，犹龙居洋房，已被陈国栋封去了。他在前次内战失势后，离开江津，我们还战战兢兢，不敢搬进去，怕陈国栋卷土重来时要报复。

江津的"绅粮"饱受军阀们争地盘的害。打败的半夜三更退却走，要"绅粮"们捐十万开拔费；打胜的进城时，要"绅粮"们捐五十万欢迎费。倘若不捐，他们头儿就扬言放假三天，意思就是叫他的手下去奸淫掳掠。"绅粮"们怕受抢的蹂躏，只得忍痛捐钱应付。夏老师的门生某旅长打胜进城，也不例外的，照样要五十万元欢迎费。

*军阀之害*

夏大哥在夏家祠堂，宴请胜利的旅长这一班人，也请我们这些远到京沪去读书的学生们做陪客。

主人安排一桌是旅长坐首席，一桌是某团长坐首席。我没有见过世面，也没有陪过贵宾，不管三七二十一，捡个空位子坐下了。旅长来了后，就只得坐在我左边。席间他请教在座的客人时，由他左边请教起，最后才问到我。夏同学及夏大哥，坐在我们的对面，大家也不便答话。散席后，夏同学对我说："你知道你今天坐的是什么位子？"我说："不知道呀！"他说："你坐了首席还不知道！"回到家后，我一五

*坐席的礼节*

一十的报告给二伯父。二伯父跳起来责备我一番，同时又说："你出外留学多年，这点礼还不懂？"我说："关在清华多年，从未被人请过客，不懂有什么办法！"于是二伯父就把当时坐席的礼节，详细地教导我。

**"育种学是现代最时髦的科学"**

那年毕业，俞振镛老师教我们土壤学，陈隽人老师教植物学。临别赠言时，俞老师说："育种学是现代最时髦的科学。"启发了我后来攻读育种学。另一方面，我曾想过，如果每亩田，因为品种好，每年可多收一斗的话，那全国要增加多少稻米呀！这不过是当时一个幼稚的幻想而已。

民国十二年（1923）夏天，毕业后，到青岛四叔那里去避暑，每天在海滩浮水，优哉！优哉！

**青岛晕船**

有一天，四叔问我："看过海边的灯塔没有？"我说："没有。"第二天早上，我们叔侄二人，各吃了一碗蛋炒饭，坐上约卅尺长，十尺宽的汽油艇，去看港口的灯塔。刚上船时，风平浪静，自由自在，看着远景，觉得心中开阔。谁知，愈出海愈不舒服，波浪汹涌，船身颠簸得很厉害。我吃不消了，四叔叫我躺在船长的小床上休息。因为舱内不通风，更是不舒服，摇晃更厉害，以致吐个不停。大概吐了二三十次，连苦胆水都吐出来了。我在学校里，是走浪桥的高手，可是这时却用不上。后来，我看见或闻到蛋炒饭就怕，现在还清清楚楚记得那天蛋炒饭的味儿。

这次晕船，使我怕坐船，听说，到美国要坐二十几天船，我怕吐，真不想去。幸而，四叔左劝右劝，劝我坐三千吨的船到上海。订了二等票，两天两夜，躺在甲板的椅子上，虽没有吐，远望着水平线的起伏，还是不舒服。不敢进食，不敢喝水。两天两夜后，身子犹如病后那样软弱。

船一进黄浦滩，无风无浪，我肚子就觉得饿了，于是，到舱里去吃饭，同时又大量地喝水。

据说，载我们去美国的大轮船，有两万两千吨位。又让我们坐头等舱，使我勇气大增，后来决计去美国。

## 清华教育的检讨

一般讲起来，清华的教育，是成功的。学生们俭朴勤学，到美国的，又都学到专门知识。五六年留学攻读的结果，有些获得博士学位，回国后，受政府礼遇。学商的在商界发展，学工的当工程师、教书。学农的教书，或在研究机关工作。这是众所周知的，比别的学校似乎好点。但以现代眼光看起来，是不是那样就可以满足呢？我觉得很多地方值得检讨。

（一）我们先把上面所说的"德"育方面来检讨一下

训导制度严，学生们战战兢兢，不敢越轨。我们乡僻地方去的学生，进入学校，好像鸟儿关进小笼子里，没有自由，也没有人去好好训导他，照顾他，所以笑话百出。倘若换个方式，用少数的钱，请高级学生当低级学生的导师，每人指导四五个人，引导他们上路，或者比那时制度要好得多，要收效大些。

*训导制度*

（二）"智"育方面的检讨

人都说清华学生功课好，我承认功课是不错。可是中等科、高等科共花八年时间，似乎太浪费。假如把下午中文课程改为必修课，也算学分，并且请发音纯正的老师教授，我

*学制过长*

相信，学生得益会更多些。也许六年就可完成学业了。

例如有两位老师，教得相当好，至今我还记得他们。一位是绰号"老虎"的陈老师，教文学，北方人，讲话清晰，有条不紊，我们听得津津有味，获益匪浅。另一位是绰号"鸭蛋"的戴梦松老师，教中国地理。讲课时，把某次某条约割某地都连带讲出来。像这样有启发国家思想的教授法，对我们学业实在有帮助。

**没学到基本科学**

以我个人而论，我学农科，但基本科学，都没有学到。前面已说过，如果使我数、理、化、生物各课都学好，我现在的成就也许更好些。

我们这班学生，到美国得学士后，甚至于得博士，如何浩若博士，有许多投笔从戎，立志报国的，有些进了军校。但比我们后几班的，如冀朝鼎等就加入共产党。

（三）"体"育方面的检讨

学生们花费在运动上的时间，未免太多些。我是爱好运动的人，还常因运动过度，连水都喝不下，晚饭是不用说了。晚上自修时，又常常睡觉，不想读书。睡前又要吃零食，这似乎是得不偿失。

**棒球队的游击手**

我人矮，篮球、足球球技虽灵活，但未能当这两种运动的校队。倒是当过棒球的校队，我是队中的游击手。毕业后，还去和南开大学球队比赛，我们胜了，因而获得了华北的冠军队。因此，马约翰教练请我们吃西餐。我这个难得吃西餐的人，辣酱油吃多了，晚上大吐而特吐，于是辣酱油，从此也不敢领教了。

运动对我来说，不能说无益，在健身房学会的那些本领，后来到美国都有特殊表现。而且到美国以后，人也长高两吋，体重加增，气力也大，遇着在清华时当过校队的人，反觉得他们弱不禁风得可笑了。

运动方面，有个制度，我至今还不以为然，就是田径好手校队队员们吃"Training Table"，给他们特殊享受，养尊处优，与众不同，使他们自成一派。不如津贴些钱给他们，让他们自己吃得比较营养些，来得适当。

毕业后，就要离开这个八载相依的水木清华的小笼子，到太平洋对岸去，虽舍不得，也不能不走。

田径好手的特殊享受

# 5

留学时期

CHAPTER FIVE

大家都以为清华是贵族学校，说实在话，我们是一批穷酸相的留学生。每人用了四百元的置装费，定制了三套西服，一件厚呢大衣，料子差不多是清一色的一种材料。制服式的西装及汗衫等，都是上海某商号（小店）承包裁制，据说揩了不少油。

由于自己一直是穷学生，所以有时人家请客，还要向朋友借纺绸长衫，穿上装装体面。

离开上海时，欧美同学会欢送我们，请我们午宴，这包括官费生与自费生。我们级长绰号"火车头"的谢奋程，因不善辞令，商请赵敏恒同学代表致谢词时，他开始是背得很流利，后来忽然背不出来了，越急越背不出。我们在座的也替他干着急，无奈爱莫能助。自费生代表是上海圣约翰毕业的，讲起来真是口若悬河，后来听说留美后在外交部供职。这样相比之下，我们不免就相形见绌了。

到黄浦江，看到要载我们去美国的杰克逊总统号，是个庞然大物，就勇气百倍，兴高采烈地上船去。官费及自费留

乘杰克逊总统
号赴美

学生共三百多人，都住上层的头等舱。开船的一刹那，大家都是乱糟糟的，还没有安定下来，忽然一人由上层甲板上向下哇的一声吐着，吐得水手们满身。原来此人竟是孙立人同学，晕船吐得不止。而我倒能在甲板上走来走去，若无其事状。船过东海时，浪很大，我小心翼翼地，不让自己呕吐起来。到日本内海，就风平浪静，好像船行黄浦江上，风景秀美之极，大家有说有笑，怡然自得。除横滨那天风浪很大外，横渡太平洋到 Vancouver 真是风平浪静，名不虚传的"太平"。从上海到这里共走了十八天。

孙立人晕船

在船上有位同学出洋相，当侍者有礼貌地送上菜单时，他说全要。后来他真是自头至尾，每样菜都去品尝了一下。他曾向人夸耀，吃过全西菜单的菜（四五十道）。

我读清华高二时，Miss Bader 的姐姐请吃饭，最后吃樱桃布丁，每客有六粒樱桃。我吃第一颗时，觉得有核，不知应吐在哪里，又怕失态，只得吞下。后见主人把核子留在盘子里，于是，我也留下五粒核子，没有把它们全装进肚里。二伯父曾经告诉我说："假使自己不懂当时的规矩，大可不必先动，应看看邻座客人的榜样行事。"因此在留学赴美船上，我自己并没有闹过什么笑话。

吞下樱桃核

由 Vancouver 经过内海到西雅图，住青年会。华侨招待我们，游山玩水。那里很像重庆，坡地多，停放汽车都得斜横着停，如果直停，车会自动溜下去也未可知。

从西雅图改乘火车，走西北路线。火车的最后一节是玻璃顶的游览车厢，坐在中间，路旁景色毫无遮拦地一览无遗，看到洛矶山已积雪遍满山。又经过了大平原，全是绿草如茵，牛群、羊群、农家、畜舍，纷纷从眼前驰过，这些新

奇和美丽的山林、田园景物，叫我眼花缭乱，犹如进入更大一所大观园似的。三天两夜后，才到芝加哥。

要进什么学校，我原来并无主张，同学们大多数是进普渡大学。我是学园艺的，普渡也有农科，所以我附和大家，也去普渡大学求学。同去的十三位爱好运动的同学，就有十一位进普渡工科，我和黄异生二人学农。

**普渡大学** 普渡大学在印第安那（Indiana）的 West Lafayette 小城里，Wabash 河纵贯东西两城。西城的居民只有二三千人，我们学生倒有三四千人。居民的房子租给学生住以外，还有三五十个兄弟会及姊妹会有房屋可供给学生们住。为了节省，我和同学黄异生合租一房，每人每月花十块美金租费，房里只一张大床，我们就同床而眠。

**留学生办事处** 留学生办事处，办理留学生各项事宜，那时主任好像是梅贻琦先生。每月有绿色支票来，给每人用费八十美元。学费是办事处直接代向学校缴纳的，不经过我们的手。住得稍久，更会节省，每月八十元，只花四五十元就行了。多余的钱，并未寄给家里，有时借给同学们用掉。

初去时，英语不大会说，然而听是听得懂。每种课程用一本书，第一天教授指定十几页或几章，让学生们看。第二天考试，就算是小考，小考、大考及实验的分数，是学期或学年成绩的根据。

农科、工科、家政科及其他文科，都是州立学校，本州学生不收学费，州外及外国学生，学费收得也很低廉。他们办农科的宗旨，是希望农夫的子弟们学业完成后，仍回家耕种，或在中学及农专教书，所以教课的内容很简单，理论东**农科教课内容很简单** 西差不多没有学到。

清华同学，头一年在该校约共十七人。学业成绩平均八十七分，该校中国学生一共三十六人（包括我们十七人），学业成绩平均是八十二分，在当时所有留学国家的学生而言，是第一位。而清华学生成绩表现特别好，普渡校长还打电报向清华校长恭贺，我们似乎为校、为国争了光。

两年读完后（三年级）觉得太容易。学得太简单，没有什么成就，想转到威斯康辛大学，预备插班四年级，该校审查后，说我成绩够不上四年级，要我读三年级，我不愿吃亏一年，就留在普渡再读一年，毕业。

物理一科，学苦了我，教授讲的演算方法，我不能明了，所以不会算。幸而，工科同学闵启杰物理好，每次遇到不懂、不会算时，都去请教他。每周习惯性地找他三次，每次半小时。他说明给我听，我才会算，有时也请他代演算。若没有这位好同学帮忙，我真不知道，物理怎样过得去哩！

读三年级时，要背苹果名词，我觉得，这一门课程不必要学，经教授同意，改选化工系的"定量分析"。化工科、土木科、机械科的同学们，素来看不起我们农科生，称我们为"Cow College"的学生。化工科的周大瑶同学说："蚊子，你如要到我们化工科来学功课，一定不能及格的。"我战战兢兢，如临深渊，如履薄冰地天天用功。寒假两星期，不休息，日夜在试验室，认真做试验。因此，在全班一百五十人中，考的成绩不坏，平均分数得八十五分，是甲等，结果名列第五，这下我可神气了。周大瑶说我读不及格，我能考八十五分，这还不自鸣得意！好像连被他们叫"Cow College"的讥笑与羞耻，都洗清了似的。但自满的结果，下学期以为稳可拿 B 的，却只得个 Pass，真是"骄者必败"，又得了个

清华学生成绩优异

物理难学

农科生被看不起

教训。

这三年所学,非常有限,初因要补一年级课程,后来也不过学些"马、牛、羊、鸡、蜂、猪",什么养殖学,土壤学,普通园艺学,农家登账学,农家机械学等。温带园艺与亚热带园艺不同。农艺化学,又只知道去做,却不懂原理。总之,把我训练成一个美国道地农人,回国去是不合用的。

普大农学院和农业试验所 Experiment Station 及农业推广所 Extension Station 是三位一体。制度不错,可惜我们很少有机会去试验所和推广所去参观,不懂其中所以然。有次试验所所长对我们说:"我们所里研究人员,研究所得,你们可以了解,然后付诸实施。"其实我们没有亲自做试验,哪里会彻底了解。

当时,普大师资,并不理想。他们很忙,功课教得又多,以致连做试验的时间都没有。例如 Dr. Potter 教我们"植物病理",每班二十多人,他教三班,兼两堂实习,够忙的了。其他教授多半是大学毕业生。唯一曾得硕士学位的是园艺系主任 Mr. Greene,他懂得一点理论,但不太多。

普渡大学师资不佳

三、四年级有教育课程,学了可以当中学教员,我因不想当教员,所以没有修教育学。系主任 Mr. Greene 曾说我人矮,将来教书不行,研究也不行,办农场或者可以。我虽实际上没有学到什么,但当时却自以为"学富五车",无所不知,无所不晓。如果在普大得了学士就回国,现在真惨了,只晓得那点粗浅东西,既不能当老师,误人子弟,又不能做研究,更不知现在突飞猛进的现代知识,岂不是更平凡得可怜!

体育方面,还是爱好 Coach Mr. M. L. Clevett 机器操

（Gymnastics）的教练。因为怕学校拉好运动员，不管你进一年级还是二、三年级，第一年只能为一年级队员，第二年后才能当校队。第二年，我成了校队的一员。我得到有 P 字标志的 Minor Sport 的毛线衣一件奖品。第三年，我每天花两小时练习，练得胸肌发达，两臂粗壮。角力队想争取我去参加，而我不去，仍继续练木马。十大学比赛时，得第一名的，满分是九十分，我成绩为八十七分。我做木马操时，挺腰臂直，姿势是很优美。得到九寸大 P 字毛衣及有 P 字毛毯，是无上光荣。母校清华的体育先生马约翰写信恭贺我。本来，机械操最多只得六寸 P 字标志奖 Minor Sport，我破例得九寸大 P 字奖。这项荣誉，应归功教练教我苦练的结果，有些外国同学表示亲切都叫我"哈罗，李！"有些中国同学忌妒我，把我看成另一阶级的人。事实上，也真有些地方是与别人不同的，穿了 P 字衣，看比赛，可坐特别座，享受优待。篮球队等有要紧比赛，闭门不纳他人参观，我们是例外，可以看他们教一年级的校队练习，我得益不少。

1927 年中国学生在密西根大学开年会，东部学校学生都去参加的。我得到篮球、网球、足球、游泳各项第一名，赢得全能运动十四 K 金牌奖一面，至今保留以作纪念。后来，中国学生会与其他兄弟会比赛足球、篮球时，都称我"小坦克"。有一段时期，曾被某美国同学利用，他领我们几人（夏彦儒、周大瑶、孙立人、黄异生和我），这礼拜到这城，下礼拜到那城，去打篮球，门票卖得相当贵，比赛起来，我们这队总是百分之百输了，但是中国人被人称为"东亚病夫"倒改观了。

那时候运动好，想进康奈尔研究院，混一个硕士，回国

**并无大志** 以后，一面教书，一面做体育教练，并无其他大志。因见马约翰系春田毕业生，能回国做体育教员之故。

在普渡共读三年，第一个夏天，在学校为老师做工、除草、做试验，每小时三毛美金，每月也能赚二三十美元。后来竟随随便便借给人用掉，忘记1922年由清华回乡时，母亲在我袋里发现几块银洋，都拿去当家用的困苦情形，真没有尽为子之道。

第二个暑假，我想做工作，并学些技术。因为曾学过养蜂，就写信给养蜂杂志［上］找人的蜂场，找养蜂的工作。寄给 Miss Chandler 的信，得到回信，同意我去她那里工作，说伙食虽不好，但很丰富，供给食宿之外还有每天一元的报酬。我按信上指示，去到威斯康辛州西南角上靠密西西比河侧 Cashville 小镇。镇上只有三条街，夜半我由车站到她家，敲门后，听见楼上窸窸窣窣的声音。许久，门才打开，是一位老太太，把我骇得大吃一惊。她脸上堆满了皱纹，满头蓬松的白发，穿一袭灰的长睡衣，好似狄更生小说《双城记》

**暑假养蜂** 中的老丑妇（Hapzeba），真是三分像人，七分像鬼。她倒亲切地自我介绍说："我就是 Miss Chandler。"我心中想："唉呀！我的天呀！好一位老小姐！"她领我上楼，睡在她养子的床上，因为她养子已去当海军了，床上久不睡人。我睡上去，翻来覆去睡不着，到两点以后，才蒙眬睡去。不到五点，老小姐就将我叫醒，起来去工作。我学过养蜂，但实地经验没有，所以，工作时小腿被蜂叮肿了。每天帮她割除蜂箱中多余的"王台"，限制分蜂。她共养五六百箱蜜蜂，分散七处，差使我驾驶1914年的老福特车，赶到这里，又赶到那里，不停地工作。那部老爷车，又常常车胎开裂，换车胎又是我的事。每天给我酬劳一元，每周六元，星期日白做。头两个星期天，我默默地为她效劳，后见她伙食不佳，又不领我的情，以后每逢礼拜日，我声称说去做礼拜，让她一个人去忙，我却到外面去买点好吃的东西，打打牙祭。

两个星期后，见了个朋友，他发现我身上有一只臭虫。回去一找，果然床上有很多臭虫，难怪，我每晚都不得好睡哩！告诉老小姐这件事，老小姐还说："这种'南京虫'你们中国最多，是你带来的。"好家伙，她倒会栽赃，说是我带去的。我就分辩说："我到美国已经两年，在学校里从来没有发现过臭虫，现在到你家才发现，自然是你家的。"于是，她偷偷地去买了除虫药粉，洒在我床上，后来才得安睡，以后臭虫似乎就没有了。

"南京虫"

每箱蜂，在巢脾上层加二十小长方格的小箱，使蜂在其中酿蜜，可取下以刀切成一片一片夹面包吃。每格不到四分之一磅，可以卖到两毛五分，摇出来的蜜，一磅不过卖一毛一二分。我那时吃蜜吃厌了，现在再好的蜜，都引不起我的兴趣来。

蜂蜜吃厌了

重叠的多层蜂箱，若想将上层箱中蜜取出，应该用一横隔器放在不拟取蜜的蜂箱上面，蜜蜂下去就不能再爬到上层箱中。去换取上层有蜜巢脾时，可以不见蜂儿，也没有被刺危险。但有一天，老小姐忘记放隔板，第二天叫我去取上层巢脾，以备配蜜，蜂儿乱飞。她叫我扫掉蜜蜂，我照她的话去做，这一扫坏了，无数的蜂乱向我扑刺。虽说面上有面罩，手上有手套，腿上有绑腿，一概没有用。蜜蜂群起而攻，来势凶猛，刺得我遍身红肿，老小姐真害人不浅。受过这次猛刺以后，再被蜂刺，已不会再红肿发痛，大概身上已

产生抗毒素了。

老小姐待人不宽厚，我不愿为她多尽力，由 6 月初做到 9 月初，做了三个月，我不做了，以后忙季里，让她请短工，每天用三元去花费吧。

Wallace 写出<br>发现蜜蜂性别<br>控制的论文

我的老师 Dr. Emerson 的学生 Dr. Wallace 也是养蜂者，研究养蜂多年。想控制蜜蜂交配，曾取雄蜂精虫，注射于蜂王生殖器中。十几年屡次失败，并不灰心。细细观察蜂王在空中交配后情形，发现总将雄蜂刺带回，于是杀雄蜂，取刺研究，知道刺头上有油质物，能堵塞精虫在蜂王体内不干死，然后慢慢地进入储精器。以后蜂王排卵时，可自由控制雄性或雌性蜂。大自然界小动物的微妙处，真不是人可以凭空想得到的。这样一个小小的发明，经人们十几年的努力。在课程读完后，论文只有二三页，就能得到 Ph. D. 博士学位，不简单，也不平凡。

1926 年 6 月，昆虫学老师介绍我们本级毕业生到美国农业部，防治玉米螟虫中心，参加察看螟虫蔓延工作。他们主要是研究玉米螟，已蔓延到什么地方，每年进度如何。我们到那里报到后，把我们十几个人，分成好几队，分类去察看，我和 Dillingham 二人一队，他是校中角力选手，我是机械操（即器械体操）选手，都是有 P 毛衣的人物。

调查玉米螟虫

玉米螟虫是十九世纪末期，不小心由中欧洲从高粱内引进美国的。生长在玉米花穗，危害花穗，使它萎折，然后钻到下面的茎部，冬天还会钻到根部过冬，对玉米作物损伤很大，因此，非研究防治不可。我们这群学生，当时被分散到美国东部工作。我想反正去东部康奈尔大学进研究院，正好省得自己出路费。Dillingham 和我在距离康大西北四十里左右的地方，开始寻找螟虫踪迹。这一区找到有螟虫，把标本及报告送到农部去，就照原定计划，再到其他地区去寻，经过的地方，在电线杆上，贴一指向记号，并注明某月某日某时到此，以备查巡的人查考。

我有午睡习惯，Dillingham 常为我守望着，让我在玉米田中，向黑甜乡中寻好梦，他倒是不要睡。考勤的结果，我们丝毫没有懈怠记录。实在是我已睡过了好多次午觉，没有被发现罢了。

这一期工作做到了 10 月 3 日，所得工作费，除自己食宿外，积存了二百美金，寄给四叔，并请四叔转寄一百元给父亲。后来知道四叔接到我寄回的钱，感慨得哭起来了。

出国三年，实地农业经验得了不少，农家生活及农产品收获程序，都能明了，也做过各种水果及农作物收获工作。例如：采苹果、修剪葡萄、割麦、收玉米等。他们收玉米方法及时间，都和我国大不相同。采时，左手戴手套，指间有铁锥，将玉米包叶一拨，右手用力一扭玉米，采下向马车木箱中一抛，一行行采，非常忙。玉米 9 月成熟，他们 12 月才采。在冰天雪地里，地上已结冰，所以要两马拖的车，才进得去。

在清华毕业时，俞振镛老师临别赠言："育种学是新的学问。"给我的启示很大。所以在普大毕业时，就想到著名的康奈尔大学育种系当研究生。因官费只有五年，打算读一年得硕士后，转学体育一年，足够回国服务了。

我是由清华小笼子里出洋到美国大笼子里的，普大小笼子中，还是未见过世面，不知道当时有哪些是有名的研究人物及做什么研究工作。

俞振镛

**康大植物育种系**

**Love 教授**

康大育种系，教授之一的 Dr. H. H. Love 曾到过中国一年，当时中国学生都跟他学习实用育种学，像现在农复会的沈宗瀚先生（任主任委员），当时就是他的学生之一。我本来也想投到他门下，到系里去和 Dr. Love 谈，他却主张我跟系主任 Dr. R. A. Emerson 学比较合适，说 Dr. Emerson 本来是学园艺的，三十几岁时，才改学遗传学。因为我在普大学园艺，进康大学遗传，正好和他情形相同。所以 Dr. Love 极力推荐我去做 Dr. Emerson 的学生，沈宗瀚也怂恿我去，我糊里糊涂就改变初衷，答应另投老师了。现在想起来，这是天意的安排，Dr. Emerson 所授的十几位 Ph. D. 当中，我是唯一的中国人。

Dr. Love 推荐我给 Dr. Emerson 的那天，我和 Love 先生在长廊上谈着话。看见一个穿牛仔裤、大皮鞋，有似工人模样的大个子，带了一条狗，走进主任室去。我问 Dr. Love：

**导师 Emerson**

"这人是谁？"Dr. Love 答道："他就是世界著名遗传学家，我们学校植物育种系系主任，兼研究院院长，鼎鼎大名的 Dr. R. A. Emerson，也就是我要将你介绍给他做学生的那位 Dr. Emerson。"我收敛了失惊的心情，随着 Dr. Love 进去见他。他刚从田里做玉米交配工作回来，很忙。我这不识高低的傻小子，还以为他是工人呢！幸而，他没有拒绝，接受了 Dr. Love 的推荐，允许我跟他做论文，当我的指导教授。

Dr. Emerson 要我于次年暑假到 Geneva 园艺育种场，做果树育种研究，场址离康大校本部有一段距离。康大在 Cayuga 湖南端，Geneva 在 Seneca 湖的北端，距康大校区约四十英里。康大风景极美，是我所见到美国大学中环境最美的。胡适之先生留学日记中，也曾详述过康大。

康大是政府资助的私立学校之一，因为研究工作比较先进，设有研究院。当时学生有三四千人，研究生七八百人。早已有授予硕士、博士学位的制度。

系中有 Dr. Frazer，教授初高级遗传学，农学院植物系的 Dr. L. F. Sharp，教授细胞学。他们这几位名师，教给我不少学问，尤其是细胞学讲师 Miss Babara McClintock①，她见我〔们〕是从落后地区（如普大）去的，学识较差的同学，在实习时，她都以小纸写画做特别讲解，使我们学业研究大有进步。真做到手脑并用，不像在普大，只有用手，而不用脑了。

McClintock 教<br>细胞学

我的正系是遗传学，第一副系是植物病理学，因改良育种，一定要做抗病育种工作；第二副系园艺学，同学里 Dr. G. W. Beadle，Dr. M. M. Rhoades 和 Dr. G. F. Sprague 三人都是我的益友，现在都是美国国家科学院的院士。Dr. Beadle 1958 年还得过诺贝尔奖金。既有良师，复有益友，所以在康大内心的愉快，是可想而知的。

在普大学遗传学，半学期所教的我都不懂。到康大 Dr. Frazer 教遗传学，又快，只教一月就可抵普大半年课程。教得透彻、明白，使人懂，可见他是深懂遗传学的教授。

Dr. Emerson 是位讷讷寡言的学者，不教任何功课，他那研究和做学问的精神，给了我毕生好榜样。他要我们在三年中，完成像样的论文，学两种外国语文，如德文、法文等。口试两次，能通过就得学位，不像现在，一定要每门分数在

① B. McClintock（麦克林托克）（1902—1992），1983 年诺贝尔生理学或医学奖得主。

B 以上。

我到康大后,才有"学而后知不足"的感觉。渴想多学些学识,就同 Dr. Emerson 研究商量,想在两年官费读完后,再继续读一年,攻完博士学位。他含着烟斗,微笑点头说:"也可以。"我说:"后一年(第六年)弄不到学杂用费,怎么办?"他没有说话,但神情是支持我努力去设法。觉得我肯学,有朝气,必可攻得博士学位。

我为筹备第六年学杂用费,曾向中华文化教育基金董事会申请补助,又向清华续请官费。同时向康大申请研究生奖学金。也打算暑假每天做十二小时工,每月就可得两

1927 年在康奈尔大学做研究生时摄于玉米田中

百多美元。那年四月间 Dr. L. F. Randolph 只从事研究工作,他是系中正教授,要一个助手,经费由农部支付。Dr. McClintock 推荐我去,每小时七毛五美金。每天做三四小时细胞研究工作,他给我很多技术上巧妙指导。

6 月初,有一天,我坐在房外的摇椅上,盘算以后的费用,感觉到实在没有着落的困扰。若真筹不足一年费用,只好回国,不敢妄想读完博士学位。忽然邮差送来一信,拆开来看,是中华

文化教育基金董事会，寄来补助我的一千元美金支票。我喜出望外，一夜未能合眼。接着清华给我半官费四百元，康大研究院也给我奖学金四百元，并免缴学费，而且是当年许多申请人中的第一优先者。这一下，一切 OK 了。否则，即使整个暑假辛辛苦苦，工作所得，也不敢说一定够用。钱不够，精神的威胁就大，攻读成绩一定会大打折扣的。我真幸运，一下得那么多补助费和奖学金。简直是穷人乍富，像叫花子拾金似的，颇为洋洋自得。想想平日吃苦和埋头工作，不是没有代价的。

得到补助，继续攻读博士

Dr. Emerson 的弟子很多，前后约有十二位哲学博士，内中有四位被选为国家科学院士，并是世界知名之士，而且三位都上了美国 Marquis。去年（1968 年）美国出版的 *Who's Who in the World of Science*，是历代世界科学名人录，我也侥幸列名在内，这都是受名师之所赐。Dr. Emerson 死后，真是备极哀荣，康大为他建造纪念馆，以资永久纪念。这些都是他一生认真研究学问与培养人才的应得的报酬。他收我做学生，培养我，精神支持我，使我后来不愧为他的学生，我永生感念不忘。

列入《世界科学名人录》

同学们感情融洽，每到寒假，他们这个约我去他家做工，那个约我去他家帮忙。我要明了美国农村和农家情形，尝尝乡村风味，所以有邀必去，美国同学豪爽，好交朋友。去了实地学到的知识经验不少，玩也玩得开心！

1927 年 6 月初，Beadle 忽然问我：李，你要不要去 Nebraska？我到 Dr. Keim 那里去考硕士，并且带一位四年级同学去北部，看草地分布情形，辨别认识草的种类，计算一块草地上有多少种草等等。我当时学费问题已解决，又有了

钱，心情愉快，和 Beadle 的友情又不错，愿借此机会去西部看看，所以满口答应跟他去。

我们从 Buffalo 上船，开到 Detroit 再坐火车到林肯 Nebraska大学。起先我带了箱子、衣服，半路上 Beadle 觉得太累赘，叫我一齐寄回，每人只穿随身衣服，蓝衬衫、黄短裤。

内布拉斯加大学，造就很多农艺学家。都是 Lincoln 高中的高材生，到内校以后，该校极著名的老师 Dr. Keim（从前也是康大育种系的博士）培植后辈，不遗余力，有好学生，就介绍到康大去深造。Dr. Keim 的学生在康大得博士的，前后有很多人。例如 Dr. E. G. Anderson、Dr. G. W. Beadle、Dr. G. F. Sprague、Dr. A. Srb 等等。其中 Dr. Anderson 比我们早，Dr. Srb 比我们迟。Dr. Keim 和老小姐好像

内布拉斯加大学

玉米研究工作者合影。左上为导师 R. A. Emerson，前排蹲者左1为李先闻，左2为 G. W. Beadle

伯乐，能识这些千里驹。倘若没有他们赏识、介绍，这些博士，说不定都是些平凡的农夫了。

Beadle 考过硕士后，他带了那位同学到 Nebraska 的北部草地，去研究草种的分布情形[①]。原来他的硕士论文，也是这个题目。三人坐汽车前座，后面装了食物和毯子等。白昼行驶和工作，晚上靠车房搭上毯子当帐篷，三人裹着毯子在沙地上睡觉。遇到河就洗脸沐浴，吃面包、咖啡、Bacon 等。他们工作时，我就用木棍做钓竿钓鱼。大概是鱼不愿罢，一个也没有上钩。那种大草原的景色，我有时觉得自己太渺小，但无牵无挂，倒也怡然自得。

有一晚，熟睡的时候，被牛的叫声惊醒。好像牛群逼近我们，我真怕被踏着。刚天亮，雾还没有散，闻到阵阵的臭味。没有去理睬，大家就去河里洗澡，觉得臭味更大，仔细地寻找，原来有一条牛，死在河滩上，肚子胀得很大，腐臭味四散。我们三人轮流用带来的一把铲子挖坑，沙土，还算容易，费了约半个时辰。挖好大坑，可是怎么将死牛拖下去哩？幸好，带有长板，三人各拿一块，合力撬牛尸，才慢慢地把它推下去，覆上沙，葬礼完毕，大家才舒畅地透口气。

回来到 Beadle 家，见着他五十多岁的父亲和妹妹，他妈妈已去世。在美国当农夫够辛苦的，老农夫尤其辛苦。例如他家，年青的儿女都出去读书（他妹妹也在 Nebraska 读书），老伴又没有了，他父亲一人，真寂寞辛苦。我在他家，心里总想帮他们多做点事。一天，爬上牛棚上堆草的地方，草剩不多，发现一堆一堆的来亨鸡蛋，白白的很是可爱，没

在 Beadle 家

---

① 参见本书附录《难忘的老同学比得尔》。

人收。我小心翼翼地，拿了好多个，装在裤子后面袋里，预备带下去交给 Beadle，或许会感谢我的发现。可是后来下来时，只顾得和他说别的，向地上一坐，嘭! 嘭! 可了不得! 又臭，又湿，黏了一裤子。原来都是坏蛋。

Beadle 取了他母亲遗留给他，存在银行的七千多元美金后，用福特 A 型 Coupe 式汽车，送我们离开他家。一路谈谈笑笑，看看风景。他驾驶，我坐当中，另一位同学 Dr. I. F. Phipps 坐右首（他是澳大利亚人，在 Emerson 老师那里刚刚得博士，我们在 Ames 接他上车的）。七月四日我在打瞌睡，忽然有一爆炸声音，猛然地将我惊醒。我慌张地说："车胎炸了!"他们哈哈大笑，笑得我莫名其妙，后来才知道是美国国庆日。他们放炮仗庆祝，一面也恶作剧地骇骇我，引得我也笑了。

回程时，拜访了不少农学院，他们知道我们是 Dr. Emerson 的学生，都对我们另眼相看。

来去一个多月，到校一算账，Beadle 只摊我们二人每人十几块美金。这趟旅行真便宜，既得益，又愉快。回住处，痛快地洗个澡，结束了原始人的生活。

**华洋义赈会** 1923 年，我国华北五省奇旱，秋天麦种不下去，真是赤地千里，逃荒的人多得很。美国捐款办华洋义赈会，在各乡村里放赈，发放小米粥、窝窝头等给饥民充饥。这种放赈式的救济，后来美国人感觉好像是喂麻雀，根本不能治本。所以义赈会结束后（1927 年），将多余的七十万美金，捐给金陵大学农学院，让该院院长过探先先生（康大的农硕士）办**过探先** 改良育种工作。每年由康大派一位教授到金陵大学帮忙，教授每年换一位，同时每年带一位中国留美学生回金大做助手。1924—1925 年是 Dr. H. H. Love 到金陵大学指导的。
1925—1926 年是 Dr. C. H. Myers 接替，他带回中国做助手的
学生是沈宗瀚。沈宗瀚是在 Georgia 大学学棉花，得硕士学
位后，到康大深造的。他在国内半年中，协助育种工作，奠
定了他以后从事小麦育种工作的基础。1925 年底，再回康大
攻读博士，和我同学一年。他赞成我跟 Dr. Emerson 学遗传
学，也就是在这年，他比我早二年得博士学位，回国后就在
金大教书，同时作育种工作，继续 Dr. Love 他们创始的全国
性的育种工作。

沈宗瀚

我在康大的时候，康大的育种系的讨论会，上半年是
Dr. Emerson 的学生讲，都讲新的东西，参加的人踊跃得很。
下半年是实用育种的人主讲，讨论些陈腔滥调的问题，参加
的人寥寥无几。

育种系的讨<br>论班

记得我去学 Dr. C. H. Myers 的育种学，G. F. Sprague 说：
"你何必去学那种课，太傻了。那种课看看书就懂了。"我选
课的时候，有一堂课和别的功课冲突，不能去听，就和周承
钥①（1926 年）同学约好"各听一堂，互相抄所记的笔
记。"我们两人住得近，饭也在一起吃。他是绝顶聪明的人，
有过目不忘的记忆力。例如：学校里球赛消息，张贴在饭店
门口，他看一遍，到别处聊天时，就能倒背如流。大家都叫
他"活的字典"。他也会打网球，喜欢拉小提琴。平时不读
书，到晚上翻一翻功课，第二天就能考得出。因为先生讲的
时候，他已在脑子里记录下来了。我同他各上一堂课，互抄

周承钥过目<br>不忘

---

① 周承钥（1905—1996），后曾任中央大学农学院、浙江农业大学教授。
编有《生物统计》。

笔记时，就不一样，他的笔记，只有三五行，我却记有三五页。原来他听老师讲，都记在脑子里，笔记上只记要点，我却什么都记上去。我嫌他记得少，不够明白，也许他还暗笑我，记得啰嗦哩！

1928年考博士合格考试，准备了一个月。天天晚上都在开夜车，要考的前一天晚上，半夜醒来，觉得还有些地方记不清楚，爬起来再看书。第二天一早就去考，清华同学们都替我捏了一把汗，觉得我在普大没有学到什么，又那么紧张，一定难考好。谁知考完，三位老师会商半小时后，我再进去，他们都同我握手，恭贺我及格。我有说不出的喜悦，同学们也把心放下了。

两年内，我确实很用功地学基本植物学和细胞遗传学。我的研究室和 Dr. L. F. Randolph 的研究室相连，他走出来就可以看见我的工作。康大虽然没有蚊虫等，但离牛舍不远，常有苍蝇飞入试验室。我用右手一捉，左手拿住它的翅膀，再用大头针钉在桌旁。那苍蝇的翅膀扇动，很好玩。Dr. Randolph 看在眼里，十五年后，我再去美考察，再回到母校，在他研究室从事工作时，他还问我："你现在还会用针钉苍蝇吗？"东方人的神秘性，西方人的天真，都在这一问中，表现出来了。他以为我会用针射苍蝇，一扎就着了，犹如宫本武藏用筷子夹飞蝇一样哩！

得过研究院奖学金，就不能再当 Dr. Randolph 的助手和拿补助费了。但我还常到他试验室去义务帮忙做试验研究。他曾告诉我说："Dr. Emerson 很赏识你，你毕业大概没有问题。"论文做好，与 Dr. Emerson 所期望的差不多，他很满意，我要求考试，Dr. Emerson 劝我迟些时再考，他好意地要

他以为我会用

针射苍蝇

我多学半年，费用又有，可是我回国心切，而且船票已订好。把情形告诉他，他倒允许我考了，并未留难。

定期考试，我不知要考什么，拼命准备功课，考前半个月更是大用功特用功。到考的那天，我清早五点就起身，六时到校。Dr. Dorsey 看见我，说我来得太早，九时才考哩！Dr. Dorsey 见我紧张，叫我到系后 Bebee 湖边去走走，轻松一下。

进去考试时，他们叫我报告所做的研究。我觉得很轻松，顺利考完，结果是通过了，得到 Ph. D. 。半月的紧张，一扫而去。

留学六年半，英语讲得很流利，可是还是"洋泾浜"，不登大雅。写作还不如在清华毕业时，文法更是搞不清楚，这是由于没有时间去练习的关系。中文更糟，家信都很少写，写起来常将成语乱改。因没有字典可查，成语一改，文气就不通。妹妹写信说"三哥是洋人"，可见我中文退步多了。

我在康大期间，所学到的东西，是纯粹理论上的，尤其在细胞遗传学方面有心得。但是在实用方面毫无顾及，而理论方面的基本课程也没有机会去读。现在想起来，真是失之交臂，后悔莫及。我们是官费生，是穷学生，出去跑跑看看的机会少，没有什么心得。最值得欣慰的是康大老师 Dr. R. A. Emerson 和我们一齐下田工作，从事研究，实行手脑并用，使我们一生都像这样去努力。因此，自己会做研究，能研究问题的所以然。比在普大毕业时，只知其然，而不知其所以然，似乎是大有进步。这要拜受好的研究院的熏陶之所赐。

获博士学位

中文退步了

手脑并用

47

在求学时期，用坚毅的精神，克服环境和经济上种种困难。完成学业后，抱着勇气要回国效劳。离开旧金山刚要开船时，锣声一响，我说："再会吧！美国！我要回去救中国了。"怎么救法，当时茫茫然，并没有计划。现在想想好惭愧，想显抱负，要去救国，谈何容易?!

留学光阴，一晃就过去了，报告家里说我在康大研究院毕业了。父亲死后，我才知道，父亲始终不晓得我得了博士学位，这是我没有写明白的缘故。没有能在父亲生前让他知道这事，未免饮恨终身了。

回国前，想跟 Dr. Love 学育种学，以后回国加入育种工作。去见 Love 时，他觉得我学理论遗传学的，不容易明了实用遗传学，并非一言两语可以教给我，好像育种遗传很神秘似的。我有意加入育种工作的愿望，一出马就碰了个大钉子，自讨没趣。只好打走第二条路，到广西赵连芳他们那里去的主意。

在美国看不到中国报，只有在《美国时报》上，偶尔有几栏的中国消息。连北伐成功，统一中国的重要消息，我都不知道。还谈什么救国，现在想起真是好笑。

**拜访摩尔根**　久慕 CIT 遗传学大师 Dr. T. H. Morgan 的大名，在离美回国前，特地到 CIT 去拜访他。原来他是哥伦比亚大学动物系教授，从 1910 年开始从事果蝇的遗传研究，知道果蝇各种突变基因，似乎都排列在染色体上，如同一串一串挂珠似的，这就是染色体学说。CIT 当局觉得他的染色体学说，值得重视。在 1927 年，礼聘他们全体研究人员，到加州从事遗传学试验。每一个暑假里，还资送他们到东部 Woodshole 去消暑并作研究。

我的业师 Dr. Emerson 也用玉米做试验，要证明 Morgan 的染色体学说对不对。他们两位遗传学家，一位用动物（果蝇）作材料，一位用植物（玉米）作材料，所得的结果，完全相同。Dr. Morgan 是 1933 年得诺贝尔奖金的。

我去时见到 Dr. Morgan 夫妇二人，及他的弟子们 Dr. C. B. Bridges，Dr. A. D. Sturtevant 等，大家忙碌勤恳地工作着。那样浓厚的研究气氛给我很深的印象。

Berkeley 加州大学（在旧金山附近）的 Dr. Babcock，也是用 Crepis 证明染色体学说。我慕他名，也去看了他。这样一来，在美国那时的遗传学大师们，全让我一一的拜见过了。

美国西部，洛杉矶底下，国家公园之一的大峡谷国家公园，我也坐火车去，又改乘巴士去玩过。那儿空气干燥，风景可与三峡媲美。我居高临下看 Colorado River 由峡中流出，鸟瞰奇景，与三峡由下向上看，又是不同。

回程时，从旧金山上船，坐日本的大洋丸。这是一艘旧德国船，日本在第一次世界大战后接收来的。为了节省，我住的是二等舱。

回国

到夏威夷，有华侨带我们参观，风景非常优美。同船的有位纱厂小老板，有当时财政部李次长的大少爷。到横滨后，我们三人乘车到东京，参观帝大农学院，又坐火车到京都，进庙和神社各处观光一番。花掉的钱，都是三一三十一，三人平均分摊。他们诧异我这穷学生，怎么会出得起钱，常怀疑地问我："钱用来怎样？"我说："没有问题，我出得起。"（我在美用剩了一千多美金，所以好像很有钱）玩了两天两夜，到神户再乘原船到上海，彼此告别分手。

康大同学叶君，英名为 Mum Yee 称"Yap"的，曾约我到上海时去找他。他在康大原来学医，后改学农业经济，和我交情不错，所以就到北四川路去找他，和他一起住在他姊夫家。他是在上海东吴大学法学院进修的，彼此都用英语谈话。因为他的广东话，我的所谓官话，交谈起来，还不及英语来得方便。

有天，见路旁良乡栗子炒得甜香扑鼻，又引起我在清华爱吃零食的习惯。一口气吃了半斤栗子，坏了！嘴馋害了胃，肚子老不舒服。后来找医生看，吃药才治好，但就此种下胃病的根。

外表看上海，和我出国时并没有什么两样。实际上，经过了这些年，其中又有北伐的成功，当然大不相同了。

那时，大舞台、天蟾舞台、小达子们的连台戏，电影院的胡蝶、阮玲玉等明星，都跟出国时路数一样。

# 6

CHAPTER SIX

## 回国后头两年

知道赵连芳他们已不在广西，只好去检验局找局长邹秉文，想在他那里找份差事。邹对我说："先闻，你最好到中央大学赵连芳那里去。他现在是农学院农艺系系主任，校长是朱家骅。"我听了马上写信给赵，赵复信说："可以。"于是我束装就道，到南京小门坎中大农学院找赵连芳。赵于1926年在威斯康辛大学得博士后，到康大跟 Dr. Shar 继续研究细胞学，从事水稻细胞研究半年。当时我还是研究院第一年生，和他同住在一位教授家三楼上，门对门两间房，我和赵一人住一间。他把细胞学表现出来的，看来神秘得很。这次我回国到中大做事，可算与他是第三次相逢了。他介绍我去见农学院院长王善佺（号尧臣），四川石砫人。在美国 Georgia 攻读棉花，得了硕士，他比我高七班。他们似乎商量好，给我在蚕桑系当讲师，担任农艺系高级遗传学课程，待遇二百四十元。那时留学生得了博士和没有得博士的，都给以教授名义，待遇是二百六十元月薪。我的待遇为什么差一点，我至今想不通。尤其想不通的是，要我在农艺系教

中央大学蚕桑系当讲师，月薪240元

课，把名额却放在蚕桑系。我糊里糊涂答应下来了，自以为都是生物，蚕也罢，果蝇也罢，玉米也罢，都是去设法改良。我当时想到在康大读过昆虫学，昆虫的解剖学，寄生虫学，叫我改良蚕桑，一定可以胜任的。谁知，到蚕桑系里，系主任夏振铎却冷眼看我。夏主任是日本九州帝大毕业的，他的老师是当时世界蚕桑界权威田中义麿。下面的人和学生们都看不起我，说我不是学蚕桑的。我抱定主意，要做好研究，每天勤加工作，蚕儿将上山时，我一个月就大忙特忙，到蚕儿接近上山时，我十天十夜，不眠不息地研究着，眼睛里尽是红丝。分雌雄，我也花了不少功夫，苦是苦，我并不气馁，觉得事在人为，我一定可以把蚕桑学研究好。并不知

**受排挤**

道那个时期闹派别，互相排挤的事。犹如刚出笼的小鸟，撞进大网中，一时挣扎不脱。

当时从日本留学回来的，法国勤工俭学的人回来的，美国留学回来的，自以为都有学问，就非常骄傲，互相排挤。反之就互相团结，另成一派，我茫茫然在这混乱局面中，派别的分歧中回来，真是鸟儿入网，孤军奋斗。现在想起来还是百感交集。

**秉志的鼓励**

偶然的机会，我到科学社去看秉志（号农山），是清末举人，留学康大得动物学博士学位，是我的老前辈。他见到我说："我极端欢迎你回来，我们又加了一个生力军。"他这两句话，使我引以为荣，同时也给我莫大的鼓励，也使我至今还怀念这位伟大的科学家。

**水稻专家赵连芳**

赵连芳做水稻改良工作，在昆山农学院的稻作试验场从事田间工作。他回国做事，机遇不错，因为那时候专门人材不多，所以他已被人们誉为"水稻专家"。沈宗瀚回国在金

陵大学农艺系教书，并继承了 Dr. Love 创办的在各地方全国性的小麦改良工作。同时在中大兼任麦作技师，已成为小麦专家了。我哩！回国沦落为讲师，做的又不是本行工作。一股锐气，回国被一盆冷水当头泼下，不太好受。

小麦专家沈宗瀚

在中大我住在同学陈之长（1921 年）的套房内，陈和赵连芳都是清华新农社人，都到过广西。事件结束后到南京的，陈当畜牧兽医系的主任。

上我高级遗传学课的学生有四人，第一堂课我足足预备四小时，上课堂讲四十分钟就完了，一句也没得讲，一句也讲不出，僵在那里总不是事，就此下课。每周有三堂课，相当吃苦，后来越教越会教，教的东西新颖，学生们称我为"小博士"。"大博士"是赵连芳，他曾在威斯康辛大学，用水稻做遗传研究的材料，这篇博士论文，在美国的遗传杂志上发表，是他辛苦的作品，也是赢得"大博士"专家头衔的作品。

"小博士"与"大博士"

夏振铎的老师田中义麿博士在杭州浙江大学农学院演讲。赵连芳和我商量说："你最好暑假去九州帝大留学，学一两年蚕桑学再回来。"因此我到杭州与田中义麿接洽，说七八月可到日本去。事情是这样决定了，费用由什么机构去负担毫无着落。赵好像知道我的脾气，就用激将法说："你不是还有些钱吗？先自己去，然后我慢慢地设法请中大资助你。"于是我贸然上路，用自己的钱去留学，还打肿脸充胖子坐头等舱。因有过去留美来回的经验，出门无所谓，虽然夏主任是九州帝大毕业，我并未去向他讨教。

在到日本前，偶然在上海回南京的火车上，见到一位铁道部设计科科长郑华（辅华）先生。他是中国桥梁专家，互

相闲谈，知道他是 1912 年考取清华留美，1918 年在康大得土木工程博士，和我是先后同学，对我印象不错。凑巧我有同学在铁道部做事，知道郑科长有位侄女待字闺中，介绍我去碰碰红鸾运如何。

"闪电式"订婚

关于婚事，虽然曾经有亲友介绍过小姐，总因不甚合适，不敢交往。这次见到郑如玲小姐，她端庄温柔，是贤妻良母型人物，为之心许。但他们福建永定客家人，不愿把小姐嫁给其他省籍人，她的老祖母以为我是四川人，就不赞成。后经我说明，祖籍是客家人，老祖母和她三叔（郑华先生）都很喜欢我，就答应了这门亲事。姻缘总是姻缘，老祖母不赞成的难关一过，8 月 1 日我们就订婚，现在想起来，真是"闪电式"的订婚。

如玲父亲已去世，家乡又遭逢混乱，到十四岁才念书，辗转到过上海、天津，后到南京住三叔家，在南京中华女中高中部读书。

据如玲说，她爸爸智慧很高，手也很巧，是学医的，名辅成，善游泳，但四十岁不幸翻船灭顶，难道天公嫉才吗？

郑家一门

郑家一门，似乎都聪慧过人。三叔更是天才，出洋前只读过四年书，数学不要人教自己会看得懂，做得出，中英文程度也相当高。四叔辅维是清华 1915 班毕业后留美的。他们是基督教家庭，祖父更是虔诚的基督徒（属长老会）。

订婚的第三天，1930 年 8 月 3 日，我就动身去日本。未婚妻如玲和她婶婶一同到上海，送我上船。刚订婚就要分离，而且一去就得一两年，实在有点舍不得，依依惜别的情景，现在还记得。可是，男儿志在四方，只得暂时抛却儿女私情，毅然登舟。

船到长崎，坐火车到福冈。两次路经日本，好像有点熟识，其实我并不清楚，胆大而不细心。由福冈火车站下来，却不知九州帝大在哪里，言语又不通。先找旅馆住下来再说，见车站旁有很多旅馆，自提箱物，进一家旅馆，一进玄关，好些"阿巴桑"都一齐跪下，向我磕头，弄得我不知所措。我打手势要笔写字，她们会意，取出纸笔，我写中文问她们。她们看了半天，摇摇头，再细细看大概有些明白了说"英格利，英格利"，就指引我到另外一家旅馆去。住一晚花了五元日币，虽然供给早晚膳食，还是太贵，划不来。第二天托老板雇了一辆古老式的美国造轿车，去九州帝大农学院去找田中义麿。他不在，他的助手勉强用英语和我对话，说田中在山上消夏。花十元日币用原车到深山来回，去见到田中。他请我喝一瓶日本汽水，说一个月后下山，叫我仍回到九州，找 Dr. Kawaguchi（川口荣作）副教授，从事细胞研究的。他介绍我住在当地的居民家中，每月七十日元连伙食，楼上两间，租给我和另一位中国人住，房东母女住楼下。

九州帝大在郊外，我住处也在郊外，离校不远。日本警政办得相当好，我一到，房东老太太立刻为我这陌生人去向警局报到。我持有官员护照，警局派人来查询登记后，手续就办完。

住房有六个"榻榻米"，大枕头又高又硬，棉被很厚，一到晚上房东才为我铺好。早餐一碗饭、一个蛋、一碗"米素汤"里漂一片小白菜叶，还有两小块黄萝卜。中午晚上也是吃饭，常常把一条小海鱼烤烤，要我蘸酱油吃。我本不爱吃鱼，这样吃法，更不能下咽，所以立刻写信给未婚妻诉

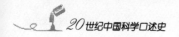

苦，她就赶快寄了不少罐头和什锦酱菜来。幸而有这些补助食品，体重才没有减轻。

**洗日本浴**

晚饭前洗个澡，提及日本浴，倒是别有风格。在厨房后面有个浴室，里面大浴桶里烧一桶热水，我们住在这屋里的四人共用。很多人现住台湾，洗过日本澡，知道洗法，还有些人没有洗过日本浴的，不知道其中究竟的，不妨简单介绍一下：洗时先用一小木盆舀一盆热水出来，冲冲身上，擦肥皂后，再用温水把身上冲洗干净，然后跨进大热水桶泡。桶里水很烫，初洗的人，怕烫，略浸一浸就出来擦干水穿衣服了，习惯了的人，甚至于在热水里泡上半小时。我每天总是第一或第二个先洗澡的人。每天走到试验室去研究，晚上，一位日本人来我住处，互相教学，他教我日文，我教他中文。

**和川口荣作合作研究**

我和川口一块儿研究。他将家蚕刚产下的卵，用一分钟转三千转快的离心机，转动二十分钟，把子孵出来。其中有很多变种，他在显微镜下看变种的染色体，看不懂。我最初也看不懂。家蚕原有二十八对染色体，这些变种的染色体比二十八对还多，多出多少，不知道。我想它不是二元体，会不会是多元体？我没有研究多元体的经验，只向川口这样建议，后来我们两人日夜研究，证明我的假设是正确的。那时用离心机形成多元体，还是第一次，川口很高兴。后来9月20日我离开学校，川口很着急，因为帮手没有了。我用英文写了一篇"今后工作方向"（大纲），他很欣赏。在我离开蚕桑界以后，听说川口发表了好几篇文章，但不久他就去世了。

9月初，田中义麿由山上回校，那天系中开盛大欢迎会欢迎他。日本人对老师尊敬无比。每系只有一位教授，这位教授就是系里的"皇帝"，地位高，权也大；另有一位副教授，两位助教及几个助手。当时丝业很发达，田中义麿用蚕做种种遗传研究，利用品种与品种之间杂交，把杂种的优势，推广出去，所以只有五十岁左右的田中义麿，已被人称为"蚕桑之父"了。

田中和我仔细谈后，知我已往康大得过博士学位，老师是 Dr. Emerson。他想要试试我的本事如何，要我在讨论会中演讲一次。我演讲的题目是当时在德国遗传学杂志上发表了三十多页，Dr. A. A. Sturtevant 用果蝇研究遗传的结果，果蝇眼睛变种为 Claret（蓝色）的那篇文章。想必那时田中义麿和川口都还看不懂 Sturtevant 的文章，我演讲时是用英文讲的，田中觉得不错，我也很自得。

他们系中有一个养蚕室，平日各人养各人的蚕，研究、记录，忙个不停。有一天下午，听说田中义麿要来考察，助教通知我，我也就到养蚕室去了。室里有一把藤椅，我拉过来望一下就坐下了。助教不好意思赶我，指指椅说："田中样"，意思是这个椅子是田中义麿坐的。我笑笑立起来，他们对老师实在尊敬。助教七八人在养蚕簸箕里，照他们研究的结果，将蚕分成一堆一堆，并将数目字记下。同时有一个人在外面等，见田中由大楼下来，急忙来养蚕室报告，所有的人，匆匆地出去，分立两旁恭候。远远地就向田中深深地鞠躬，嘴里还"丝""丝"作响，表示敬意。

田中进入养蚕室在藤椅上坐下，我向他说："哈罗！"他也向我打招呼，我并未跟他们出去迎接。

他前面有一张小桌子，大家随在他后面进来肃立着。他

点名，点到谁，谁就答应"哈也！"并将蚕簸箕一个个地搬

**脑手分家的研究办法**

放在他的小桌上。他检视后，在簿子上记下来。这种用脑同手分家的研究办法，使我立刻就有反感，觉得太费人力。主持研究的人不动手而用很多助手去做试验工作，真不如我们在康大时手脑并用的好。田中的作风和 Dr. Emerson 相比，我很不以为然。

开学后，去听田中义麿教他自己的著作《蚕儿遗传学讲话》，每天上课时，口念一章（每章只一百多字），花一小时去念，真是速度惊人。他跟我差不多高，很瘦，戴深度近视眼镜，镶了金边，与他满口金牙，相映成趣，嘴又很大，说话时会把金牙露出来。我听了两次课，听不懂日语，可是日文可以看得懂。头两章是证明蚕卵的颜色及蚕的颜色是三

**蚕子遗传学第一本书**

比一的比例，在美国学这种三比一时，举个例子就行了，日本却要这样灌输式地念着书教学生。这种教育方式太落伍了，我不觉起了憎厌与反感，但是这本书，毕竟是蚕子遗传学第一本书，受全世界遗传学者尊敬的书。

我想我要花两年去学蚕子遗传学、细胞学，未免太浪费时间了。虽说后来九州帝大同学录上有我的名字，那不过是名义头衔而已。假若真要学养蚕，像我这样有遗传学根底的话，去到那里看他们养一季蚕子，看室内怎样消毒，怎样饲养，怎样检查病；看看他们有些什么样的设备，有什么样的人才，用什么品种杂交，做些什么科学的研究。如已发表的文章，买到书就可以自己念，再顺便看看其他的日本蚕桑机构，做些什么工作。这样最多花两个月左右时间，就可以回国，自己从事蚕桑研究了，何必浪费两年时间留学呢？

似乎中央大学在我走后，就没有继续聘我，赵连芳也没

有信来讨论这个问题。一个星期日，我苦闷着到海边去钓鱼，忽然有人送一份电报给我，是二哥在东北打来的，告诉我父亲已去世，叫我赶快回国到上海与他会齐回家奔丧。我有钱时，没有想到寄钱给父亲，钱将用完了，又遭这样大变，心里有说不出的难过，于是痛哭不已，连忙坐船回国，坐的是三等舱到上海。

回家奔丧

回到上海找着二哥后，一同去南京。如玲到下关来接我，心底的那份甜蜜，被丧父的悲痛和经济拮据的愁苦给掩盖住，不能尽情吐露。如玲是贤淑的，总是温柔体贴我，排解我的烦恼。

为筹回家奔丧用费，向好友张心一①借贷两千元，他一口答应，就借给我了。心一是清华康大同学（甘肃人），他1922年在清华毕业，也是苦学生。康大得硕士后，在美国曾做过事，积了点钱，回来常被同乡"打秋风"，是位俭朴而有干劲的人。借到钱后，同如玲去鼓楼买东西，准备回去送家人。钱虽然是借来的，但是礼数不能不周到，还是忍痛办厚礼带到家里去。

张心一

回川的船，经过巫峡青滩时，险得很，水落时用铁链挽着向上拉。忽然铁链断了，满船人都发急，二哥更急得搓手、皱眉、汗流浃背。他不识水性，怕淹死。我糊涂胆大又练过游泳，并不怎样慌。幸而船滑退到二三百尺左右，到水势缓处能停住，换铁链，再向上拉。这次顺利过滩，没有遭险，真是不幸中的大幸。

---

① 张心一（1897—1992），农业经济学家。时任金陵大学农科副教授兼推广系主任。

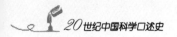

父亲是伤寒病逝的，当时医药不发达，不像现在容易治好。我们到家，灵枢已入土，和二哥到坟上去祭奠，悲痛欲绝，从此不能再见老父。生不能奉养，死未能送终，真是不孝之至。

**乡间丧事**

那个时期，乡间办丧事，亲戚来吊唁，都是全家来到丧家住着，每天鸡鸭鱼肉招待。如果一家人家在短期内有几次丧事或喜事的话，非倾家荡产不可，吃也要被吃垮了。

二哥过继给二伯父，大哥不事生产，所以父亲的后事，应该由我独自负担。带回的钱不够，又向亲戚们借了不少钱。后来两年间，我每年要抽还二千余元，虽然都不必加利钱，但是在当时已负债累累了。

我留学后，这是第一次回家。见到家中凋零状况，想到在美国有钱时没有寄钱回家，家报又从来没有写过一封正式信给父亲，太不孝了。

**"近在眼前"的荣耀**

一天晚饭后，乘凉时二伯父同我们闲谈，他老人家提到江津同乡，那些得硕士，甚至有人得博士，言下对别人家子弟有如许成就，不胜羡慕。我说："二伯，你要不要看博士？"他问："在哪里？"我说："远在天边……"他抬头一看说："真的？"他老人家欣喜若狂地怪我说："你为什么不写信告诉我们？你只说研究院毕业，没有说明白得了博士。"这件事，是怪我没有说明白，没有早让尊长们知道了欢喜，内心有说不尽的惭愧。

## 回清华做体育教员

丧事料理完毕，和二哥一同离家到汉口，他回沈阳，我到南京。那时邹秉文已从检验局到中央大学当农学院长，我们见面，都非常高兴。我因一来无钱，二来在日本学不到东西，所以不想再去九州帝大，但还愿继续从事蚕桑工作。邹陪我去看继夏振铎当蚕桑系主任的法国留学生孙本中。介绍后，邹告诉孙来意，孙支吾着说已有人从事各种研究工作，换句话说，不要我。邹院长对我说："先闻，我没有办法。"我不便作其他要求，参观参观蚕丝系新屋，就告辞。

中央大学求职<br/>再受挫

为了学蚕桑，把自己的钱用完，回来中大蚕桑系又不容我再进去研究。负债，失业，茫然不知所之。幸而未婚妻家盖了新屋，每日用包车来接我去作上宾，不至于一人愁闷。

张季直所办的南通农学院院长李某，听说我还没有事做，想争取我，12月底约我到南通去看看。我们从上海乘船到南通天生港下船（船公司就是张家办的），校长是张季直的儿子张孝若（当时四公子之一），刚从智利公使任上回来。李院长带我去看他，到张家还送门房五元门包，我看到学术界这样的腐败，已感心冷。晚上张孝若宴请我们。张身材瘦长，面色青白，似乎是一个有不良嗜好者。

南通农学院教授们都是各地来兼课的，设备毫无。尤其我这个客家人，不习惯那种生活，所以参观后就回到南京了。

在普大学养鸡学时，知道南通狼山出产肉用种高脚鸡，

很有名，但我未亲眼见到。南通盛产鸡脚棉①，倒是大家知道的。

由天生港回沪时，满天飞雪，一片银世界。此处江面辽阔，野鸭纷飞，这是平日不常见的奇观异景，心情为之畅然。

南通农学院不愿去，只有等其他机会。去南通前，曾写信给东北大学生物系主任刘崇乐（清华 1920 年同学），他是康大昆虫学博士，福建刘姓世家。他来信说，本来中华文化教育基金会设有讲座一名额，预备请在康大继续做研究的汤佩松博士担任（汤是汤化龙的儿子，清华 1925 年毕业，哈佛大学博士），他不能来，你可不可以暂代？每月三百元。我和未婚妻和她的三叔郑华商量后，决定去。此时是 1930 年。

过旧历年以前，到沈阳住城内二哥家。二哥那时在北宁路当一个站长（因他曾在日本学过交通）。天冷，北风凛冽，家家都烧火炉，二哥家也不例外，火势熊熊。过年时，邻家打牌声、鞭炮声，不绝于耳。这种北国寒天风光，还是初见。记得 1919 年我读清华中等科的暑假，曾到哈尔滨四叔那里，是和高惜冰（字介清，清华 1919 级的学长）一齐去的。由北宁路到沟帮子，转到营口乘日本火车到长春，再转吉长路车到哈尔滨。四叔是当时哈尔滨聚兴诚银行行长，家住在道里（俄租借地）。我学了点俄文。到 8 月满洲里发生鼠疫，死的人不少，我赶快和杨老五、周柏彬离开该地。所

1919 年满洲里鼠疫

① 张謇（季直）在南通创办纺织学校，注重棉花品种改良，提高棉产，1920 年代南通鸡脚棉良种著称全国。

以关外夏日景色已见过，冬季还是第一次。

四叔到沈阳来，同我坐双马车去东北大学，穿了獭皮大衣、貂皮帽子、毛袜、长筒靴，还是感觉冷，下马车时脚都冻麻木了，没有知觉。温度大约是零下二十度的样子。

赴东北大学

东北大学校园很大，见到生物系系主任刘崇乐博士。校长是张学良，用很多经费来办东北大学，网罗了不少人才。教授、系主任等都是欧美回国学人，清华同学很多。理学院长孙显廷（记得他诨名是"老显"，也是康大博士），工学院是高惜冰当院长。午间孙院长留便饭，安排我教农学院的普通植物学、理学院植物形态学等这些课程。这二门课都不是我的专长，但是在不得已的情形下，只得捏把汗答应下来。

开学后，我离开二哥家，搬到学校去住；吃饭则在东院一家独院内，六人一同包饭。自己雇的厨子，每月每人四十大洋，吃得很考究。六人是刘崇乐、徐宗涑（MIT 的Ph. D.）、蔡方荫（MIT M. S.）、陈植（U. of Philadelphia 学建筑的同学）、傅鹰（化学博士）和我。徐是天津卫人，是所谓卫嘴子，喜欢开玩笑。六人之中蔡比较软弱，有"蔡大嫂"之称。有天，徐对蔡开玩笑开得嫌过火一点，"蔡大嫂"站起来要揍他，闹得不欢而散。我们这些少壮派同事在一起，都未结婚，好像又回到学生生活时一样，谈谈笑笑有时还进城看场电影。

"蔡大嫂"要打卫嘴子

我教的普通植物学，有九十个学生，每周三次讲演，三堂实习。刘崇乐设法弄了一笔款子四万元，由法国买仪器标本回来，充实设备。我的助手吴长春（中大生物系毕业）是个山东籍的大胖子，我们两人天天准备试验材料。图书馆书也丰富，可以借书参考。

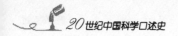

普通植物学容易教，植物形态学教起来比较辛苦，我教水藻。在康大跟 Dr. Sharp 学了一部分，记得我用 Coulter 写的一本形态学。第一部分有关于水藻作教材，我和助手到河里、塘里、沟里找材料，看书查考对不对，做片子。日夜忙得够苦的，但也忙得起劲，自问教得算不错。系主任刘博士做事负责，不苟言笑，学识丰富，气魄很大。我们都是康大毕业的，两人比起来，我自觉相形见绌。

东北大学办得有生气，文、理、法、医、工、农、教育各院都由年轻人负责。倘若没有"九一八"事变的话，一定会有辉煌的发展。后来在 1948 年中央研究院第一届院士中，有很多是当时东北大学的教授[1]，可见都是饱学有为的人。

刘承钊燕大生物学硕士，在东北大学做讲师，研究虾蟆及蛇。他带我到北陵去捉蛇。他对蛇一点也不怕，捉住蛇七寸，然后提起蛇尾一抖，蛇就不能咬人了。他做研究的精神很好，兴趣很浓厚。有次和我去山区采集，远远的我听见"咯！咯！咯！"的声音。告诉他后，他就找到发音的地方，用铁锹将虾蟆挖出后。看了告诉我说，这是难得见的新种。他后来到康大深造，得动物学博士。他是山东人，长脸，脸色好像苹果，有位小脚太太，走起路来一扭一扭地走不动。抗战时期他在成都华西大学教书，再娶一位华大女生[2]，是天足。见了我，好像不认识似的。是健忘呢，还是怕我拆穿他家里有小脚太太的秘密？这就不得而知了。

**刘承钊捉蛇**

---

[1] 与实际情况不符。1948 年当选院士中只有梁思成和李先闻有在东北大学任教的经历，但在校时间都很短。

[2] 刘夫人胡淑琴（1914 年生）毕业于东吴大学生物系，是华西协合大学教师。

1931年5月间，校长张少帅，有次要标榜民主作风，授意给几位院长，理学院的孙院长，工学院的高惜冰院长及教育学院的院长。指定人选，要他们叫学生投票选举。谁知投票的结果，与校长指定的人大不相同，当天晚上三位院长都给少帅请到他的衙门去了。第二天下午，宣布下午二时校长要对学生们训话，老师们也要到，所以我们准二时到礼堂静候，坐在楼上可以看到南方很宽的马路。三点多钟，有五六辆汽车风驰电掣，黄沙滚滚由南向北而来，就听到有人说："来了！来了！"大家静坐等待。约半小时后他才来，据说是需休息片刻，还得要提神后，他才出来。副官喊"立正"，于是见到留着一簇小胡子，青白色脸，瘦而细长的张校长站上讲台，用蚊虫大的声音讲了十分钟光景。又喊"立正"他退去，再见那几辆汽车，飞驰向南而去。我当教授只有这次机会见到校长，似乎我们只有一面缘。

张学良来校

转瞬6月，三叔曾对我说：你倘若能积蓄到五百元，就可以回南京来商量结婚。学生大考，监考后百余本卷子，若我没有记错的话，两小时后很快地就看完了，评好分数。整理行装，锁好房门，转乘津浦车到南京。仍住陈之长那里，每天去郑家和如玲准备结婚事宜。

郑三叔这时当铁道部轮渡处长，建造南京浦口间轮渡工程，自己又做做地产生意，获利不少。离三牌楼不远盖了幢小洋房，在东门街。我们8月1日就在三叔家由陈维屏牧师证婚，举行宗教式婚礼。男傧相是陈之长，女傧相是如玲的表妹应惜芳。此妹是中华高中的学生，英文名字叫Lois，后来是燕京大学校花。男傧相服装由我赠送，是长衫马褂，内穿西装裤。当时我虽不是教友，但并不反对宗教。行礼后，

结婚

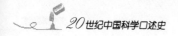

在三牌楼外交部宴请三十几位亲友吃西餐。新郎新娘双方出面来做主人，账却是女家付的。随即偕新娘到上海、杭州等地做蜜月旅行，湖光山色，更添情趣。西子湖畔游毕回沪，又买了很多家中用品，打算运去东北，作久居之计。

有天（1931 年 8 月），我带新婚夫人去金大看康大老师 Dr. H. H. Love 及 Dr. E. H. Myers、沈宗瀚等。先拜访 Love，他是个有心计的人，没有和我讲什么 Dr. Myers 是那年由美来接替 Love 的。我与太太同去看 Myers（他是胖子），互相寒暄后，在他对面坐下。我告诉他这两年备尝艰苦，已由自修（Self-made）变为植物学的研究及教学者。这两句话一讲就触动他的旧恨，他并不同情我的遭遇，反而觉得我这样的遭遇是应得的。他一挺胖胖的身体坐直起来，跷跷二郎腿，把烟斗里烟丝揿一揿，划火柴燃着烟丝，吸一口，吐一个圆圈说："你这些研究玉米的人，你知道你会做什么？"我说："不知道！"他说："你只会玩基因，在染色体上，别的事你一概不晓得。而我们呢？实用的研究者，能为你们国家、我们的国家赚洋钱和毛钱！"我当时觉得他不公平，不应该对我说那些不公平的话，我立刻回答他说："Dr. Myers，假若有机会给我的话，我会表演给您看！"这样一来就变成不欢而散的局面了。后来才知道康大育种系中理论与实用两派，各不相容。怪不得我回国时，去看 Love 也不给我工作做，又耳闻 Dr. Love 和 Dr. Myers 还在中国造我谣言中伤我，说我在康大为争温室地盘，和人打架。

所谓的打架争地盘，事实是这样的：在康大读书时，有一天中午十二时下课后，吃过午饭，和三位在温室工作者到温室小屋作叶子戏。其中有位 Scott 身材比我高半个头，是

Dr. Wiggans（实用派）的助手，平日看不起中国同学。我的打牌伙伴是管温室的，跟我要好，人很高大。打牌时坐在我对面，我穿短袖衫，两臂露出。他见我肌肉发达，信口地说："你看！李，好壮呀！"Scott 痴笑地说："Horse Shit！"（粗的美国俗语）"Scott 你如不信，我和你赌两毛五分。李在任何时间可以打倒你。"他们打赌，本与我不相干，可是我的伙伴怂恿我说："李，帮帮我忙，和 Scott 比一比。"于是他们二人各将两毛五分钱交与第四人，请他做公证人。大家笑眯眯地走到温室外面草地上。我说："怎么比？角力好吗？"Scott 也赞成。他是有太太的人，外强中干，我年轻力壮，角力不到十秒钟，他就被我绊倒，承认输了两毛五，不再比了。就这样又笑嘻嘻一块儿玩，哪里是打架，更谈不到争地盘。Love 他们有意冤枉人，不查事实，还说我脾气不好。当时只觉得是帮朋友忙，让他赢钱，是"Be a good sport"的行为。

角力取胜的真实故事

康大做玉米的同学们，看不起 Love 他们。他们却迁怒于我，中外一样，同行相妒。这是四十年前的事，我埋藏在心里的话，到现在才披露出来。

既然在南京找不到事，就和三叔商量，要如玲一齐仍去东北。那时时局混乱，日本人势力大，去东北相当危险。三叔意思想替我在南京谋差事，我不愿。我觉得东北是我们国家的地方，应该去开发，而且同事们都是有干劲，意气相投的年轻人，将来一定会有成就的。三叔虽不怎么赞成，也不能勉强我们留下。

8 月底动身，一路上这条铁路换到那条铁路。有天刚过了山海关外，早晨起身后，如玲望着窗外景色，潸然泪下。

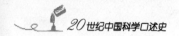
我正诧异她好端端为什么哭起来，她却说："这里和关内的景色完全不一样！"原来她见塞外风光萧索，引起乡愁，不能自制地悲从中来。我固然不迷信，下意识地觉得这不是吉祥之兆。

**卧室被盗**　到沈阳，把红楼我的卧房打开，一检点，唉呀！不好了！我的西装裤全被小偷由门上的窗子爬进去偷掉了。这也怪我粗心，临走时，只锁屋门而没有钉好气窗。这批没有裤子的上装，还得花心思去配裤子。

新家庭是东村一座小洋房，添家具用品，又买了两吨无烟煤好过冬。同时我们也请了一个老妈子来帮忙。

刘崇乐太太是福州施家的千金小姐，酷爱平剧，喜欢留住在北平，不愿意到东北大学来，所以刘崇乐只好辞去系主任的职务。因此校中聘我接替他当系主任，月薪四百元。

那时东大一块儿做事的，现在在台湾的有陈雪屏、徐宗涑、郝更生等。

有一晚，朋友请我到俱乐部去吃饭。俱乐部在校中中区，我由东院到俱乐部。吃饭后，出门时路旁电线杆下站着个人，西装革履，倒也整齐非常，是位白净潇洒的人。只听他自言自语地说："放屁虫。"我觉得这人很有趣，就上前和

**刘淦芝**　他攀谈。他自我介绍是河南商城县的刘淦芝①，清华 1928 年毕业的，在哈佛大学学昆虫，得了 Parker 奖学金七千元（美金），回国后收集昆虫标本，包装好寄给哈佛。我们就此认识，他喜欢吃我太太烧的菜，时时不请自来作座上客。我们系里教书的人不多，就聘他为系中兼任讲师。自那次认识以

---

① 刘淦芝（1903—1995），昆虫学家，茶叶专家。抗战期间任中央农业实验所湄潭试验茶场场长，浙江大学农学院教授。抗战胜利后赴台湾接收糖业和茶业，曾任台湾茶业公司总经理。

来好像有缘似的，一直到现在。

一天，白天由图书馆搬了许多参考书，晚上准备第二天上课的材料，阅读到很迟才睡。睡得正甜，被炮声吵醒，就同如玲说："现在已9月18日，怎么还有雷呢？"夜里也没有去探究，再入梦。第二天早起（五时）情形大变，窗子外人们三三两两的，在东村圆环内耳语着，传播昨晚炮击北大营（炮弹越过东大），日军占据沈阳消息。校中警察们都自动卸去制服，开了小差。校内治安顿成问题，晚上必须自卫，所以自己临时组织起来。似乎郝更生是总指挥，轮流守夜时，我穿很厚的外套还冷得很！

"九一八"事变

1928年张大帅作霖回沈阳时，在皇姑屯被日本人炸死，黑龙江督军吴俊升亦同时被炸死。后来中央派吴铁城做代表和少帅（张学良）接洽，东三省因此换上青天白日满地红旗子。东北三省"易帜"后，国民革命军的中央政府才算统一全国了。

1931年的"九一八"事件，日本有意造成后，教授们有的主张通电国际联盟，有的主张打仗，还有少数人主张投降，在家里预备着投降书。郝更生是极力主战的人，他曾给我看一枝像钢笔似的小手枪，我看了后觉得中国的人心未死。

我们那时感觉着不能再留沈阳了，打听皇姑屯还有车子开到北平去。我们四人，刘崇乐、刘淦芝、如玲和我，21日一大早分乘两辆人力车到皇姑屯。见有一列车停在那里，除二等车厢的一节尚未坐人外，其他的各节都挤得水泄不通。我们见有这样好机会，赶快上车，面对面四人坐下，跟着陆续上来不少人，后来越上越多，车顶上坐的都是人，小孩尿

逃离沈阳

就从上面流下来。乱！挤！真是逃难！沿途要想买些食品饮料，都是从车窗口爬出爬进。四人的座位，挤了十几个人，甬道上全挤满人。如玲三十余小时不能动一动，腿都肿了。我们只带一床毯子和两只手提箱。过山海关时，见到日本驻军（八国联军入侵后，条约允许他们驻军的）耀武扬威，车站上横冲直撞，真要叫人肚子气得快炸开了。后来听说比我们后开出的列车旅客，遭受日本飞机低飞用机关枪扫射，死伤无数。我们总算是不幸中大幸，能安全逃出。

过了丰台，将到北平时，检点太太皮包里只剩下四十元奉票，到关内只值一块现大洋，怎么办呢？硬着头皮向刘崇乐开口借钱。这是我为自己没有钱用，第一次向人借钱，也可算是我平生的末一次。后来我再不愿向人借钱了。当时他很慷慨借给我五元。我们就投奔到西城四婶家去，连忙打个电报给南京三叔（如玲叔父）报告平安。三叔立刻打电报给平汉路上他的一位熟朋友，请他接济我们一百大洋，收到这一百大洋，真是雪里送炭。先到东城还刘崇乐五元。有钱做车费了，又要到西城去拜访中华文化教育基金会董事长①任鸿隽老乡（叔永，四川人，也是清华、康大校友），我想取得讲座②资格后，由会派到任何一个学校去都成。哪晓得任说："李先生，你在东北大学，不过是一个代理人，根本不是正式的。"我听了这话，未免有自卑感，想力争也不可能取得讲座教授的资格了。于是就转向他的秘书林恂（号伯遵，四川老乡，清华1925班）商量，请董事会是不是还可

任鸿隽

代理讲座

林伯遵

---

① 应为"干事长"。

② 这里所说的"讲座"，应指中基会设立的"科学教席"，1931年分配给东北大学3名，其中可能包括聘任刘崇乐。科学教席的薪金由中基会直接支付。

以发八九月份我代理讲座时的欠薪，他回我说："没有办法。"此路不通，只得另作他计。

于是跟着跑到北大、师大的生物系接头，都不要添聘人员，好像对添人事都很困难。据说北方的大学，都已欠薪五个月。后去北平农学院找王尧臣，他当时是该院的农艺系主任，设法给我一个兼任职位，教八小时课，每月一百六十元。该校在平则门外八里庄，路相当远，我考虑去不去做这份兼课工作。

某星期天，去母校清华去玩。毕业同学可住在工字厅，我到那里，似乎又回到母校时的快乐情景。第二天，想去玩玩手球，到体育馆去找马约翰先生。他说："李！你等一等，我去开系务会议后就来。"我自己到健身房去玩玩，很开心，不久马来和我换衣服，预备去玩球。他问我愿不愿意到母校来帮他的忙，我说："给不给钱？"他说："给。"我说："有房子住吗？""可以设法。"我说："好！让我考虑一下，再给你回答。"于是就一同玩手球。

后来再去找梅校长，想在生物系谋个事。可是在北伐成功后，罗家伦被派为校长时，清华西园已被学校开辟起来。生物系由陈桢、李继侗、吴韫珍等做教授，他们在留学前，都在金陵大学毕业的。那时清华毕业的同学，似乎都不能插足。所以梅校长亲自带我去见陈桢时，陈桢表示先生都已聘定好了。梅校长向我说："先闻，我爱莫能助了。"想谋个兼任职位，都没有办法。这真是乘兴而来，败兴而归了。

我去日本求学，学不到什么，把积蓄的钱花完了。又遭父丧，举债累累。当此失业，不易谋职的极端困苦状况下，赋闲住在婶妈家，实在有"苏秦不得志受冷落"的感觉。现

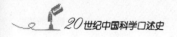

在偶然的机会，能在母校得一差事，虽说学非所用，但可暂时安定下来，透一口气。我计算一下，假如清华每月给我一百五十元，有房子住，加上北平农学院的兼课费，就和东北大学以前所得的差不多。于是和马先生联络，答应愿帮他忙，做体育教员。

**回清华教体育**

清华北院住不少同班同学，例如王化成、孙国华、施嘉炀、吴景超等，其他如陈总（岱荪）、叶公超、蒋廷黻等。马约翰向各家一一的去商量，找一间房子给我们夫妇住。大家都腾不出一间房来，都感觉自己不够用。幸亏交通大学毕业的王教授，让出一间，才得有安身之所。客厅、浴室公用，我同如玲就由四婶家，搬来清华北院住。

**球友**

马约翰常到北院来找我、蒋廷黻、陈岱荪等打网球。有时人少，蒋就找我单打。这些事我记得很清楚，但在蒋当大使时，有次我见到他提起在清华陪他打网球的事，他却记不得了。

北风凛冽大雪纷飞时，马约翰仅戴一顶博士帽，掩蔽他的秃头，颈间围条围巾，穿一件上衣就够了，并不怕冷。我也是如此，因头发多连帽子都不戴。可见我们身体相当棒。不过腹部怕冷，加添了一件毛背心。

那时母亲正在病中，我在清华拿到的一百五十元，每月要寄五十元回家，提三十元还债，再除房捐十元，义勇捐十元，佣人费六元外，所剩的钱做家用。如玲勤俭持家，量入为出，不要我费一点心。

"九一八"后，人心忿恨，清华已组织了义勇军，因此我两个月，都没有事做。有时到图书馆看看书，有时打打球，很逍遥自在。还有时在生物馆内从事果蝇的遗传研究，由如玲当助手。

在北平农学院兼任的课是园艺和植物解剖，两门课共计八小时。每门课演讲三小时，实习一次，上午演讲，下午实习，每周去两次。苦的是没有书看，也没有实习教材，更苦的是自己没有教书经验。助教又都是农学院毕业的，合作不会太好。

北平农学院兼职

排的课是早上八时起。由清华到那里去足足有三十多里。每逢上课的一天，我起得很早，六时前坐洋车出发。车夫要拉两小时才得到达。当时是 10 月初，北风已起，每晚都有厚霜。我穿了貂皮大衣及帽，围盖毛毯，天没有怎么亮就上路，到农学院总在八时前。钟声一响，开始上课。学生三三两两，姗姗来迟。第二次上课，我问他们为什么不一齐来，他们说："我们不住在一起！"我说："钟声总是一个。"不好骂他们，只叮嘱他们以后八时一定要到课堂。有一次下午园艺实习时，学生问："磨盘柿为什么没有子？"助教立刻说："因柿子繁殖用芽接，年数久了，就用不着结子了。"我想："天啦！这批学生教出来怎么办？"我教解剖学，必须先教怎样使用显微镜。学生们程度不齐，又很懒散。第一、二次教过后，第三次上课学生们就说："我们要学解剖学。"我说："这是我教解剖学的必要步骤。你们不学，我就不能再教下去了。"他们就用脚擦地板作响，表示欢送我走的意思。我就离开该校不再去教，免得误人子弟。花了很多精神，还贴掉不少车钱，去讨这种没趣，似乎太不合算。这也是第一次与第末次教书"失格"的教训。

学生懒散，教师"失格"

清华正式上课了，马约翰先叫我帮忙他训练足球队。在美国时除自己踢踢外，没有好的足球队比赛给我借鉴，所以

训练起来，不能有什么贡献。于是马先生又叫我训练篮球队，当时篮球队教练是赵逢珠先生，他曾代表中国参加过远东奥林匹克篮球赛，担任后卫。山东籍，人高马大，有"半壁天"之称。

**当篮球教练**

打球的队员们好像都不练球，每周只要去城里比赛一场，借比赛为名，乘包车进城。赛后看电影或看女朋友，吃糖葫芦，有的甚至于第二天下午才回校。

当时五大学联赛，清华、燕京、辅仁、师大、民大平日都用师大名教练董守义打球的战略。攻守方法是"五进五退"，辅仁算打得最好。我们清华球队也不例外，用"五进五退"方法。打球时又好自己玩球，看球的人大声叫好，玩球的人更玩得起劲，不肯把球出手。

我在1923—1926年在普大练器械操时，在健身房楼上，练累了，常靠在栏杆上看下面普大篮球队练习。美国印第安那州的农家子弟对篮球相当嗜好，从小就在牛棚旁边钉一个篮筐子练篮球。到中学打球，打得更起劲。好的，普大就把他们物色去，有零用钱给他们，极受优待。

**采用普渡大学**
**篮球队的经验**

第一年时，由教练给他们基本训练，第二年以后才有资格递补校队。当时普大篮球的教练是 Piggy Lampert，人只有我这么高。他用的是四进四退法。篮球校队在比赛前，谢绝参观时我也可以看。这些训练方法，我都记在心里。现在到母校清华来训练篮球队，倒用上了。训练权交在我手中，每天和队员们甘苦与共。我告诉他们基本动作"拍球"、"传球"、"阻挡"、"投入"等等。不管是在篮球场或是在健身房，每天必须练一小时至两小时球。当时队员有江世煦、于涤川、熊汝达、张光世、陈彬、许振德等，于涤川是队长。

我告诉他们，作任何球赛，要有个目的。拿篮球来说吧，你们不要只去玩球，争取观众喝彩。你们的目的是去赢球，把球要用合作的方式，放在别人篮里去，你们的目的就达到了。

现任经济部常务次长张光世，当时是一年级的校队队员。来台后他曾对我说："李先生，我后来的做事，全用上了你训练我们的几句话，作为我做事准则。"

记得有次和民大比赛，清华赢了。报纸上对李教练（Coach Li）大加推崇。

第二年，1932 年 2 月初，在离清华去河南的前一天，清华与燕京作联赛的第一次比赛。事前我很紧张，但我们的速度快，当人家没有退守好时，我们把球已投入篮。燕京攻来时，我们有一人留守。结果这一次比赛清华赢了二十几分，这与从前同燕京比赛时，不是你胜二三分，就是我赢二三分，大不相同了。很多人以为我是学体育的，却不知道我另有一肚子辛酸。

后来许振德在 1932 年暑假到河南来，提到我走后，清华篮球队仍是赵逢珠当教练。第二次与燕京联赛时，输了十几分。队员大哗，就把赵抬掉。

有位体育系的沈教授，是中国排球队代表中国参加远东运动会的中华队教练。当时"北马""南沈"齐名。沈继赵为教练时，不久又被学生抬走。学生们还说："你若有李先生十分之一好，我们就不抬你。"这些话都是别人告诉我的，我想：我不过是客串性质而已，若真是体育教练的话，一定要被人家抬走了。

在清华，帮马约翰训练篮球队时（幸好我还有这一点业余的谋生技能，否则更不堪设想了），生活勉强过得去，但

张光世

是学非所用，心情受压迫，与日俱增。眼看同班同学，这个当名教授，那个当系主任的，而我却改行做个体育教员。清华风景虽好，并非久居之所。虽然东北大学，在这年正月间，已在北平复校，我去教了一阵书。但国难当头，大家心不在焉。赵连芳介绍我去河南大学执教。我想在大都市，那么多学校，竟没有容我之地，就答应向穷乡僻壤的河南大学农学院去了。临走时，同班的王教授化成问我：你到那种苦寒地方去，又没钱，又没有设备，到那些地方，似乎有充军的意味。我听了以后，酸苦的味道，充满我的肚子。只有冷笑一声，并不置答。"天下之大，竟无容身之地"。

决计去河南大学

清华生物系是陈桢（席山）主持。我连课都兼不到，虽说他给一席之地让我去研究。但心乱，事多，时间又短，做不出成绩来。我临走去向他告辞，他幽默地说："Dr. Li，今后我们好好合作。"我心想：人家求生不得时，你不肯伸出手来帮忙，以后还怎么合作呢？我笑笑而去。

不满陈桢

## 两件不幸的事

2 月初，乘火车一路到开封。以前在北平觉得风沙多，谁知开封比北平风沙更多。下车后，车站上难民万头攒动，拖男抱女，扶老携幼，逃荒的都在车站过夜。开封前一年缺雨水，小麦种不下去，已有荒年的征象。面价从一元一袋涨成四元。很多人拿豆饼、榆树钱充饥。又没有救济机构，人们都逃荒向西奔，冻死饿死的人实在不少。沿铁路旁常有骨瘦如柴，脸黄像蜡，穿褴褛棉袄的饥民。挖草根的，剥树皮

逃荒饥民凄苦情景

的，拾榆树钱的，比比皆是。那种凄苦情景，至今还历历在目，真是人间一幕惨剧。

万院长康民是河南罗山人，美国耶鲁大学森林学硕士。河南大学农学院的院址是繁塔寺，在开封城南的南关。校本部则设在开封东北角上的铁塔寺旁。农学院每年经费是五万元，不折不扣。分两系，森林学系主任是万院长自兼，系中只有一个助教，是北平农学院毕业的乐天宇，此人到后来尚有交代；农艺学系的系主任是美国康奈尔大学得过硕士的陈显国，陈主任是广东人。农场主任是粟显倬，粟是湖南人，曾留学美国，在爱阿华州立大学农学院毕业。农场有一百余亩，内有果树，如梨、苹果、法国葡萄等，约占地二十亩。助教是本院毕业生森林学系的孟及人和农艺学系的刘祝宜。那时河南大学学生共约百人左右。

万院长把我引进院中深处繁塔寺左侧的一个大殿中。陈主任住在东头的一个小房中，我们的房是在西头。房中有一张木板床、几只木椅和小桌，还有煤球白炉一个。如玲不辞劳苦，把行李打开，煤炉生好。我则略事把脸上的尘土洗掉后，即蒙头酣睡。一觉醒来，天尚未大明。大殿中，就有人在讲话，忽然又有一股烟味冲鼻。后来知道，是院中请来的木匠，在大殿中烧刨花、木屑来取暖。天大明后，见屋顶上蛛网百结，细沙尚从屋顶渗漏下来。心中此时百感交集，想到国难当头，如玲同我来到这个绝境，就算我自己不行，尚犹可说，如玲何辜？

第二天早上，万院长带我去看陈主任。派我教遗传学、麦作学、作物学。遗传学我学过，作物学没有学过。有书可教还能不太费力。至于麦作学一门课，天呀！没有书本可依

河南大学农学院

乐天宇

教三门课

77

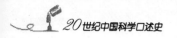

据着教，又没有参考书，从未学过，叫我怎么教法？幸而记得在中大，有位法国留学生的麦作学教授麦先生（四川老乡），好像他有讲义。后来辗转拿到手，就根据着教。在普大时，我原是学园艺的，而教两门作物学，这也许是我以后和农艺结不解缘的原因。现在我还是台湾大学农艺系名誉教授，也可说是那时奠定的基础。

**赵连芳在河南大学**

赵连芳因"一·二八"事件，在我到河南大学不久，他也带着新婚夫人搬来，也住大殿内，装修一番。他是稻作专家，教一门育种学，这是他拿手戏。他的河南调，嗓门大，讲起来响彻云霄。听的人多，窗上都站的人。中州人真是得饱耳福。我自觉相形见绌，内心想他能做到，我发奋也可以办到。

有天 Dr. Wiggans 同沈宗瀚到河南大学来参观农场。Dr. Wiggans 是康大植物育种教授。以前曾提过，每年康大派一位教授到中国在金大帮忙，这年轮到他。我们农场，有点育种工作。Dr. Wiggans 看后，以长者的口吻说："孩子们，你们做得很好！"我心中想：我们还没有开始哩！怎么会很好？

**碱性井水**

我和如玲的住处，因老乡董时厚携眷回川，就搬进院大门的右侧。前面是学生厨房，矮土围墙内自己有院子。据说以前是冯玉祥的后方医院。董太太临走时，对我们说这里鬼多，如玲就胆怯得很。我们把地上铺一层厚的芦席，上面钉一层芦席当天花板。没有电灯，也没有自来水，五块钱买一听洋油，点洋油灯。有口深井，水味苦涩，我吃了，泻肚一个月。后来买牡丹花来栽，卖花的劝我说："洛阳的牡丹各色都有！"我听了他的话，买了不少种下去，每天用井水浇。

反而第三天一齐死去。原来这种碱性水，不能浇花。我上了大当，牡丹究竟有几种颜色，没有试验出来。

如玲有孕，请了一位三十多岁肥胖女人——王嫂帮忙操作。她自己准备小孩衣物。我每天一早八时，就到院长办公室旁边小房去预备功课。晚上也到办公室去看书，十时才回家。

薪水二百八十元，自用八十元，五十元寄给母亲，一百五十元还账。

月薪280元

如玲怀第一胎，在这穷乡僻壤，幸亏她自己找到内地教会医院，有位女医生 Dr. McDonald。她自己去检查，4 月 1 日又自己去生产。得一女，取名汴泽。第三天就有病，每天打针，小屁股上针眼数不清。据 Dr. McDonald 说是黄疸症，胆囊管阻塞，欧美各国有统计，两万个小孩中有一个，胆汁不能输送到胃里，就由血里走到各处，所以眼球黄，皮肤都黄。胆汁不到胃中，脂肪不能消化，小孩天天瘦下去。我似乎很忙，如玲去医院检查，去生产，我都没有过问。连医院在哪里，哪位医生，我都不知道。好在如玲贤淑，不怨我，她有医药常识，又会说英语，所以不需依赖我。她这种个性，也是客家人的特性，牺牲自己，不扰丈夫。我追想起来，倒觉得非常惭愧。既未尽夫职，也未尽父责。

女儿出生即患黄疸症

5 月底，小女病危，又接三妹来电讯，母亲过世。真是祸不单行。我电告二哥，二哥复电说，不拟奔丧，大概是不便请假。我哩！没有余钱，筹思再三，不能回去。谁知"天无绝人之路"，常带孩子来我家玩的同班同学孙××，这天又来我家，见我愁眉不展，问我什么事。我就把当时两件事告诉他。孩子病重，母亲过世，手头又无钱，实在想不出办

母丧女病同学相助

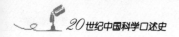

法。孙眉头一皱说："先闻,做人子的,一生只有两件大事。这是最后一件了。"他不再说第二句话,就回去了。第二天,一个人又跑来,交一个钱庄存折给我说："先闻,你随便支付,要用多少,就用多少。"北方人重义气,感人太深。北方人见义勇为,拔刀相助,真的出现在我眼前了。有了钱以后,我们计划在学校放暑假时,如玲携汴泽北上到北平的协和医院就医,我则独自南下奔丧。

6月17日学校放假后,我们从陇海路到了郑州。哪知道孩子太弱,已被病拖得奄奄一息,再经车行震摇,下车后,还没有到旅馆,就断气了。如玲抱着个死孩子到里面。后来设法买了一具小棺材装起来。我们一夜都睡不着,想在旅途中,怎样安排这死去的小生命哩!还是如玲比我冷静,她想到去找教会。第二天一早,请栈房里的人,顺便带我们去找教会,适值浸礼会教友们正在做早晨的祷告。如玲向一位姊妹说明来意,那位姊妹就领我们去见一位弟兄。他说:"没有问题,我们教会有墓地,可以安葬你的孩子,同时我们兄弟姊妹们还替你孩子送葬。"早餐后,从旅馆把小棺木运到教会墓地去。那儿已事先挖好一个小穴,棺材一放下去,如玲跟着就要往下跳。她恨不得跟汴泽一起去。经姊妹们拉住劝解许久,才忍住悲痛回旅馆。本来嘛,十月怀胎辛苦,生下来又经过几十天的折磨,就离娘而去,怎不叫娘伤心。我让她在旅馆歇息歇息。等我将孩子的衣物等送回去交给王嫂保管,再回郑州来和她一同南下回四川奔丧。

回开封时,见家里有一窝来亨鸡,小鸡十二只,非常可爱。就用蒲包装了带到郑州,想回老家送一个大礼,一路带回四川。沿途很辛苦地照料,很幸运的是通通带回家了,没

女儿途中夭折,求助于教会

有损失一个。但是来亨鸡，随地乱飞，家人都不要养。以后，送到族人手中，人们都不喜欢。引种的小型尝试是失败了。

到家后，觉得家中更萧条，母亲逝世，乱糟糟的。亲友们吊唁的不少，有好几桌人吃饭。我和大哥及男的亲友，送母亲灵柩到凌家坝安葬。路上不太安靖，妇女不便去。所以让如玲及女的亲友留在家里。

家乡出丧有种迷信，要放一只雄公鸡在灵柩头上，抬着走。阴阳先生把公鸡冠掐出一点血，再在鸡颈上拔一片毛，用血黏在棺材头上。用画符式口中念念有词地一指，公鸡就不动，一直站在那里由扛夫扛着灵柩走。当然鸡两只脚是扎在一起的。从江津到凌家坝，有三十里路，翻山越岭，走不少时间。下山后，经过一个小场，大伙儿正在赶集。人多拥挤，公鸡受惊，忽然振翅一飞，飞到一家店里。好容易把它捉回来。但鸡飞到人家，说是凶煞冲进去，必须要放鞭炮，向人家赔礼，忙乱了一阵，才算了事。到目的地，已是下午了。

族人亲戚请了"围鼓"在小祠堂里唱高腔。闹了一夜，我们都没有睡。第二天安葬，事先请阴阳先生看过，到时将亡父坟墓启封，白蚁无数乱爬。殓骨装坛，然后与母亲灵柩合葬。母亲的寿材，漆得并不太好，大热天一路上都有气味出来。

安葬好了母亲，当天下午就动身。因乡下乱，不敢多留。走十几里路到油溪镇，再坐船回家。大哥不事生产，又有嗜好，每天都向我要钱。丧事办下来，我借来的二千元，已所剩不多。听说养蜂可获利，大哥想养蜂，要我出钱做蜂

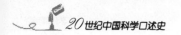

箱，我也答应了。

我想家中这把乱麻，要理也没有办法理。我又不能常在家，必须要想个法子，使我没有后顾之忧。二伯父是家中长辈，我想请他同意我和大哥分家，但二伯父耳朵聋，在家大声嚷嚷，被大哥大嫂听见要反对的。所以有一天一清早，趁大哥出去的时候，我陪二伯父散散步，走上城墙，我就将我希望与大哥分家的事，大声在他耳边告诉他老人家，他点头赞成。商量好，第二天就将凌家坝的叔伯辈请来，由二伯父宣布分家。大哥听到我和他要分家后大哭起来。父死、母死，他都不曾掉过眼泪，这次却忍不住痛哭了。他说："一般习惯，祖先留下的遗产，必俟子孙增加后，才可以分！"我说："我以后不回来了，家中事你管，增加或减少都是你自己的事。现在大家都成年了，应该各人管各人的事。"长辈们赞成分，大哥也没有办法。我提出我要凌家坝，那股祖先传了四代留下来的地方。说明租谷我不要，归大哥收，大哥不肯。说他是长房，有优先选择的权。二伯父说："可抽签来决定！"族中代表们全赞成。我们兄弟二人于是就向祖先牌位跪下来，由大哥先摇，姊姊妹妹们都默求祖先保佑，希望凌家坝那股抽来归我。在各人有各人的心事情形下，大哥用颤抖的手摇出一签，是家中后来添置的一股。剩下的凌家坝这一股，就顺理成章的分在我名下。分家事办完，二伯父及我同族人到街上吃饭。大哥就在家中，指桑骂槐地骂了如玲一大阵。如玲对于分家事，知道都不知道，哪会是她的主意呢？

这次分家，我极力主张我们这房不留"官上"，免得将来凡事出公账，欠下的债，都要我独自负担。大哥虽大不以

**分家**

为然，但族人都赞成，他也无可奈何。

家分完后，亲戚们，这个说先母欠他几百元，那个说先母借他几百元，加起来共有一千八九百元。我当时就一口承认下来，全归我还。后来不久便一笔一笔还清了。

第二天立刻就坐船到重庆。一来江津霍乱盛行。家里一个佣人，不久以前，早上吃点葡萄，下午就死了。城里棺材业很发达。我同如玲都只敢吃烧熟的东西，筷子等决不让苍蝇爬过，并且每次都用开水烫后才敢用。所以能早走还是早走的好。二来家分了，大哥不愉快，怕再听到他的闲言闲语。

当时霍乱症流行，江津还没有预防针可打。江津唯一的西医刘永怀大夫，是华西坝协和大学医科毕业的。为我们配了预防霍乱服用的药水，两人一路饮服，是否有用，也不知道。到了重庆就去青年会找刘淦芝，他比我们先到四川采集昆虫标本。在我们到家前，已先到我家吊过丧，姊妹是孝女都曾照老规矩向他磕过头。他后来常提起这件事，大为称许，并引以为荣。

三伏天，重庆比江津还热得多，白天华氏一百度以上（38 ℃），因是盆地，到晚上热气也不散，所以早上都有九十一二度（35 ℃）。我因一路吃药水，又喝很多汽水，到重庆的第二天早上，忽然大吐特吐，把如玲和刘淦芝都急坏了，以为是霍乱，赶快把我送进仁济医院。晚上，我又好了，真是虚惊了一场。

第二天，我们计划去重庆北面，嘉陵江上游的北碚游玩，并可采集昆虫标本。

北碚是风景区域，在小三峡中段，西岸很险，东岸特设

峡防局，管治那几县的山区。那时土匪如麻，而县与县交界的地区，没人管。峡防局长是卢作孚，他生得个子比我还矮些，脸清瘦白净，是一个师范毕业生。他因四川航运不便，集资五万元办民生公司，买一艘民生小轮船航行重庆到合川这条水路，船只能容纳几十位乘客。后来扩充成为有名的轮船公司，拥有很多大轮船，在长江里载运客货。战后，民生公司拥有一百多只船，有的还航行欧美。

卢作孚

卢作孚又在北碚东岸聚资开发实业，开煤矿，兴建三十余华里长小铁道运煤。开铜矿，办纺织厂，为地方上做了很多有益的事。抗战时，政府西迁，民生公司帮了不少忙。日本人还替他写了《卢作孚的研究》一书。

他的弟弟卢子英，是军校毕业的，那时做峡防局的大队长。清乡、剿匪，设有监狱，收押匪犯。

我们计划游玩北碚小三峡风景。小三峡与大三峡比较，仅短、小而已，但很秀丽，与大三峡的高峻雄伟，不可同日而言，但另是一派风光，与台湾东部的太鲁阁略同。

小三峡

卢子英约好由对江过来接我们去东岸，坐火车去参观煤矿。然后到华云山，风景幽美，庙前有长满修竹的山头，进去以后，幽湿的清凉冲散林外的暑气。我惊叹家乡还有这样胜地。殊不知以后游过青城、峨嵋后，一一都比华云山还要出色。玩过山景后，到卢子英办公室。他说要带我们去看监狱，里面有第二天就要枪毙的土匪。我们都跟随着，从圆洞门弯腰走进去，看见一个大胖子，戴着脚镣手铐。他大声说道："看啥子！有啥子好看！"如玲和我都骇得向后退，不敢再看他。

同我们一起游玩的有一位罗某，是一个中学生。他是我

们四川末科状元的孙儿。当时我感觉我能和他一起玩，很荣幸。

游过北碚，回重庆搭蜀亨轮出三峡。偶然的机会，在船上遇到一位四川籍的欧阳小姐，是上海沪江大学的学生，对刘淦芝表示好感。两人卿卿我我，一路到汉口才分手。

出三峡

我们到汉口后，跟刘淦芝去武昌看他的父母。然后回河南开封，在开封接到欧阳小姐由上海寄来一本当时流行的歌曲本，其中有一支是《教我如何不想他!》。这位小姐似乎是单恋着刘淦芝，我同如玲是给她这个考语。

7

艰苦的河南大学农学院

CHAPTER SEVEN

　　回开封，那时河南大学有个 1923 同班同学彭谦，在威斯康辛大学得土壤学博士学位，来接替陈显国事。同时许振英（1927 班）在康大攻畜牧，得硕士学位，也到开封来，他回国是 1931 年。那时，在平津一带乱糟糟的找不到事，于是就在开封，我们的东面禹王台第一区农业改良场王场长那里，屈就一个技师职位。每月百余元，仅仅够用。他在清华时也是运动员，又是两次同学，所以常到我家来玩。

**许振英**

　　我想农学院现已有了农场，若再找到畜牧方面的专门人材，将来可成立畜牧系。当时农场主任是粟显倬，他在美国州立大学攻读时，五谷六畜都要学的，好像我在普大时一样，现在河南大学担任教作物及畜牧课。他是湖南人，长沙的世家。我暑假回家奔丧，他也同路回湖南。

**粟显倬**

　　晏阳初头几年在河北定县办乡村教育，聘任两位清华同学，也是在普大学畜牧的，用盘克猪与定县猪交配，推广给农人饲养，很吃得开，就好像现在台湾饲养桃园猪与盘克猪的杂种一样。我觉得这种于国于民都有好处的事，是值得仿

**建议引进良种猪**

效的，当时就同院长商量，请许先生到定县去跑一趟，买猪种回来养。这个建议被万院长采纳了，于是一方面盖土的猪舍，一方面派许先生去定县买盘克猪及定县猪各若干头回来。猪买回来以后，我满心欢喜，觉得新的事业可以开始，我做了一件大的好事，谁知反种下祸根。

林世泽是菲律宾华侨首富的公子，曾到爱阿华州立大学学畜牧，与赵连芳、彭谦、张心一、陈之长等同学，对养蜂、养鸭有研究，尤其对罐头学，学得很多。他那时也到河南来当教授。

第二学期我开始教遗传、育种，都是本行的课。现在先谈遗传的研究。本来想在河南做玉米遗传工作，但因气候太干燥，玉米花粉容易干死，试验材料大多不结子。玉米细胞遗传研究，虽然在 1926—1929 年康大开始，但此时此地，不能再继续了。

遗传学研究
工作

我从万院长那里要了三千元买研究用的显微镜（Leitz），四五百元买 Monroe 计算机，同时要了八九千元建一间风干室。从事育种工作，在田间不能随收随即脱粒，所以要把一行一行成熟的麦子，抬回来倒挂起来风干。那时建的风干室，可挂二万五千行，这样可随时去脱粒。

理论研究及育种的设备有了以后，我就想了好几晚，想今后我的出路在那儿？我是学理论科学的（Science），学细胞遗传学回国来，却没有人欣赏。人们那时欣赏的，都是实用科学（Technology）。"专家"都是被人们尊称的，那时赵连芳是稻作专家，沈宗瀚是小麦专家。

一个是科学（Science），一个是技术（Technology），从事科学研究的，有机会的话，转到技术，只要学会技术，容

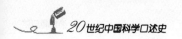

易得很。相反的，由技术转到理论的研究，百不得一。那时中华民国比现在台湾情形还不如，拿科学来讲，是真正落后地区。我迷迷糊糊地不明白这个大道理，为什么"专家"们那样地吃得开？我这个学理论科学的人，连吃饭地方都找不着？于是我就想当某一项作物的专家。当什么专家呢？一定要从某一种或某几种作物的改进工作做起。

在落后地区，只能谈到技术，因没有科学人才，也没有发展理论科学的环境。那时的情形，和台湾的情形也差不了多少，想将科学的落后地区，变为前进的地区，一定需将理论科学弄上轨道，是刻不容缓的事。如只做技术上的工作，做得好也不过是好的落后地区而已。没有理论科学的基础，绝对不能进入前进地区之列。这是吴大猷先生最近（1968年）发表的言论，我是很同意的。

我认为要将国家科学弄上轨道，一定要从理论科学的研究入手。以前的胡适之先生和现在的吴大猷先生，都很支持我。

在过去，我面临的这种处境，是一件辛酸的往事。希望不要再在台湾重演。以时代而言，已前进了三十几年了，绝不要再蹈以往的覆辙。

当时禹王台的王场长做番南瓜与南瓜的交配，我拿他的材料做研究对象。这是我回国后，拿细胞遗传的研究所得写了第一篇报告。后来知道，在美国的反应是良好的。

**细胞遗传学研究的第一篇报告**

其次再谈育种，因在康大没有学过，所以种子拿到手，不知什么时候下种。当时全国性小麦育种工作，在开封西关内地曾有个育种场。主持人毕汝藩是金大毕业的，也是沈宗瀚的学生，他从事秆行试验（Rod – Row – Test）若干年。我不耻下问地去问他，小麦什么时候下种？行间是多少市尺？每行多少尺？每行下多少种子？他很耐心的一一告诉我，我都记下来。这是根据孔子说的："三人行，必有我师焉！"去向他请教的。他却想："康大的博士，怎么连这些都不懂，还要向我请教。"真是个大笑话。

于是我带刘祝宜到乡下去采麦。麦穗，因中国小麦品种是混杂的，每块田里，高高矮矮，大大小小，早早晚晚，形形色色不同的种。最先开始做小麦育种工作，只要在这里面找到比较像样的一个单穗，做纯系试验。我们采回麦种以后，我就要自己经历育种各种过程。9月中左右就到田中去播种，让刘祝宜做总指挥，我自己亲自同工人们开行，自己播种，自己掩土。从早上五点到七点，八点到十二点，下午一点到八九点（这是夏天）。秋天下午只做到七八点钟。我们一队十二人，这样分春秋两季继续做。二三年的亲身经历，育种的田间情形，都弄得一清二楚。懂了，就可以改善了。我是立志不怕苦的，这也是手脑并用的功夫。这是康大 Dr. Emerson 老师的真传。

*小麦育种*

万院长想把农学院办好。赵连芳在 1932 年 "一·二八"事变后到河大来，教了一两个月后，又回南京去了，先后约了好几位同学来，有彭谦、林世泽、涂治等。

在这儿我介绍一下涂治①。他是湖北黄陂人，比我高一点，圆脸，笑容可掬，讷讷寡言。在清华时是一个普通学生，一到美国明尼苏达大学就出人头地，全校三千多人，他是第一

*涂治的故事*

---

① 涂治（1901—1976），1949 年前曾任河南大学农学院院长、西北大学教授，1949 年后曾任新疆农业厅厅长、八一农学院院长、新疆农科院院长。中国科学院学部委员（1955）。

名。在研究院进植物病理系，他的老师 Dr. E. C. Stakeman 当时是该系的"圣人"。Dr. Stakeman 曾告诉我，涂治是他最好的学生，他做试验做到天亮，专心之至，真是不知"东方之既白"。他是我所见到学农的真正聪明的人。

涂治的同班同学孙清波（1923 年级，现在台任考试委员）说："在明大攻读时，有天半夜，我开车由研究室接涂治回宿舍。到宿舍时，一看后座没有了涂治的影子。只得再开车回去找，在冰天雪地中，红绿灯电杆旁，涂治在那里茫然四顾。原来车被红灯挡住停下来时，涂治以为到了，就不声不响下了车。"这也是大智若愚吧！

他回国以后，在岭南大学教书，因封酒精桶不慎，爆炸起来，全身烧伤，在医院住了三个月，性命保全了，满脸遍身都是疤。后来在浙江杭州稻麦改良场做了一阵子，1933 年 9 月后到河南大学来。他带来的书很多，单行本约有一两万册。他的办公室在院长室左边，我的办公室在院长室右边。他读书是无所不读，无所不看的，所以学识既博又精。我得其所哉地常去看他的书，尤其看作物学及统计学书籍。涂治正好教统计学，我去当旁听生。统计有很多数字及表，他都不带笔记，数字表都记在脑子里，上课时在黑板上写出来。记忆力、智慧都是常人"望尘莫及"的。大家都以佩服赵连芳的心情，同样地佩服这位新来的涂博士。

他平日不修边幅，头发长长的，也不梳，只用手把头发向上拢拢。常常穿蓝布长衫，冬天仍穿单裤，冻得他发抖并唏嘘地哼着，但他毫不在乎。这种不修边幅的作风，是我有生以来仅见的。

1933 年春天，我开始做理论研究，有个学生孟宪伋

（及人），是孟子的后人。此人比我高一头，他原是学森林学 孟及人
的，此刻他帮我从事田间工作。他念中学时（北伐以前），
曾参加过革命工作。北伐完成，他进河南大学，毕业后派在
农场做管理员，听过我们（赵、涂、我）三年课。我见这人
有君子风，好像和我很有缘似的。第二年春天，我和孟及人
开始从事小米开花的研究。白天每隔一小时去看一次，将开
过的花数一数掐掉，记下来。晚上每隔两小时去数一次。没
有电灯，用马灯照着数，小米一个穗上有几千朵小花。连续
地数了十六天，我见孟的眼睛肿得有胡桃大，眼球布满红
丝。我说够了，从此我知此人忠于所事，是一个值得信赖、
绝对可靠的伙伴。

小米开花是我回国后真正研究工作的开始。当时无水 研究小麦
电，全凭太阳看显微镜，有云就看不见。有位武教授发明用
电石灯慢慢加水，可控制亮光，这真是克难的发明。

1933年春，有个农民从红色高粱田里，选了一个白色高
粱，说是好种。我栽几行看，谁知都倒下，秆儿太软，不能
抗倒伏。它站不起来，不是好种。

收获小麦时，除自己的男工外，用很多女工脱粒，大概
一二百人，很不好管理。河南女工都穿扎脚棉套裤，她们趁
人不见时，抓一把放进套裤里。小麦在田里已给鸟雀吃了
些，这还犹可说，女工再你抓一把，我抓一把，虽然拿得不
多，产量的数目就不准确了。这种无知识的人，贪图小利，
对我们研究工作的影响实在太大了。

小米就是所谓的狗尾巴草，河南很普遍，又称粟。我们 在美国农业杂
用它做研究材料，写成英文报告，登在美国农业杂志上，先 志上发表研究
后发表十几篇。记得写好第一篇时，打好放在桌子上，许振 报告

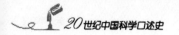

英看到后说："老李！想不到你英文那么坏！"我听后好难为情，但也知道自己的英文是不行。林世泽说他英文本来也不行，后来很用心地跟人家学，一通就百通了。我想以后是要用功，参考人家的方式，好好地写。实行以后果然也写得通顺，慢慢就写得好了。

在这儿连带想到中文。幼年时，《古文观止》读得很熟。到清华后，没有继续用心学，毕业时没有进步。到美国留学，更忘记得连信都写不好。回国后也没有时间去进修中文，有时写东西，都用英文的方式写出来，很不合适。当时白话文已盛行。我心想，我只要能将讲出的话写出来，虽然不好，人家也可以懂得的。后来与胡适之先生共事，胡先生还赞我中英文相当不错哩！他说："学科学的人，有这样的中、英文就够了。"

在河南研究小米，最初是应用统计方法，跟着做细胞遗传的研究，这是我的本行。当时我看小米有多少染色体时，用最简单方法，花了两星期时间才看到。那时大家看我是"小米专家"，刘淦芝说我是"狗尾巴草专家"。刘常常提到，你的本事到中州后才孕育出来的，他不知道客家人的本能，他低估我这个客家人了。

1933年5月18日生恩泽，是第二胎女孩。7月因黄河大水，我们夫妇将恩泽带到南京逃水灾。住正东门街三叔岳家，因人多的缘故，只得住在汽车间里的小房间。

有一天我到崔八巷去看中央农业实验所，那时是谢家声兼正所长（学病理的），钱天鹤做副所长，该所共有三进房子。蒙钱副所长的情，请我到食堂去吃中饭，我见红头苍蝇乱飞，心中疑惧，想会不会吃下去出毛病？果不出所料，回到东门街，一晚泻了三十多次，后经如玲的大伯治好的。

9 月初，大水退了，回开封。带回一条四分之三的杂种狼狗，后腿有毛病，当时是八个月大，名叫 Charlie。我们坐三等车，同房有曾昭抡夫妇（曾是清华 1922 级同学，也是中央研究院第一届院士）对我们的狗厌恶，觉得太臭。我想也真是臭得难闻，可是没有办法。这条狗后来一直跟我好多年。我上课它坐在讲台旁听，如果它听得懂的话，听四年也该毕业了。我到田里工作，它也跟着去，怕它乱跑，踏坏作物，所以把它拴起来。后来在武汉时，到珞珈山上去，那里野鸡多，它又变为猎犬了，真和我形影不离。抗战时，我自己都上不了船，没有办法只得把它送到我们磨山农场去。它离开我时，眼里都有眼泪。农场管理人把它关起来，它硬将门打开，浮水来找我们，浮到中途，力不能支，险遭灭顶，幸被农场的人发觉，将它救回去。

携狗讲课四年

1934 年秋天，如玲将生第三胎，我岳母带了如玲的五弟，由福建永定来开封照应。恩泽跟外婆接近，学会了满口客家话。我和她老人家相处几个月，也懂了一半客家话。

9 月间，等秋季作物都下种后，我到南京孝陵卫中央农业实验所受训，去学 A. Fisher 的变量分析。由 Dr. J. Wishart（剑桥大学的教授）教我们，马保立博士做助教。我住在东门街，每天早上有交通车送我们到孝陵卫听讲，中午在那里吃饭，下午又坐交通车回来。学生是由全国去的，共三十几人，晚上做习题。

进修学习变量分析

以前已经提到过三叔（叔岳）有数学天才，他统计学并未学过，有天见我习题做不出，他拿去一看，立刻就做出来了。天才智慧，是各人不同的。我与三叔相较，我实在是太

三叔数学天才，我太笨了

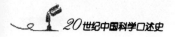

笨了。

11月15日，开封来电报，告诉如玲生一男孩，就是泽豫。我大喜说："从此有传宗接代的人了！"我那时还有重男轻女的想法，后来如玲常拿这句话取笑我。

**儿子泽豫出生**

受训后，回河大。

1933年暑假时，陈显国想当院长，还闹了事，学生赶院长未能成功。陈走了，学生还继续闹，写信告到赵连芳那里，赵就授意万康民辞去院长职务，只当教授，改请涂治当院长。涂是学者，对行政是不是长才，不敢说。可是人心大振，以为学者来当院长，总比较好。可是涂治不修边幅，连胡子也不刮。

记得涂治还没有当院长前，建设厅长张静愚先生（现任台湾机械公司董事长，河南人）约我们到厅里去谈一谈。我们下午二时准时到衙门去，等到三时还没有见到厅长，问门房，还不知什么时候可见到。我们"外国脾气"一发，留张纸条说"如约来过"，就没有再去见他。

**"如约来过"**

因为涂治是清华同班，他当了院长，我格外卖力想帮他忙。我是急性子的人，有时涂治还未来得及回答话时，我已经代他回答了。谁知粟显倬挑拨离间，常常写信给赵连芳，说有人要抢涂治的院长。影射着我，我还不知道。直到1963年在马尼拉时，林世泽告诉我，我才知道，人心怎么那样坏呀！就是因为请许振英代替粟教畜牧，所以他常冷言冷语，说他没有得到博士，因此他什么都不懂。哪知他阴险到这个地步，冷箭伤人事小，整个农学院就从此瓦解了。

在涂治做院长时（1933年），他同我商量想找人来从事河南棉花的研究。河南各地栽培很多种棉花，都是"脱子棉"，灵宝一带出长绒棉。我们请浙江大学棉作教授王直清先生来从事研究。他是前清秀才，河南人，是一个五十多岁矮矮的老先生，在 Georgia U. 得硕士学位的。

他来了，在农场作品种观察。一般来说，品种试验的田间布置，是四面设边缘区，从事试验，中设保护行两行，每隔五行，种一行标准品种。他的田间布置，却没有这种设施，种出来的棉花，两边的由于生长空间较多，长得很高大。好像栽的小树似的，中间的各行都矮小整齐。看了他老先生的试验后，使我们茫然，不知所以。他上课时用 Brown 著的 *Cotton* 这本书做教材。学生们说他上讲堂，就用正楷在黑板上抄一段书（一满板）叫学生照抄。抄完后，他逐字的讲一遍，真可以与田中义麿教课的速度媲美。讲了一学期，Brown 的书还没有教到三分之一。考试时，每个学生都得近一百分的分数。

王直清的试验田

1934 年 6 月间，郑州中国银行分行行长束云章先生，忽然到农学院来找我，问我对灵宝方面长绒棉怎样去改良。他说："中银预备每年投资三千元，从事这方面的育种工作。"我同王直清先生商量，他说他不作育种，叫我去做。我们就签订合同，找了一位四年级学生马君。我还带着刘祝宜，三人乘陇海路车到陕州下车。在过郑州快到洛阳一带时，山陵起伏，都是黄土山坡，高的有几千尺，山上没有草木，这些山都是若干年由蒙古一带吹来细砂堆积起来的，若有雨水，土质倒是很肥美。我们从陕州工作到灵宝，西到潼关，曾看到老子骑牛过函谷关的塑像。从前到过山海关（天下第一关），现在见到潼关，近看似乎并不觉得怎么险要。

棉花试验

我们采了将近一万多枚棉桃，回来要考种，我没有学过

棉花，但此事已揽在身上，非办不可。王直清向我说，暑假有一个浙江大学学生，四川人，名叫徐守愚，人很能干，可以请来帮忙做棉花研究工作。我想河南大学有许多学生，何必到外面去请，考虑着，没有同意。暑假后，王直清拿一封徐守愚写给他的信给我看，其中有这样几句话："你不替我介绍事的话，我就要自杀了。"我想这人一定有困难，就怜悯地答应请他来。他来了，在王代院长办公室旁的办公室里办公。我就说采来的棉桃子，让他做考种工作。王直清叫他做，他心中不很愿意，但不能不接受。考种时，嘴里哼小调，唱英文歌，考半小时，要去农场散散心才回来。一个月考不到几百枚。这些棉种第二年（1935 年）春天将下种，用这样的速度考种，怎么来得及将一万多枚棉桃考完呢？后来找到一个高小毕业的王某来帮忙，在一个月内，就把所有采来的棉种都考完了。

1935 年要去灵宝找试验地，徐守愚说身体不好，说了种种原因推辞不肯去。于是又把已毕业的马君找来，我和他一块儿去灵宝找窑洞，试过王宝钏住过的冬暖夏凉的窑洞，也见到山明水秀贵妃的故乡。

我离开河南后，棉花试验工作，是不是有结果？我不知道！但从那时起，就与束云章先生认识到现在。

涂治 1933 年寒假把太太和双胞胎孩子接来，但不到暑假，又把太太送回娘家，跟着，自己也跑到湖北武汉大学当棉场场长（这是 1934 年的事）。

粟在 1934 年将他的同乡何一平（在《国民日报》当主笔的），请来教农业经济。何自己说在美国 Syracure 学经济的，别人又说他只到美国游历过两个月，究竟怎样？也不去

徐守愚

研究他。

河南大学原来聚集了那么多有学识，年轻而又想有作为的回国学者在一起，本来可以大有成就，就因为小人离间，造成误解，把一个很好的团体拆散了。涂治走后，由王直清代理院长。

1935 年 6 月，忽有一位湖南人陈梅朋来当院长。他原是许昌第二农林改良场场长，是法国勤工俭学的学生，他有位法国太太，自称在巴斯德研究所（Pasteur Institute）当研究员五年。

我看到河南大学农学院的种种变迁，觉得事情不对，打算离开河南大学。正好武汉大学叶雅各①院长有信来，希望我到珞珈山去一趟，我于是在 7 月搭车到汉口，第二天到珞珈山去看叶雅各。国立武汉大学校址在珞珈山，是一个新办起来的大学，第一任校长是王世杰（号雪艇），不久内调南京当教育部部长。继任的是王星拱（字抚五）。二王都是留英的。叶雅各是个矮黑胖子，广东人，曾留学美国耶鲁大学，读林科获得硕士学位。回国后曾到金陵大学任教，后到武汉协助布置校景、植树及工程方面工作。爱抽烟斗和雪茄，手指全被熏黄了。说的是广东官话，连说英语也带广东音。他人胖，走起路来，似乎脚跟总离不开地，拖得"踢跶踢跶"响。人还没有到，远远听到"踢跶"声，就知道是他到了。

武汉大学本来已有文、理、法、工学院，此时又要办农学院，请叶做院长。我找到叶后，叶就请我计划筹备农学

叶雅各

---

① 叶雅各（1894—1967），林学家。去世前任湖北省林业厅副厅长。

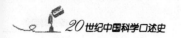

系，他自己兼任林学系主任。见他那天的中午，他在招待所请我吃饭，饭后带我游东湖。我见猎心喜，想在碧绿的湖中做一次游泳，消消暑气。谁知好多年没有游水，差一点游不回来，真是自讨苦吃。

原来我南来的目的，是到武汉看看，再到南京找机会，哪晓得江水日涨，长江大水，我只好在7月底即行北返。回去时，开封的同事们都星散了。许、林等到南京中央大学，涂到武汉大学做教授兼棉场主任，粟回湖南，王直清做代理院长。

我南下后，河南大学校长已由刘季洪主持（现任台湾政治大学校长）。刘继任后，将陈梅朋换掉，以王代理院务。

陈梅朋却以为我的潜力大，由武汉到南京，去把他告掉的，这岂不是天大的冤枉。我是在为自己衣食奔走，到武汉接头是有的，但匆匆因大水提前回来，南京并未能去成，哪里有空闲管别人的事。

回开封后，本想从从容容把事情结束好，8月底或9月初去武汉。不料午睡起，如玲接到一卷报纸，打开一看，里面有一颗手枪子弹，及一张纸条。条子上写着："你三天内不离开开封的话，我们就拿这个对付你！"我把这件事报告王代院长，王听了手直发抖，带我去找刘校长，刘校长也没有法子可想。我说："那么我就离开开封算了，反正早已准备好了。"

于是第二天带了两个小孩、一条狼狗，要和如玲一齐动身，孟及人、工友王某和周教士的郭厨子都愿跟我们走。还有五六条瑞士羊，由郭厨子跟货车押运，大队人畜直奔武汉。

一颗子弹一张纸条

离开封，奔武汉

这三年半，我自己在穷乡僻壤的中州做事，聚在一起的全是年轻的学者。河南大学本是默默无闻的，当时忽然名传中外。我因有这些人朝夕相处，自觉若不努力，无颜见人，所以利用涂治的书，多读多写。我是学理论的，那时专家们都以技术见长，我当时也只想当专家。本来有理论底子，再把育种技术学会，又多读有关书籍研究清楚，同时实行手脑并用，一切试验工作都自己动手。一方面从事实用工作，一方面做理论的尝试，我已说过那时我在中外杂志上，已发表了十多篇文章了。

自己有了育种根基后，开始做理论上的研究，因时间短，育种方面还没有成绩出来。

河大农学院聚集了那么多年轻学人，正好蓬勃的发展，但因赵连芳下错一着棋子，请涂治做院长，形成逐渐瓦解的情势。学潮及政治波动，学生不想念书，使河大农学院的好景，像昙花一现而已。

河南大学农学院昙花一现

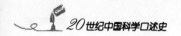

# 8 武汉大学的生活

CHAPTER EIGHT

1935 年 8 月初，匆匆忙忙地来到武昌的珞珈山，被派往三区，二栋四人合住的一所小洋房内。邻居楼下住的是叶峤博士，曾留学德国。我们住的那一部分有卧房三间、饭厅、佣人房两间及厨房、洗澡间等。我们在乡下找了一个本地人张妈。两三天后，老郭（厨子）把乳羊运来，我们的家中规模就奠定了。鉴于在东北大学的损失，在武汉最初半年，不敢买家具，冬天的火炉，也是用五元一季租来的。这样一来，实在是太寒酸了，与这种高贵的洋房太不协调。

记得开学那一天，新请来的教员们都被请坐在台上。我表示我还是一个"农家子"朴素的本色，着一袭蓝布衫，穿一条河南的紫花布裤，一副河南乡下人打扮。其他的新来教授们一律西装笔挺。校长王抚五介绍我们后，请我们一一致辞。好像是千篇一律，"久慕珞珈山的风景，建筑的奇伟，我要用最大的努力，以不负众望。"轮到我时，我记得我只说了下面这几句话："今天与诸位见面了，以后要常常见面的，希望大家多多指教。完了。"下面就哄堂大笑。

开学致辞

武汉大学在洪山尾，碧绿的，有三座山。中间是宿舍、办公室、理学院等，好像都是绿琉璃瓦为顶。工学院在两山之间，南山之阳在第一区的住宅区，红色的屋顶矗立绿色的森林中，一栋一栋的连接起来，风景优美。北山是农学院的所在地。三区的住宅，位于南山的西端。山上遍栽松树，已有一人高。

农学院那时有一座小的办公室，林学系有一位讲师姓李的，当时正患黄疸病，常请假在家。农学系由我当主任。在徐家棚原有的棉场一所，由涂治当主任兼院中教授职。那时还没有学生，我就同叶院长谈谈他办农学院的宗旨与目的。因为他是学林的，他就说到造林的重要。他希望珞珈山与磨山（在东湖的东面）全面地造林。并告诉我留"火路"的重要。在农的一方面，他似乎提到珞珈山应大规模地栽果树，满山都是山羊与鸡群。东湖湖上由饲养的鸭群，代替满湖的野鸭群。我觉得他似乎在想办一个大农场。我就投其所好向他建议说："那么在大都市旁（汉口）办一经济的农场，如想要赚钱的话，似乎应当养花及养牛。"我不过是信口开河，当时一无经验，更没有仔细地考虑过。叶立刻就频频点头说："好！好！"于是就派我东下去买乳牛。跟着我就到南京，找着中农所的畜牧兽医系主任程绍迥（清华1921级同学，四川江津人，也是美国 Iowa State College 的 D. V. M. Ph. D.，是当时畜牧方面的学者与专家）。他建议我到上海去找一家牛奶厂，是一位何博士办的。何是美国华侨。回国后在澳洲引进来一批有"家谱"的乳牛。我就选购了一条公牛（1,500元）；母牛四头，都有胎，每头八百元。何博士又代请了一个浦东人，来押运这五头牛；运到以后，

武大农学院

东下买乳牛

他就是院中的工人，管理这个牛群。一切办理完以后，等到武大的牛款汇来，即行起运。院中又盖了一座乳牛棚。我回国后，对于上海话能了解九成，但对于浦东话，似乎一点也不懂。

院中有一位张先生是北平农学院出身，原来是学森林的，本来是帮叶先生栽树。我到武大后，叶即派他到农学系来。有一天，忽然郑重的用湖北腔低音的嗓门说："Holstein的牛奶，脂肪不高，只有4%或更少。原因是牛的饲料缺乏脂肪。"他建议，如要使奶的脂肪多的话，要多喂豆饼、芝麻饼等饲料。我说："那么最干脆的办法是喂豆油、芝麻油。"没有学过畜牧的人，每每自作聪明。这是一个最好的例子。

这群牛，没有肺病，本来只载于"族谱"上。但是没有检查过，是否属实，不得而知。牛奶日多，希望在校中销售一大部分。于是就在食堂前布告栏，张贴广告："请购无肺病牛奶!"第二天，好事的同学，把广告标点一番，成为："请购无肺，病牛奶。"这真是太恶作剧了。

我因为自己想从事作物方面的改进，如小麦、水稻等。又想继续理论的细胞遗传研究。每天带 Charlie 骑自行车从三区住宅经校门转北到院，一次约一公里半。有时从东湖边这条路走，约两公里。这些都是新铺的石子路，自行车走在上面还方便。但 Charlie 的脚，没有钉掌，跑在上面，天气又热，有点吃不消。因此有时，它就不要去。在我出门时它望一望就埋下头。我回家时，远远揿铃。它听到铃声就跑到门前来迎接我。

汉口有兴华公司，代理 Leitz 的出品。我买了一架 Leitz 研究显微镜，一架计算机，建立了小型的风干室。农学院的预算分为林与农。农的方面范围又广，叶院长的主意又多，六畜、五谷随时都在增加。以后经费不敷，叶就随时从他系中的预算里拨支给我们。后来人添多了，预算怎么编列，我就不晓得了。

畜牧方面在 1936 年夏，由岭南大学请了一位杜树材教授。杜曾在 Iowa State College 学畜牧，尤其对于做冰结凝（冰淇淋）有研究。他宣称：他有秘方，可作一百余种不同的样式，但这秘方绝不告人。的确，他曾显露过一两手，确实不坏。教书的人，还保留一手，这是我第一次听见的。那时，中央大学农艺系的冯肇传教授（清华 1917 级，在康大育种系得过硕士）到珞珈山来看我，推荐他的学生李××①给我。但是当他提到李××是苏州人的时候，我表示谢绝。冯先生当时就知道我有偏见，他愿意以身家性命来担保李是一个吃苦的好学生。1936 年春我同孟及人正在播种水稻时，李来后，孟就可以去收小麦。在田里一个多月，一早到天黑尽才收工，李毫无怨言。一直到他害疟疾躺下后，才算告一段落。人不能以貌相，更不能有地区观念的偏见存在。李××的经验使我在后来用人时，大大地派上用场了。

在水田，与河南的旱田播种是两样的。我在赵连芳前些时候，在《农学会报》中，发表的一篇论文《稻作育种的理论与实际》，内中找到一小节约五六十字育种的实施，作为蓝本。孟同我都是"旱鸭子"出身。珞珈山稻田的水，是

杜树材

李竞雄

---

① 根据本书后面的叙述和李竞雄传记资料，此处李××即是李竞雄。李竞雄（1913—1997），植物细胞遗传学家，玉米育种学家。曾任清华大学农学院农学系主任、北京农业大学遗传教研组主任、中国农科院作物研究所副所长。中国科学院院士（1980）。

用人力将"龙角车"转动，从东湖打上来的。播种前，将稻田放干。播种的那一天，我们划行，开行，播种，盖草灰。有一部分的田不平，水还不干。在河南旱田中，一队十二人，每天可以播三千多行。在水田"行不得也哥哥"，全天都播不到八百行，还弄得精疲力竭。记得当天晚上，下大雨。我在梦中似乎听见，同如玲说："惨了！种子全漂起来了。"第二天一清早，就同及人一同去看，似乎还没有种子漂流的情形。几天后，种子冒出芽来，一行归一行。这样，"实施"的功夫，才由自己体验得来了。有时在"冬水田"中做品种试验。这是用移植法，过冬时水还是不放干。到七八月记载时，我一人下田，穿短裤。水深两三尺，禾苗有四五尺高。酷热的天气，有如置身在蒸笼内。蚊子四面夹攻，挥之不去。腿上又被蚂蝗来咬，逃不掉。这才体会着农人的困苦，不是读书人所想象得到的。

1936年6月接到教育部一个公事，请我及文学院内教育系的一位湖南籍的教授×××，到湖南长沙城外去考察一个专科学校，是不是可以立案。我们一同坐火车到长沙。第二天就去乡下那个学校去详细考察一番，当天晚上去看何浩若。何说："蚊子！你第二天到我的衙门来（何当时是湖南财政厅厅长），看我怎样做官。"

**何浩若**

何浩若同我差不多高，是湖南人，清华1921级，在威斯康辛得经济学博士后，转 Norwich 大学学军事一年，有浓重的湖南乡音，背微驼，手臂似乎很长，嗓门大，爱笑，也是讲笑话的能手。我到他厅里（财政厅），他请我坐在他办公桌右边，叫我看他怎样做官：把二郎腿一跷，一揿铃，值日的就来了。他吩咐说："请某科长来！"那人答声"是"，

**厅长的派头**

去了一会儿，一位诚惶诚恐的科长走进来说："报告厅长……"这简直像演平剧一样，但并未将我做官的心肠打动。

在长沙看了一两天，同那位同去的教授一齐回珞珈山。当晚大吐大泻，医生还给我吃泻盐，我肠胃受伤不轻。每晚所盖好的被，早上都打掉在旁边，肚子老是痛。有一天好一点，去帮孟及人秤小麦。秤了没有半小时，肚子又痛了，抱着肚子回家。回家后，痛得打滚。有人说，是受凉，吃点烧酒就会好的，但吃了也不行。

某天，河大医学院院长，到武汉来看他妹妹（在武大读书）。他顺便到我家来看我，知道我肚子常痛，就说："先闻！恐怕你是胃凉，要戴肚兜。"以前用绒线打的肚兜，常常会缩上去。这次太太聪明了，用带子把肚兜上下束起来，肚子就不痛了。于是我与肚兜就结下不解缘。夏天穿夏天肚兜，冬天穿冬天肚兜，后来买到日本肚兜，更方便了。我一辈子，没有害过严重的胃病，似乎与穿肚兜有微妙的关系。 一辈子穿肚兜

1936 年 9 月 25 日，第四胎孩子生出来。因生于湖北，二伯父代取名叫泽楚。他小时候很爱笑。 次子泽楚出生

四叔常来信，又派他女儿信先和九哥的女儿丙泽到我处来读书。丙泽资质不高，我将她送到开封周教士那里，找个护士学校读书。信先身上从四川乡下带了疥疮来，把我们全家都传染上，最后用硫磺粉和凡士林涂好的。疥疮本来是四川带来的，后由如玲、泽楚等带回去，沿途受了不少辛苦。

1936 年春天，汤化龙的大儿子汤佩松（1925 级同学）到理学院生物系来后，我的活动范围更广了。还有耶鲁毕业的高尚荫博士、燕京毕业的林春猷硕士，都是生物系少壮派教授、讲师。原来日本留学的系主任张先生和钟教授，都只 生物学的少<br>壮派<br><br>汤佩松<br><br>高尚荫<br><br>林春猷

上课，不到试验室。新来的汤、高、林三位就每天穿着白色试验衣，自星期一直到星期天，做试验不停。有参观的人来，总是由抚五校长带到他们试验室去看。汤佩松博士的名气大，我得附骥尾，亦觉得光荣。

四元

我做研究以来，又做小米种间杂交工作，在珍珠小米找到四元体，因纪念这件事，就叫泽楚为四元。

龚畿道

秋天又来一位助手，是浙大毕业的龚畿道。我在农学院山这边也开创了一个研究天地。我们做番南瓜与南瓜杂交研究。为什么以南瓜做母本就成功，番南瓜做母本就不成功，要研究其原因。武汉天气炎热，屋子又小，真是汗流浃背，但有研究目标，就不感觉苦了。

与汤佩松等踢足球

我们年轻人好活动，教课、研究以外，汤、高、林和我也常打网球。甚至于武汉足球校队缺少中卫和左锋，我与汤佩松就双双加入，他踢中卫，我踢左锋。当时土木系四年级同学黄彰仁踢右锋。黄先生现在泰国办一炼油工厂，很发达。不久之前，曾来台湾，到南港见到我，谈起以前在武汉踢球事，他还说我跑得比他更快呢！

这两年半，我在武汉大学是最快活的两年半，若干年轻的朋友们在一起研究与运动、玩。他们生物系每星期有讨论会，我都去听，我有研究所得，也都讲给他们听。

打桥牌

我们还打桥牌，汤、高、林和我。每星期六我们吃晚饭开始，各家轮流，打到第二天早上两三点钟才散。当时我的牌艺并不高明，但和汤佩松比，我还高得太多，用一句上海踢足球的术语说："我胜几皮！"

我们的狼狗（Charlie）已会打猎，虽然姿势不好，但可权充猎犬，只是它欢喜邀功，见到野鸡等就扑上，叫我们来不及预备，野鸡已飞去远了。

生物系萧先生，为该系打猎禽兽做标本。他介绍我也向生物系借到一枝双筒猎枪，一同去打猎。东湖一带野鸡、野鸭、兔子、獐子等等很多，都是我们猎物。我常和一位住在第一区的外文系英国教授（独身，三十多岁）同去打猎，他百发百中，见到要猎的动物，弯着腰，举枪比准，慢慢打出，总是可以打中目标。我性急，枪发得太快，常打不到，不是个好猎手。有次打翠鸟，一枪打出去，只见鸟毛乱飞。这位英国教授[1]，是英国世家，父亲兄弟姊妹一门都是文学家。他是诗人，有六尺二寸高。他没有猎犬，常借我的Charlie 去用。

（东湖打猎）

有次，我们想去东湖的湖心亭打野鸭，因为每天都有成群的野鸭在那里栖息。我们两人黄昏前就坐船去亭中埋伏，谁知野鸭比我们更聪明，就是不进来，远远的叫个不停。害得我们白等了许久。回来叫船过岔道，本来只要几分钟的事就过去了，那晚北风紧，船划了一小时才回到西岸这边。那位英国教授早将皮靴脱下，准备随时下水。好不容易划到岸以后，蹒跚地走回各人的住处。如玲在家焦急万分，以为出了事。我十二时过了才空手回来，只留下一个惊险的回忆。

1936 年秋天，我将小麦等栽培好后，叶雅各说沿平汉路有许多林场、农场，要我们去看看。10 月初，我们有一节包车，带了李讲师（江西人）及校长室的张秘书，还有留学英国学土壤刚回国的廖鸿英（厦门人）女士，一共六人北上。

（廖鸿英）

---

① 指朱利安·贝尔（Julian Bell, 1908—1937），英国诗人，时任武大英文教授，其父母为英国布卢姆斯伯里文化圈主要成员。

**张先生会说多处方言**

我们当中张先生是语言专家，湖北、上海、北平、广东各处语言都会说，对什么人说什么话；到信阳，他下车去和乡下人聊了一会，回上车来，就满口河南话。我想语言学家们，见他都如同小巫见大巫，逊他一筹了。

沿途走走停停，四五天才到北平。这是我第三次到北平，更有亲切感。北平好像我故乡一样，到东来顺吃涮羊肉，到便宜坊吃烤鸭，当然也买了很多糖葫芦、鸭梨吃一个够，就是不敢吃糖炒栗子。

林春猷的未婚妻李小姐，是协和医院的护士。林介绍我顺道去看她。李小姐是山东人，人高马大，很热忱地说："李先生，你回来这么久，可以把身体完全检查一下。"我答应了。

**协和体检**

我于是在协和医院作全身检查，第三天去看结果，所有部门都正常，十二指肠有点弱，也不碍事。但发现在肺尖上，有很大一个疤，已经钙化的疤。我知道后吓了一大跳，这大概是幼年传染上，因没有检查过，没有发觉。后来在清华及国外的营养好，北平天气干燥的关系，使它钙化了。以前我不是说过，我家是"枯病窝"，二伯母又是第三期肺病，我常同她在一起嘛，难免会传染上。若在医药不发达的四川，再不注意营养，决不会有现在这样健康了。在这里我要提醒小朋友们的家长，应该为小朋友们在适当时期做适当的全身检查，预防于前，免除后患才是。

在这段期间，东三省已经变为"满洲国"。四叔本来在吉林一面坡一带开垦，几年前已将家眷送到北平居住，后来又送回四川江津的"独龙居"。

原来我同四叔约好，他从关外来北平，一同到珞珈山休息一阵子后，再回四川去。坐包车的人很少，得叶院长的同意后，四叔就同车回武汉。四叔因回家，大箱、小箱也特别的多。沿途虽漫长，路上的时日亦多，但叔侄已多年没有见面了（1923—1936 年，十几年没有看见）。四叔饱经忧患，风霜扑面，头发已半白了。我由少年进入中年，从学生阶段此刻已是国立大学的教授。而我们叔侄两人之间，又有很多相互报告，相互讨论的话，说个不停，转瞬间已到汉口了。四叔在珞珈山，住了几乎半年。如玲同他老人家处得极融洽。加以幼子泽楚刚满月不久，见人抚摸就露笑容。四叔以此子将来长大后，定是一个做官好手。恩泽及泽豫已懂事，体贴公公无所不至，一家人都快乐得很。

12 月底，西安事变忽然发生。蒋先生被劫持，武汉师生第二天在礼堂中开会，大家都痛哭失声。蒋委员长一有不测的话，国亡无日也。老师群中有位文学院的谭教授①，站起来，用浓重的湖南腔说："昨晚，我起了一个金钱卦，大吉，委员长不出十日定可脱难。"大家听了以后，将信将疑，以沉重的心情散去。直到数日后，圣诞节日，蒋先生安然回京，群情才安定下来。谭教授便被珞珈山的人们捧为"半仙"，争先恐后的请他起卦，谭先生的住宅客人之多，似乎除夕一般。

四叔因国难日益严重，他又无所事事，忧思终日，晚上失眠。如玲建议，请他服用安眠药。当晚用苏打片两片给他，他老人家一直就睡到天明。心理上的治疗，有时胜于药力。

1937 年 4 月，我们清明前后时，播稻种。四叔从东三省

西安事变

谭半仙

---

① 即谭戒甫（1887—1974）。

带来的一大麻布包的粳稻种。老人家觉得这种很好，预备带回家中栽培，与我前次回家引进来亨鸡一样。我就向四叔要一点来试试。哪知气候不合，一个多月后，就抽穗了。老人家亲自看了以后，那包谷种就变成我们家中鸡鸭的饲料了。

1937 年 5 月，东湖开放，我去游泳。汤佩松把我拉在一旁问我："你知不知道 George C. C. Chow？"我说不晓得。原来 1923 年级同学周传璋君打来电报，说不日即携眷来校。周在班中功课似不太好。他是清华第一任总办周自齐的族孙。据周的族祖周自安（清华 1926 级）告诉我说，传璋幼时甚聪明，在乡有神童之誉。毕业后，到 M. I. T. 学工科，半年后，被开除。嗣进纽约城大学，上了二十多个钟点的飞行训练，到各家飞机厂作绘图员。后来流落到纽约的黑人区，娶了一个"丁大姐"作太太。她本来在纽约大学学教育，已将博士学位手续办好，只欠博士论文的付印。据说，丁大姐交周三百元印刷费，周把印刷费用掉，论文放在火炉中烧掉，丁大姐的博士文凭，就随灰飞去了。周的族叔那时候在粤汉铁路当副局长。有一天武大当局在某处宴客，周的族叔，就推荐周传璋来武大担任教育部聘教授，来教航空工程。他说："传璋在美十余年，在各处当工程师，实在是航空界了不起的人才。"当局亦没有打听清楚，就答应聘传璋了。先寄路费去，还请传璋到各处找蓝图带回来。汤佩松在美很久，关于传璋的种种，知道甚清楚。教育部当时为发展航空工程，在中央及武汉都给有一笔巨款，请两校设航空工程讲座，月支五百元，比一般教授的三百元，优厚太多了。当时在美学航空工程的甚众，为什么当局不打听清楚，贸然地，因有关系人介绍，就把这位不学无术的同班同学，请来

周传璋任讲座教授，一窍不通

此为清华丢脸。周来后，住在我们楼上。我亦跟人潮去欢迎他。他的高论，我还记得："飞机用油量，每一小时飞一百英里的话，与一小时飞二百英里的，同是飞一小时，用油量不是加倍，而是几何式的增加。"讲完后，我亦随着众人鼓掌，但是鼓掌的人并不太多。跟着授课，上课时，武大的机械系主任、教授、讲师、助教们及学生旁听的，挤满了一屋，甚至有在门外听的。但传璋的学问很有限，好像一窍不通。第一课以后，只有选读该课的，不得不去上课。但传璋在上课时不教书，带了一只梵亚铃演奏给学生们听，并且自我解嘲地说："这是给你们陶冶性情。"在月考时出了一些中文题目，好像是礼、义、廉、耻等，叫学生们译成英文。学生一律交白卷，全系大哗，传璋因之被学校解聘。传璋还把我们请去，述说他回国教书的经过，自称他还要告武汉当局，以不守约等罪名。同学们以传璋神经已失常，劝劝他不要乱来。跟着传璋失踪，夫人（丁大姐）每天渡江寻夫，后来被逼去南京。传璋流落汉口，清华同学李××义助传璋到南京。假若我是一个导演编剧人，或是一个小说家，传璋的资料，可以写一大本了。

*可为剧本或小说的素材*

　　其实，错不在传璋本人，错是在聘他的人们。国家的一桩大事，是这样糊里糊涂地去办理，我不用再说下去了。

　　传璋初到武大时，住在我楼上。1937 年 6 月半，有一天的中午，珞珈山天气酷热。我仍短袖、短裤，骑一辆自行车，由 Charlie 带路。快到家门口时，远远地看见前面有一位着深蓝色西装，带白色手套，足踏白色皮鞋而戴博士帽的绅士，也向着我们的住宅区去。走近一看，是 George（周传璋）。看他满头大汗，问他："George，这么大热天，你为什

*"沐猴而冠"*

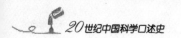

么还穿这么多?"他说:"你不知道,我是讲座教授嘛!"他继续说真心话,说他满身"痱子",白天、晚上都不能睡,苦得很。传璋假如读过老书的话,应当记得"沐猴而冠"这个成语,自己就不会那样狂妄了。

我在学校,没有假期。1937年国立五大学联合招生(北大、中央、浙大、武大及中山),当然也考生物学,〔要人到南京阅卷。〕武大的生物学教授们,不是上山采集(庐山),就是下海研究(厦门、青岛)。只有高尚荫愿去,但还差一人。我同如玲商量,去南京一次,借这个机会可休息,如玲赞成。我就向当局说"自愿"帮忙,领了一百大洋作旅费。阅卷在中大的图书馆。那时"七七"事变已发生,中大已在准备西迁中。校长是罗家伦,生物系主任是欧阳翥,湖南人。因装箱太忙,每校应有两位阅卷,来评阅生物的十道题。中大评阅人常常不在,引起外埠来的不满。以致常常发生小纠纷,都是由志希的沙哑的嗓门来调解。考卷共约八千本,每校二人的话,八千本卷子,应可在十天左右评阅完。当时阅卷的人,都聚在图书馆。天气炎热,上面是电扇,旁面也是风扇,汽水一瓶一瓶的喝下去。每天以八小时,每题以看阅一分钟计,每天每人看阅多于四百本,那样八千本要二十天才看完。以天热,人心慌,我想大家的情绪都不宁,愈急愈看不完。加以日本兵已在上海发生事故,随时大战就会爆发。幸好在8月11日,我看完了,跟着与三叔等告辞到下关,买了一官舱票,才上了船。"八一三"前可赶回珞珈山。8月14日,阅卷人尚未完全散去,适日机降临,中大被炸。图书馆亦被波及,幸未倒塌而已,是否伤人不清楚。

南京阅卷

上海方面战争一天比一天激烈，叶院长见到我，说理论研究等于零，要把农场种萝卜。这是一件在战时增加生产的事，当然比"承平时期"来得有意义，有价值，谁都知道。但我们只靠那点田地，就算增加了，也无济于事。

战时增加生产，农场改种萝卜

9月半以后，上海陷敌。日军继续西进，南京不久又陷敌。我原意与学校共存亡，所以设法将如玲母子四人，信先、丙泽（已由开封来珞珈山）及马君七人送上民生公司的一只船上，直达重庆。她们上去时，已挤得水泄不通，只得在走廊上的凹进去处，放下了睡觉的东西。那个地方五尺宽三尺深，本来是放救生船的，就这样挤着，但是平安地回到家中。在船上受挤、受饿，小孩们先后生病，如玲在事后告诉我的。我告诉她说，别人还上不了船，有的船失事，有的被日本飞机扫射，我们不是幸运吗？她听了以后才"释然"。

妻儿回重庆

1937年9月，武大弦歌仍不辍。由平津、京沪来借读的学生，多如过江之鲫。其中有两人，以后遭遇异乎常人。一是袁艺兰，她是金大二年级生，寄读我们农学系二年级。那时她有一男友马保之，常常来我们家里"打游击"，现在随夫君曹守敬在台湾。她是一位英文的名老师，每年都要到我家里来拜年。另一位，是王祖寿，由我们的撮合，介绍与院中的 Dr. 严家显。Dr. 严是刚从美国回来的。马袁、严王两对，似乎每个礼拜六都在我家。后来抗战完毕后，严主持复旦农学院事，但不久就去世了，遗下了五女都由祖寿负担。

武大弦歌不辍

马保之

此刻来院找事的，先有王尧臣。他来找我的情形，跟我在南京及北平看他的情形差不了好多。后来他仍回四川去了。

金堂的彭家元带了他的太太、小儿子，以及其他的助教陈禹平、陈太太、他的外甥王某，还有一个广东老妈子一大

群，来找事。彭是四川烈士彭家珍的弟弟，在北平农学院毕业后，又在 Wisconsin 研究土壤学二年，得硕士。那时，在中山大学工作。似乎他找到一个喜高温的微生物，在高温的情形下，仍能工作制造堆肥。报纸为他大捧而特捧。他这种的"学者"来了以后，叶院长当然欢迎，于是百般地留他，就住在我们的楼上。因为他们"暂时"留在那里，所以不开伙，由我家供应。彭说，他同他的太太、小孩先回家（四川）看看，并留下一个大箱子，说是装的瓷器，寄放在我那里。他回川后，国难日益严重，就不回来了。他的助手们，等到如玲回川后，由我继续供养。当时交通更形阻塞，我自己的箱柜等，都因不能携带太多东西，全部抛下。但是家元的宝贝瓷器箱，我千辛万苦地花了不少钱，给家元运回成都。1938 年 2 月到成都把家元的箱子送到他府上去。家元不做声，把箱子摇一摇说："坏了！恐怕都打碎了。"连忙打开一看，只见碎瓷片满箱都是。原来包装不好是一件事，箱子中间又放了一只大阿弥陀佛，以致它在箱中示威，左冲，右撞，当者"披靡"。我看见以后，亦觉心痛。我在珞珈山搬运时，没有摇摇，否则绝不做这桩傻事了。赔了功夫又赔钱，自己的东西又没有运回，还受彭一阵子的申斥，命也！

我小时候好奇，强盗牌香烟的纸上，似乎有甜味，所以到清华路途中买了一包来尝试，但是对于香烟是憎恨和厌恶。尤其在旅行中，自己怕晕车，更为讨厌。从 1915—1937 年，差不多没有抽过烟。最近许多人对我自夸说："'伸手牌'烟吸了若干年，没有上瘾。"在武汉时，孟及人坐在我的对面，他看见老师待客没烟，于是常常买一听美丽牌，放在桌上招待客人。有时我们无聊时，也拿一支抽抽。但是不过偶尔一次，不会上瘾。"八一三"以后，南京吃紧，杜树材花了一百多大洋，买了几百听美丽牌香烟（一元三听）。那时我们正在装箱，钉铛之声，扰人，日本那时的飞机隆隆之声，烦人，家眷跟着离去寂寞，闷人。杜见我心中烦闷，就常常给我一支香烟，笑说道："吸了可以解闷。"的确当时是一解闷的工具。三天以后，不好意思光吸人家的，自己在合作社买了一听。糟了！从此以后，香烟与我结不解之缘。当时就写信回江津，请如玲给我买强盗牌香烟几条。以后双刀牌，金堂雪茄烟，抽烟斗，拾烟屁股，到国外，摆长龙买烟。越吸越恨自己。先后设法戒烟四次，但不久又抽上了。一直等到 1952 年，抽了十五年以后，毅然遵医嘱不再吸，病好以后，到现在没有再吸过一支。所谓有瘾，都是自欺欺人的话，吸咽只是一个恶习而已。

送家眷回川，原意是预备去打游击。从小就受了日本小鬼的欺侮，"六三"大游行排斥日货被捕，后又遭"九一八"的教训，再遭"七七"的事变，"八一三"的压迫等，把我从东北一步一步地赶回武汉。这个不共戴天的仇，觉得活下去，也不过苟存而已。因此我们一群的年轻人，每天到洪山打靶，预备去当游击队。当时我们的"哲学"是：打死一个日本人够本，打死两个赚钱。后来陈诚将军对我们说："你们知识分子应该到后方去！"我们才不再做这个痴梦了。

预备去打游击

1937 年 12 月初，同高尚荫等一同进川。那时南京已陷落，逃亡者更多。到宜昌，船更拥挤，民生公司的船更稀少。于是千方百计找到一只船，是由武汉开宜昌的，差不多只带随身用的行李。这船预备多载人，所以把甲板已改装起来，装上帆布，下面一个一个的帆布床排列起来。我们上船

进川

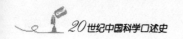

后，觉得很风凉。自己一时疏忽，只穿了一件背心钻进被窝。半夜，北风夹江风大起，吹得帆布篷呼呼有声。天气忽然转冷，我着凉，当夜就开始咳。两天以后，咳转烈。到宜昌后，又没有好好调治，以致转为支气管炎，可能已有轻微的肺炎。

**过重庆**

总算由人潮拥挤中，找到了一个偶然的机会，挤上了民生公司的一条船上。几经困苦颠连，最后到了重庆，转江津，与四叔、如玲家人等相见，有恍如隔世之感。回川前，四川稻麦改良场杨允奎博士（1929 级同学）约我到成都。等到 1938 年 2 月初，金色的菜子花盛开时，离江津，独赴成都。

武汉大学是一个新兴的好学校，人才众多，同学们的程度亦特别高。加以青年的教授群中，那时也开始从事各项理论的或实用的研究工作。如果不是局势演变，很可以成为一个大有作为的学术机构，这是不可讳言的事实。

**未来的根基**

农学院刚办到第二年的开始（1937 年 12 月），南京失守，都转到后方去了。武汉是鱼米区域。育种工作，小麦与水稻并重。以往我是"旱鸭子"，现在已真正变为水陆两栖的"鸭子"了。而水田又因情形特殊，操作困难，克服这些困难，是一个大学问。有了这些经验以后，"水旱两路"的育种工作，自己相信可以胜任了。理论方面，小米的进化研究，已开始种与种间的杂交，知道狗尾巴草就是粟（小米）的祖先。粟的野生种有好多种。1937 年春天，在兵荒马乱中，还做了许多杂交工作。自己又在壮年。国事日非，虽想去当游击队，经陈辞修先生的力阻而未果，转进后方去。杀敌既不成，凭此勇气想增加生产来报国。武汉大学那时已决定西迁四川的乐山，我就决定到成都去了。

# 9

抗战期间四川九年

CHAPTER NINE

## 稻麦改进所

1938 年春在家过了春节后，同李竞雄坐船下渝，和稻麦改进所所长杨允奎博士乘小包车直发成都。那时成渝公路已通，由下江来渝的小包车，因汽油还有储存，仍在行驶。由渝至蓉，是沿东大路修建的，全长四百多公里，内江是半程，因动身较迟，所以当晚就宿在内江，第二天午后到了成都东郊外原来静居寺的稻麦改进所。我同竞雄分配到一间宿舍。吃的是包饭，六块大洋一月。那时生活程度不高，尤其在四川，更觉得大洋值钱。八人一桌，四荤四素一汤，初一、十五还可以大打"牙祭"。鸡鸭鱼肉之多，好像吃喜酒一样。我的薪水是三百六十九元一月，抗战关系，发薪七折八扣。这样我每月还有将近两百大洋的收入，生活相当富裕。

杨允奎

抗战初期四川的生活

117

"七七"事变以前，四川进入建设时期，在农林方面，设有许多的改进所。如稻麦、家畜保育、病虫（成都），林业（灌县），棉花（遂宁），蚕桑（三台），甘蔗（内江），园艺（江津）等，统由四川省建设厅管辖。所长人选，多半是四川人在国外留学的或国内著名大学毕业的。那时农林建设，似乎都注重形式。"所"、"场"纷纷成立。有一个所，就有一个衙门。因为是农事机关，庭园多半培植花木，是可供游人游览的胜地。好像在军阀时期北京"三贝子"花园的农业试验所，就是一个极显著的例子。我回国后，到过不少城市，参观过各地遍设的农业机构，差不多都是这个格调。到静居寺以前，我畏惧的亦在此。哪知见了允奎后，这个恐惧都消失殆尽。允奎是清华1929年毕业的，也是清华留美制的最后一班生。允奎似乎与我差不多大小，是川北安岳县人。清华毕业后，在 Ohio State 念遗传学，得了博士学位。人比我略高，口比较阔，脸现酱铜色，剃平头，虎虎然有活力，常微露笑容。见面后知允奎是君子，的确是想为国家做事的人。前面提到过的彭家元，已先到所工作。彭的老同事陈禹平等，也都来帮忙，所中那时有徐守愚、陈之万（中央大学棉业训练班毕业）。

总所在成都静居寺。由公家拨来亩产六百余亩水稻田，全在都江堰灌溉系统内，附设三个分所：一在泸县，一在合川，一在绵阳，分别代表川南、川东及川北的地区。每个分所都有分所所长一人，都是允奎的学生们（允奎返国后，先后在保定及川大教书）。其他还有"老玉米"张连桂，"红苕"洪瑞林。以后从中央大学、金陵大学来的有冯天铭、杨鸿祖、蔡旭，及日本京都帝大念了短时期的管相桓等人。人

四川建设，
"所""场"
纷纷成立

人员与作风

才很整齐，做事都肯任劳任怨，合作无间。所中人员都是斗笠一顶，草鞋一双，上身穿的是三峡布衣（卢作孚的织布工厂出品），下身穿遂宁织的黄色紫花粗布裤。抗战时公务员每天要办九小时公，礼拜天上午还加班五小时，上下一心，共赴国难。我那时的职位是技师，除开有关土壤工作外，似乎我都负责指导、讨论，同时还领导同仁在田间工作。这种以身作则的工作风气，一经倡导，同仁们都不管日晒雨淋，风吹露侵，把田间工作，当为必修课。可惜所中图书馆的藏书不多，否则在那段抗战时期中，多看书，多研究，使经验与学识，互为表里，更可造就许多学人了。

抗战时公务员
工作时间

孟及人本来留在武昌，后因武汉危急，也转来后方成都。那时合川分所的人手有限，所以派及人前往帮忙。

赵连芳原在中央农业实验所当技正兼稻作系主任，那时中央农业实验所的所长是谢家声，副所长是沈宗瀚，兼麦作系主任。该所迁川后，所址在荣昌，赵连芳则率领他系中同仁如杨立炯、周泰初等，还有一位麦作系的张先生也来成都帮忙。

赵连芳来所

四川稻麦改进所从事改进工作，本来静居寺原址已大兴土木，新宿舍、住宅，以及新的研究室、风干室，应有尽有。可惜不大合用而外，亦稍嫌小型。那时人才突增，更形热闹，年轻人的朝气，表现无遗。

记得赵连芳来后，所中开了一个盛大的欢迎会，同仁们都觉得赵博士一来，稻麦所的繁荣，计日可待。我也怀着这个兴奋的心情欢迎他。的确，赵先生在欢迎会上的演讲，是个振奋人心的兴奋剂。于是人心更为之兴奋，青年人的朝气，更蓬勃了。

所中的研究范围，亦就四川各地方的情形而定，水稻、小麦、玉米及红苕，为四川作物栽培的大轮廓。

水稻的作业，似乎都依照赵氏所提倡的"检定"法。我是执行这项计划实施的负责人，我们悉依照赵氏所订的计划，逐条逐条认真实施。几年后，发现好的品系，多半从好的品种中选出来的。但是这些在各地选的品系，最后在成都平原进行最后决选，似乎每一品系都不能直立不倒，以致竟遭淘汰。我们对于水稻改良的办法，那时还太不切实。在合川检定的一个品种，在绵阳试验甚佳，后由合川买了若干石，船运绵阳一带推广，甚著成效。

**水稻改良**

## 四川省农业改进所①

1938 年 4 月，经赵连芳的筹划，往来成渝，奔走协商，把四川的农林机构，整齐划一为一元化，定名为四川省农业改进所，仍设置于四川省政府建设厅下。那时厅长是何兆衡。在四川谈建设，首推卢何，卢是指的卢作孚。这个时候，这种措施，是正确的，也是应该的。所址仍以稻麦改进所的原址为扩大组织的所址，因经费大增，所以又新盖了许多试验室和宿舍。

**四川农改所的经费**

赵连芳的报告中，似乎提到那年由中央及省方拨付的经费，有一千两百多万大洋。那时抗战军兴，中央用这样庞大

---

① 原书中将现标题之下的头两段文字置于前一节中，实为"四川省农业改进所"事，编者将标题前移至此。

的经费和力量来发展作为后方根据地的四川（较之中央农业实验所似乎每年只有百余万的经费，就庞大太多了），以稳定后方人心，奠定抗战的根基，足食足兵，才可长期抵抗下去，又可容纳许多学者及年轻人，可以说是一个重大完美的策划。我心里很庆幸它有赵先生这样一个干练的人领导。

川农所成立后，副所长是杨允奎博士，我被派任为食粮作物组主任，程绍迥博士担任家畜保育所主任，周宗璜博士为病虫害组主任，杨显东博士为经济组主任，彭家元为土壤肥料组主任，钟俊麟为园艺组主任，蚕桑组是尹良莹，棉花组是中农所的胡竟良。那时员工有一千二百多人，全所得过学士的有五十多人，得博士的二十多人。食粮作物组，连分所在内，有员工一百多人，经费当年是一百八十多万元。我当主任后，批第一份公文时，几番思索，考虑再考虑，才下笔写了三个大字"拟如拟"。没当过行政主管，一开始连批公文都得费心。等到各事稍安定，我才回江津接家眷到蓉，作久居之计。

初批公文<br>"拟如拟"

在 1937 年 12 月离开珞珈山时，曾和同事们说过，我们四川江津的房子比较宽大，假如不嫌弃的话，每一大间屋子，可以住一家人，我只要一个大头一月的租金。后来王抚五校长太太及叶峤全家，都来住过一些时，马师亮太太沈家萼和她妹妹沈家琴住在我家"洋房子"楼上，都与如玲处得很好。

1968 年沈家琴由美带两个大女儿回台湾省亲，到过南港。1969 年在偶然的场合中，知道家琴武大毕业后，同杨俊先博士（是马师亮的助手）结婚后赴美的。杨先生是依利诺大学的博士，在 IIT 大学教书，现在差不多二十多年了。他

们附近有五位同事的太太，都闲不了，于是在芝加哥东南公路上开了一家餐馆名 Dragon Inn（金龙厅），设备讲究，厨子、大师傅、二师傅、三师傅都是从台北峨嵋餐厅用重金聘去的，专烧川菜，与中国城的粤菜不同。附近五百英里远近的人们，都趋之若鹜。我这次到美国，在芝加哥城小住，也去 Dragon Inn 照顾了几次，并与家琴话旧，真是"人生何处不相逢"，"天涯若比邻"。

**向武大校长 辞职**

从蓉返几水（江津）后，马师亮亦由前方到津，于是我们两家搭轮船西上到乐山（武汉大学西迁嘉定）。第二天，我还去拜访王抚五校长及周鲠生教务长。那时农学院的一二年级生已转入重庆的中央大学农学院去了，叶雅各院长又去了昆明转就他业，农学院似乎已不存在了。尤其大难当头，已不是安定培养下一代的承平时期了，因此向校长及教务长诉说我的苦衷，并希望他们谅解。

第二天坐公路车到成都，我们被指定的住宅，是与赵连芳同一栋，他的向东，我们的向西，一共有四小间，还有厨房及下人住房。有电灯，但是没有厕所，很不方便，可是在战时，能配到像这样的住处，已是难得而珍贵无比的了。

**自家养奶羊**

我们从 1933 年后，在河南开封为小孩们的营养计，自己曾喂养瑞士小羊群，离开武昌时，羊群都送给友人了，于是辗转又买了几只奶羊。大女儿恩泽稍稍长大，也教她学着挤羊奶。所以后来恩泽读大学，进农学院农场实习时，老师们挤牛奶，挤不出，干着急，恩泽还表演一手她挤羊奶的真功夫，老师赞她很会示范哩！我们的子女长大后，一个个都比较高大，腿直，背不驼，羊奶的功效不小。

我一生从事作物育种工作，第一次遭受失败的是"美国谷"。1939年夏天，中央农业实验所赵连芳的学生杨立炯，有一天，他从广汉检定水稻回所同我说："美国谷"是当地一个农民选出来繁殖的。普通的水稻一穗上只有一百多粒，"美国谷"每穗有三百多粒，这品种如能推广，产量岂不是可加两三倍。于是我陪水稻专家赵所长专程前往广汉农家视察，赵先生观察了这个又高又大的新种后，频频点头。我们又经过一年观察，第三年，我们就把它定为推广示范种。又过一年，"美国谷"因稻秆不能直立而倒伏，以致减产，反赶不上当地原来的谷种。本来，在四川稻田中——一般的稻田中——稻株都高低不一，成熟期亦不一致，不像现在台湾品种那么纯。有一种俗名叫做"多不老"的，秋季割稻时，其他的稻株都已成熟，田中还留下这种稻几株，好像到冬都不会成熟似的。其实这种稻株是籼与粳（四川的糯稻都是粳型）的杂交种，所以特别高大、晚熟，而结实率不太高，有的竟不结实。

"美国谷"试种失败

这个广汉的老百姓，是个好事的人，每年把成熟不太晚的种挑出来，第二年播下，连续的选。这以育种学的术语来讲，就是混合选种，杂交种就第二代中分离，有的是粳型，有的是籼型。以糯与非糯而言，当然是一与三之比。这位农民继续每年选种，留种，一直到"美国谷"比较纯化以后，也许是第四代或第五代了。"美国谷"当然还在继续的分离中，加以植株高大而秆子又太弱，经不起在广汉一带肥田的考验而倒伏。我们最初认为"天之骄子"的"美国谷"，因为我们的认识不足而遭逢第一次失败的命运。失败过后，大家互相推诿责任，人心惶惶然。我于是力主正义，因我是主持人，一切责任，当然都是我来承当，于是人言才慢慢地平

农民选种

息。经过这次尝试的大失败，我做事就更加小心了。

## 1938 年第一届劝农大会

1937 年年底，大家在聊天的时候，谈到农改所在四川是第一年成立，为什么不把握一个机会，将所中的工作展览出来，让老百姓及一般人们看看，使他们知道我们在做什么呢？于是和所长讨论后，定于第二年旧历年的元旦举行，由所中拨适当经费，每组的设计及布置，由每组负责。这样一来，形成组与组之间的竞争心，都想自己这一组的展览，是全所最好的。反正是冬闲，大家不忙，筹备这一届展览，都很尽力。以食粮组来说，全组总动员，花了两个多月工夫设计、布置。在岁末将近开幕时，又大忙几个通宵，全体都没有睡。元旦开幕，门一开，人潮就涌进来，真不是预先所想象得到的，比成都的花会还热闹。我们用计数机计算了一下，三天中来会参观的，不下五万人。各组房屋都不大，人挤人，好像乌鱼群南游模样。每间会场，都挤得像沙丁鱼似的。我们办事人进进出出，只好把窗口当门，爬进爬出，人是忙累不堪，却换得精神上的鼓励和愉快。"功夫没有白花"，众口一词这样说。所以这种会，一直继续了三年，似乎一年比一年好，来参观的人，也一年比一年多，这是在省城办农业推广相当成功的几次。

华西坝协合大学的 Dickenson 教授，从事农业方面的推广若干年，确有成绩。成都的麻皮苹果（Grimes golden）及许多的花木种，都是他引进的。尤其是在成都有牛奶喝，是他引进乳牛的功劳。有一天，赵连芳同我都在华西坝开会，Dickenson 教授对许多人，提到赵同我对于四川农业的研究及推广，的确开了个"新纪元"。赵当所长，受这种恭维话，自可当之无愧；我听了觉得无地自容，因为我不过是一个"跑龙套"，走在前面的一个。

到成都后，向熊大仕博士借了一架研究用的 Leitz 显微镜，我每天抽一些时间，同李竞雄来从事理论的研究。记得 1938 年春天，我们将在成都继续研究小米的进化问题，于是把 1937 年夏在武昌辛辛苦苦杂交获得的若干种子，由于是第一次种间杂交成功的，所以小心翼翼培育它们，使它们发芽。农化试验室已经买了许多化学药品，因此请彭家元先生替我们配一种 Knopp Solution "营养液"。一时忽略，没有自己去动手，拿家元代配好的 Knopp Solution 将杂交的种子浸起来，等种子发芽后，却一天一天的变白，以致都死去。连普通的种，也都变白死去，才想到 Knopp Solution 有问题。找彭家元问他，他说是王先生配的。请问王先生之后，才知道他把公式内的铁，原来只是百分之一的溶液内取一滴就够了，哪知他弄错了，把它配成百分之一溶液，比需要量加了两千倍。天呀！这么强的铁成分，难怪所有的种子，发芽后要变白而死去了。没有办法挽回这个失败，只好在 1938 年夏天，再从事杂交工作，一直等到 1940 年才把小米的祖先是狗尾巴草的遗传问题弄清楚，足足地耽误了一整年时间。

*配错溶液浓度*

*弄清楚小米的祖先是狗尾巴草的遗传问题*

在 1938 年开第一次劝农大会的第三天的下午，在路上碰见彭家元太太，带他的亲戚们来农改所参观，因此李竞雄便进入了他生命的另一页。他早年丧父母，是伯父母养育大的，在浙大农学院成绩特佳，每年都得奖学金，身高五尺八

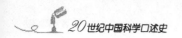

九寸，真是一表人才。皮肤白皙，性情和蔼，聪明勤学，待人宽恕，做事又负责，是我学生中的一个代表人物。自遇彭太太亲戚张怀瑾小姐后，就一见倾心，坠入情网。张家是蓉城世家，怀瑾娇小秀丽，会计学校毕业后，始终不愿意嫁与军方或财阀子弟。高瞻远瞩，早已过了"摽梅"时期，得遇竞雄，就心许了。似乎那时好多四川姑娘，都愿意嫁下江来的青年。本来竞雄的"七折八扣"薪金每月可得百元左右，谁知 1939 年春，物价突飞猛涨。我们进川时，米每斗只值大洋两元，陡然涨了四倍，每斗要卖八元。大街上穷人"吃大户"的，一批过了又一批，我们拿钱也买不到白米了，人心大慌。

**李竞雄的婚姻**

竞雄的准丈母娘，暗有悔婚的意思，但怀瑾不改初志，立即洗尽铅华，穿一袭蓝布衣，一双布鞋，到农改所当会计，自食其力，以期与竞雄朝夕厮守在一起。张老太太见两人这样互相爱慕，也不忍太逆女儿的意思，只好答应怀瑾与竞雄的婚事。他俩结婚的那一天，如玲不舒服，没有去。我身兼数职，既要当主婚人，又要当证婚人，其实真正的介绍人，还应该是我。我平常虽不大喝酒，但还有点酒量，成都产的黄酒（仿绍兴酒）喝十杯八杯，并不算一回事，只是开始而已。谁知那天，心中总觉得他俩的婚姻，好像一出旧戏"嫌贫爱富"的重演，未免不自在。俗话说："心中有事酒醉人"，我并不曾多吃酒，九点多钟，喜酒散后，骑洋马（自行车）回静居寺。冷风扑面吹来，酒意上涌，觉得路上的洋车，都一辆一辆的向我撞来，大有故意来撞我的样子。幸好没有闯祸，踏到家门，才松口气，但人已跌下洋马。如玲听见声音，赶快开门扶我进去，洗洗脸，上床躺下。平日

**婚宴醉酒**

睡前总欢喜在床上看看书，今晚拿起书来，只见字东倒西歪，看不清，放下书，看天花板，也在转。醉是醉了，心中却老丢不掉"嫌贫爱富"的这幕现代戏剧。觉得老一辈的思想可笑，年轻一辈的受委屈。忽然大打哈哈，便人事不知。如玲找人去请医生来，为我打针，给我吃药，忙了三四个小时，我全不知道。第二天醒来，头还是痛，痛恶这"嫌贫爱富"四个字。竞雄、怀瑾婚后生子，远赴甘肃农业改进所工作一些时候，又回成都，入协合大学教书。后来张老太太意念转变些，女儿总是女儿，就资助竞雄留学美国，在我的母校 Cornell 大学攻读细胞遗传学，得了博士。回国就清华大学的聘，去四川把怀瑾母子四人，接到上海，住在我家。我那时已在上海中央研究院任职，金圆券又不值钱，东西又买不到，我们两家十口，只好吃罐头度日。竞雄为遵守诺言，携眷北上去清华。这是 1948 年的春天，从此天南地北，音信两无，人生真像梦一样。J. C.（汝祺），H. W.（先闻），C. C.（景均），及 C. H.（竞雄）是姓李（Li）的在遗传学界的"四大金刚"，也许将来还会聚首，似乎我们的戏，还没有唱完哩！

遗传学界李姓"四大金刚"

1937 年夏初，我在重庆沙坪坝中央大学农学院找到十位年轻有为刚毕业的学生，其中一位是鲍文奎[①]。他同李竞雄两位，对于我的理论研究协助很多。鲍是宁波人，身材比我略高，脸清瘦，额突出，两眼炯炯有光，一副聪明相，是有天才的人。他对于数学有高深的造诣，不大爱说话，晚上九

鲍文奎是有天才的人

---

① 鲍文奎（1916—1995），作物遗传育种学家，中国植物多倍体遗传育种的创始人。1950 年留学归国后，先后在四川省农科所、中国农科院作物研究所任职。中国科学院学部委员（院士，1980）。

时至十时，拉拉土制的 Violin（小提琴）。等试验室人群散尽后，他就关起门来，开始念书，念到黎明才睡。午前十时许起床，白天做些比较不用脑子的事。他读书是无所不读，真是博览群书，是涂治以后我仅见的一位读书人。

抗战结束后，我设法在 C. I. T. 向 Dr. Beadle（继 Dr. T. H. Morgan 为该校生物学院主持人）找了一笔研究补助费（包括旅费），让鲍在该院 Dr. Sterling Emerson（是 Dr. R. A. Emerson 之子）教授下作论文，得了 Ph. D。鲍学成后回国，现在什么地方，不知道。鲍李两人，假若早来台湾的话，在台湾的遗传学，必定有丰盛的收获。"时也命也，为之奈何!!"

蔡旭 1938 年秋蔡旭（公旭）由中央大学转来川农所食粮作物组任麦作股股长。他来后，我们声势为之一振。蔡未来以前，四川省稻麦改进所，与中央农业实验所合作接受了五六种做高级试验的小麦品种。内有一种，登记上是 25V112。当年 5 月沈宗瀚来成都，我带他到田里看看。看见这个品种后，我问他，为什么这个品种高低不一，似乎不纯。沈看了后，告诉我："这是他们做的杂交种，那时还在分离中。"公旭的证明是："这个种是 Dr. Percival 在意大利采集的一个土种。编号是 25H112，原名是 Villa Glor。"英国的小麦专家 Dr. Percival，在世界各地收集了很多小麦种。Dr. H. H. Love，沈宗瀚先生的业师，在 1931 年左右又来华，在实业部当顾问，建议由实业部、中央大学、金陵大学合买了一套 Dr. Percival 的小麦种，价格是 500 英镑。公旭知道这个种很详细，因这个种很矮小，开花时，试验地里其他高生品种容易把花粉降落在这个矮生种的柱头上。的确这些杂交种仍在继续分离中，没有被杂交的，仍是纯一的。

1938 年沈宗瀚先生又来成都，我陪他到静居寺大门外左侧的试验田中看看他育成的金大 2905 号小麦的生长情形，沈先生当时很欢喜，连说了好几个"有希望，有希望"。后来这个种在川北绵阳一带很适合。以后每年在这一带推广几十万亩，增产约一至二成。但是蔡公旭知道 2905 的内幕甚详："原来是中央大学农学院农艺系在苏北南宿州小麦田中选出来的。"这当然是他一面之词，但川北农民受实惠，这是毋庸讳言的事实。

2905 号小麦

从前在开封帮我从事棉花工作的徐守愚先生，四川遂宁人，亦间道返川，到成都帮允奎的忙。我到成都，和徐是第二次相逢了。风干室造成后，他自己愿意住在该室的办公室楼上。他的工作是协助冯天铭先生从事水稻的育种。冯是中央大学农艺系毕业，学丰识广，沉默寡言，做事努力，从天亮一直到傍晚，都在田中工作不息，冬季就在风干室做考种工作。徐先生和他不同，一清早在晒场上打太极拳，或高声朗诵英文及圣经，终日不下田，亦不做考种工作。代冯天铭做该股工作报告时，每次的开场白都说"我是冯先生的助手，奉命作此报告"，但对于报告的内容说得糊里糊涂，不知所云。有一次，因金堂（成都平原）有事待理，需要派一个人去一趟，就同徐守愚商量，请他去。他坐在我办公室，直摇头不肯去，又没有说出不去的理由。我于是约他当晚到我家中谈谈，他晚上来了，坦白地说："不久以前，杨和尚替我看相，叫我最近不要出远门，否则恐遭车祸。"因此不敢去。我恍然大悟他不去的道理，于是晓以大义，劝他说："我们是学科学的人，绝不要相信迷信而误事误人。"他听后

冯天铭

立刻答应去金堂（金堂离蓉只九十华里）。

　　第二天午后，忽然接到一封电报，是金堂徐守愚发来的，电文云："赴金堂遭车祸，请派员救助。"我暗想，事情怎会这样巧，教他破除迷信，偏偏就遭车祸，被杨和尚说中了，岂不糟糕，实在对不起徐先生。所以连忙派稻作股股长管相桓君前赴金堂救助他。当晚管、徐相偕返所，原来徐乘的公路车，到达金堂时不慎翻车，徐受皮伤，并无大碍，真小题大做，害我派大员去救助。早知如此，不派他去也罢。徐真是一位不知天高地厚的人，后来派他回遂宁做区域试验，他开始不愿去，去后又说不会做，所以只得另派人接替。徐后来结婚到西昌去当讲师，徐似乎是一个古老派的典型人物，又是神经不太正常的人。这型的人只适合在承平的科举时代，在乱世的现在，就有与大家格格不入的行为做出来，使人感觉他古怪。可惜这块良材美玉，生不逢时，不能琢磨成器，是他个人的不幸，也是国家的损失。

　　静居寺旁边，有一个雷家大院，是碾米坊。这座大院有房屋四五十间，是雷家世代相传下来的宅院。因我们所里缺少住宅，就把它买下来做宿舍。房子大，进出的人多，也认不出谁是同事，谁是客人或竟是陌生人，比较杂乱。为徐守愚看相的杨和尚，就是因思想问题被关在雷家大院悔过的一人。也不知当时关了多少这类的人在里面。杨和尚自称是北大毕业，信佛，被诬告而遭政府禁闭的，实在冤枉。他的思想自认是纯洁的，看守的人亦任其自由，所以他在所中各处替人"看相"，是否顺便宣传他的"思想"，不得而知。由此可知院中"藏龙卧虎"是铁一般的事实。后来共方许多要人，似乎有些人曾在雷家大院做过客人。

管相桓

看相的杨和尚

1940 年将过年的时候，赵所长到我家来，要我于元旦同一个林业组的技正去三台筹办川农所的第一个农业推广所，似乎这桩事很迫急，不容我有推辞的机会。第二天，是元旦日，天气晴朗，本可留在家中与儿女玩玩，共叙天伦之乐，但"军令"在身，毅然地一清早就到北门雇长途的包车到三台。

记得由蓉至绵阳是一百八十华里，再向东南行一百二十里，就到三台。在北门有一个车夫，诨名叫做"飞毛腿"的，据说"两头不看天"，一天可以到绵阳。意思是说，早晨在太阳没有出来前动身，晚上太阳落山后到达。在夏天由蓉到绵阳要走十五六小时。罗江一带上坡下坡路很多，上坡时，客人多半下来走，让车夫拉空车上去，下坡则再坐上车。坡度越倾斜，车夫越跑得快，坐在车上，触目惊心，怕车翻人丧，总是拉紧车两旁的扶手，身子笔直不敢动，心却怦咚怦咚跳。车夫则把全身扶在"拖把"吊在车上，顺着地心吸力，眼看车轮，顺势下去。跑一步，就差不多有二三十尺远，真是脚只稍微点一下地，瞬即飞滚而下坡来。凡到过四川的人们，都知道洋车下坡的声势，也许有人还曾被翻车跌伤过。我们这一次，没有雇到"飞毛腿"，但所雇的车夫，也是健步如飞。

当晚宿在过了罗江的一个镇上，第二天住在绵阳分所，第三天下午到三台。三台一带，似乎很荒凉，与川西的成都平原及川东的重庆、江津一带迥然不同。三台一带，似乎雨量较成都平原及川东一带少，山上的树木，砍伐殆尽。因这一带地方出盐，用火熬盐，所以山中树木遭殃。

第二天，同某君在城中看看推广所的地址，后到城外西

为推广所选址

洋车下坡的声势

到农家讨茶讨吃

乡一带。走到下午两三点钟，又渴又饿，连路都走不动了。在无可奈何的情形下，只得走向一个坡上的农家去讨茶水。蒙他给我们一瓦壶"土茶"，喝了真像饮了"美酒琼浆"一样舒畅。因附近实在太荒凉，不容易买到吃的，只好再伸手向农家讨点吃的，以压压我辘辘的饥肠。农妇说："先生！我们吃过饭了，没有什么东西留下。"随后她又想了一想说："好罢，我为我的学生留了点吃的，就给你们吃罢。"于是她端出两大碗（土制的碗，碗比我们普通盛汤的碗还要大，叫做品碗）食物来。我的肚子实在太饿，不管那么许多，端起来大口大口地喝下去，原来是红苕搅拌一点玉米面的羹糊，喝完一碗，已饱得很，就问她说："你的学生几岁？"她说："十岁。""你们每天吃几餐？"她说"两餐。""每餐吃几碗？""大人六碗，学生三碗。"我心想，"我的天呀！每碗足足有一千西西，学生的小小肚子，怎么能装下这么多？"于是给他们以薄酬，再下坡去东行。吃过喝过，精神大好，但一点钟以后到城厢，肚子又在响，希望加点补充，就到一个馆子去吃，吃得好痛快。四川三台一带，本不算苦地方，但城厢邻近处生活已经如此，那大川北、大川东、城源、万源及松潘草地等又将如何哩？以三台来看四川，四川实在不

四川不配"天府"之名

配享有"天府"之国的大名，推广所地址选好后，我们就原路回蓉交差了。

1939年春季开始，四川物价上涨，成都九眼桥一带"吃大户"，拿钱买不到米。我把组中收的积谷碾成白米以后，让所中同仁每户可以买两斗来救急。我家有这两斗米，维持了一个短时期。

卢作孚那时在重庆做中央政府的粮食部部长，成都的建

设厅长是何兆衡，还兼任四川省的粮食局局长。

1939 年底似乎赵所长到过重庆一趟，去接洽一个重要的业务。回蓉后，在聊天时，轻松地告诉我：卢、何要借重川农所的力量去收买小麦，以作发"军粮"用。因为川农所可以拿推广小麦（金大 2905）为借口，不会引起纠纷。这个差事，又落在我的头上。从三台回蓉后不久，何兆衡一清早就约我到粮食局去谈谈。我到该局，在外面等着会他的人有几十位。经何的秘书通知何后，他立刻就要我越众人前往看他。见到他，他很客气地说，这回的事，是不得已而为之，希望我原谅，同时希望我帮忙。我因军事紧急，这种权宜的措施，不得不帮忙，以维持后方的安宁。于是把成都到江油一带的办理水稻检定工作的人员，调到成都，面授机宜。告诉他们，这是帮国家的忙，绝不要有不法的事件发生。同事们差不多都是高农毕业生，约二十岁左右，血气方刚，勇往直前，毫不畏怯。这样把每县收购的小麦数量，分派定规了后，纷纷前往各县开始工作。

托名征粮

在约定的时间，粮食局派高级职员一人，约八时许，乘雇用的汽车来所接我，直驶中央银行，提款二千万元（合美金三百五十万元）。到粮食局，他把钞票分成一包一包，标明各县数额。一齐用一个大麻袋装好，由我带回家，打算明早动身，到各县去发。那么多钞票，放在哪里呢？于是如玲把铁制衣箱内衣服取出，将这袋钞票装入锁上。自以为安全不少，其实人家如果要偷或要抢，钞票装在麻袋和铁箱还不是一样，一提就提走了。当时装箱锁上，是自己谨慎的措施，那晚才能安心入睡，也同"掩耳盗铃"一样好笑。

押运巨款

第二天一大早，粮食局某高级职员就雇用汽车来接我一

块儿动身。装钞票箱子放在车子后座我的旁边，某高级职员与司机并坐，指挥前进路线。上车后他告诉司机开往重庆的东大路，开到简阳方面去。到了春熙路后，某君又告诉司机改向东北方面驶，先到剑阁前站的江油。江油距成都二百多公里，我自懂事到那时，从未见到过两万元以上的现款，现在运这样大数的款子。打江油走，江油附近是土匪出没的地区，加以小时候爱看美国西部片，总担心怕遇着歹人。先往东大路走，路上人多，路上比较清靖，心中还安适。一经改往袍哥集中的江油，心中就惊恐万状。但人已上车，只得"硬着头皮充好汉"，装作若无其事的样子。下午一两点钟到江油，把现款二百万元交给县政府，再南下到绵阳、德阳、广汉，一县一县的送现款。回家时已半夜了，这一天所受的惊风骇浪气氛，是有生以来第一次的遭遇。幸好我们以"突击"方式把偌大的款子送完，使得人不知，鬼不觉，平安地回来。

以后又买了二三千万的小麦，好像都没有再找我同去，这是我对于后方军粮有些微贡献的真实报导。

## 被宪兵队拘留二十二小时

1940 年早春，我同厨子老凌（凌老三，也就是我读小学时候背我上金山寺的小僮，那时已四十多岁，还没有娶妻）[出公差]。那时技正出差，可带一名公差，由公家出公费，老凌已来我家几年了，很想回凌家坝去一趟，看看他年事已高的老母。他的大哥凌金廷仍是凌家坝的佃客。对老凌来讲，

视察沪县分场

这是一举两得的。我也两三年没有去江津问候四叔了，同时要去泸县看杨技士（中农所）大为宣传的两季稻，又约了合川的孟及人在泸县会面。所以一大早就到车站，搭木炭车到璧山属的来凤驿。下午二时下车步行了五十里，翻山到德感坝，渡河到江津，抵家时，已万家灯火。四叔很康健，姊妹们都怡然相处。小住两日，又搭船到泸县，及人已先到达。

　　这是我当食粮组主任后，第一次到这地方分场，以兴奋、快慰的心情和该分场员工见面。杨守仁君是赵所长中央大学农艺系的学生，江北人，原在中农所服务，随赵先生到川农所帮忙的。对于四川推广两季稻，从理想演进成为试验，觉得这个方法推广后，可以增加水稻的产量至少三成，并不妨碍冬作。杨身材有五尺六寸左右高，嘴很大，常露笑容，能言善道，满口江北话，嗓音宏大。谈到两季稻时，唾沫满天飞，是一个很好的推广人才。两季谷是一种早稻、一种晚稻先后在田中下种。早稻在清明（3月）时种下，行距较宽；晚稻是用的浙场三号，在谷雨（4月）时插在早稻行中。早稻7月初成熟，割去后，空间都让给晚稻，晚稻在9月底或10月初收获。两季相加，在试验田中较一季的增加四五成。由于晚稻过晚，四川的二化螟，因环境的赐予，也就变为多化性了。螟虫的危害，与日俱增。所得与所失两抵。但因在各地做两季谷试验，将浙场三号稻种引进至各地。在四川丘陵地带，春雨不及时的话，无法插秧，以致旱灾频频发生。浙场三号，清明播种，谷雨可插秧（秧苗才一月）。插秧晚到夏至（6月底7月初），秧已达一百日左右，亦可栽插，成熟时有五成收。后来老百姓因浙场三号米质好，可以卖得高价，米粒长，占斗。老百姓们以它作纳粮的

杨守仁

双季稻

谷种，这是老百姓自动尝试而成功的。在年岁干旱时，以老秧插秧，还可以收若干稻谷，不致于全军覆没。这是推广两季谷的真正收获，这是后话。

在泸县时，有一位看相的名手，场中同仁都争先地介绍我们去看相。到那里，看相的一看见及人，就说他是贵相，可做一品官。及人来台后，曾官封台湾糖业公司农务室的经理，综管该公司的农务事宜。看相的看我，只是三品官的料。及人身高六尺，头大口方，鼻梁高悬，红光满面。我看他相，亦是一品当朝的大员，岂止是看相的一人看法而已。

**孟及人**

回程，我过江后，坐了辆黄包车，预备到隆昌后，改乘由渝来隆昌驶内江的公路车客车转内江，再转成都。老凌本是抬滑竿的，善走路。出公差本不准报包车费，他自愿走路，随包车前往。泸州到隆昌有一百二十华里，预计下午三时以前到达，可乘由渝开来的公路木炭客车驶内江。哪知老凌久不抬滑竿，随包车前行，包车是用轮子推着走，车夫被推着走，步子大，尤其是下坡，其快如飞。老凌起头还能跟着跑，和包车差不多快，后来越走越不行，因为脚上打了一个大泡，简直没法前进。只好雇一滑竿，抬老凌到隆昌。至该地时，已万家灯火，只得住栈房。第二天，一早就到车站，在茶馆泡了两碗茶，慢慢地等，慢慢地问。到中午正在吃午饭时，忽见一辆卡车驶来，看见有些客人都要向内江方面去，那辆卡车就停在转角的一头。有些人提行李上车，我同老凌也去拿着我们的行李卷、手提箱，交了四十五元给司机。原来由渝至蓉，每人只需二十五元，我身上只带五十元，预备留五元在内江住店及沿途伙食的费用，所以给了他四十五元。不料这是军车，擅作"黄鱼"生意（台湾名黄

**回程坐"黄鱼"车**

牛），搭车人需要讲价的。我们没有"走江湖"经验，门槛儿不精，把身上带的钱，倾囊给了他，买两个座位上成都。

上车后，他那帆布篷盖得严严的，七八个黄鱼在铁板上坐着，也有坐在自己铺盖卷上的。我觉得篷盖得严密，空气不大够，加以路不平，车身颠簸摇晃得厉害，心里闷得慌，只想吐。把头伸出去，吸了新鲜空气，才把呕吐遏止了。一个钟头后到埠木镇，客人下车，渡河。汽车要摆渡过沱江的上流，方可到内江。七个黄鱼下车后，因沿途一阵阵黄沙卷进车的后面，所以每个人都像土人一般。上渡船后，有一个宪兵也上船。我还在问同行的伙伴，到内江是不是安全。他以目朝宪兵望一望，并示意叫我不要再说话。过渡后，我们的卡车也摆渡过来，我们跟着上车，宪兵也上去。到内江前两公里，循例黄鱼要先下车，步行到城。这是"掩耳盗铃"，识者一看，就知道我们不是走路的。

走了一段路，到宪兵队门前，忽然有宪兵四人，手提盒子手枪，把我们包围起来，命令我们跟着他们一步一步爬上石坎，走几十步到他们的办公室，叫我们坐在客厅里。这时已是下午四点钟左右，有宪兵来告诉我们说，请你们上来是要证明司机是带黄鱼的。有人又来恐吓我们，说坐军车违反军纪，应受三五年徒刑。当我们被"押"上宪兵队时，曾遇见我的推广训练班学生某某，在隆昌推广所当主任，适逢其会，到内江来公干。看见我后，问什么事，我说："没有车子可搭，只有这个军车路过，付了公路车票价的一倍后，搭车来此。"他说："这不要紧，问问就会放的。"问我内江住什么旅馆，他说过一会儿到旅馆去找我。

六时许，宪兵队的士兵们吃了晚饭后，因我像个读书

被拘宪兵队

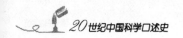

人，是在做事的，首先请我到他们排长的办公室去问。我告诉他：我从成都出来的目的，因为交通不便，在隆昌等公路客车时，适逢一卡车经过，有人在拉客，我们给他四十五元，要赶回成都报告办理"两季谷"的经过等等。排长问我时，有一个便衣人在笔记，该排长看过记录以后，交给我看，我看记的与我讲的差不多。排长说："是不是有错?"我摇头，他就叫记录人为我打十指手印。这所谓"秀才遇见兵"没有礼可讲，只得伸出手来，乖乖地打下。老凌亦打了手印。排长还算讲理，说："你们坐的是军车，为了证明司机的违背军纪，只有委屈你们一点。"然后一个一个地问，打手印。

询问完毕后，是将近八点。我正在客厅休息，忽然我的学生某某从外面进来，带一位军官来，说要见排长。小兵带领军官到排长卧室去，十分钟后，见该军官气冲冲地走出来，大声骂排长不应该把为国家出力的学人糟蹋、侮辱而不释放（据后来军官告诉我，他们几乎要动枪，经人解劝才离去的）。军官走后，排长立刻下令，把全体黄鱼关在排长室对门一间小房内。房中有桐油灯一盏，室只六尺方，向天井的一面是纸糊的窗，靠大门好像是杉木钉的。室正中有门板两块，室的一隅是一个尿桶。室中还有一条长板凳，约四尺长，两尺高。被关进后，黄鱼们在凳子或门板上坐着，室外有一个小兵执枪守卫。老凌老泪直流，愁容满面地说："我活了这么大了，还没有坐过'卡房'。"说完，更是眼泪鼻涕直流，大声啼哭起来。我无法可施，只得好言安慰他。自己也心焦，所以香烟一支接一支地抽。有个黄鱼在房子另一角落里，把身上带来的文件，全拿出来，堆在一起，放火烧

**排长要威风**

掉。一时满屋烟雾弥漫，害我们连眼都张不开，不想哭的人，也似乎在哭了。

一会儿，排长下令，将司机助手放出去，叫他把司机的行李卷拿来，以备黄鱼们过夜之用。行李取来，大家帮忙把被铺上，那时是三月底，晚上还很冷，我们都和衣而卧，你枕我，我压你，臭虫、跳蚤也来凑热闹。我心事重重，哪里睡得着。半夜告知荷枪的守卫，出去大解了一次。别人鼾声大作，更引起我的愁思，想：我为国家做了这么多事，为什么要遭受这种虐待？为什么交通不方便？那里防备疏忽，尽可逃走，但怕逃走反惹麻烦。假若老这样不得自由的话，我真宁愿一死了之，越想越不是味儿。不久，窗外微露曙光，老凌睁开眼，翻身而起。我们二人对坐在板凳上，你看我，我看你，徒唤奈何，又不让我们通信出去。正在无计可施时，一会儿听见隔壁屋里，有起床穿衣声。于是我隔着墙，向那边问话，有一人回答说，他是此地驻扎的补训师管区士兵。我从墙缝里，塞过去二元法币及一封信，请他到城外四里地的甘蔗改良场，交给陈让卿场长。昨晚本已写过一封同样信，交给司机的助手（送红包一元）请他送给陈场长。恐怕时间晚，没有送去，所以再写这封信，双管齐下，总该好些。

房子进门处，是宪兵队的灶房。他们烧柴火，一点火后，烟都喷到我们住的房里来，房中又没有通气的窗门，以致满屋浓烟。我们眼都睁不开，眼泪汪汪，忍无可忍，只好要求小兵准我们到外面天井内，吸点新鲜空气。后来慢慢地我们的活动范围就扩大了，能走到进来时候的客厅。厢房里有人在下象棋，我们也可以去参观，打乒乓也许我们参加。

宁愿一死了之

后来知道除排长外，这队只有宪兵十二人。

**遭拘之由**

事后才知道为什么会闹出这件事来。原来在埤木镇和我们一同上渡船的宪兵，本是成都航空委员会的士兵，因故被开除，心中有怨气没处出，正好碰着载我们的卡车是属于航空委员会的。这位宪兵，抓着这个机会，公报私仇，想法子要把这个司机关几年"卡房"。在我们上渡船前，他就打好主意，摇电话到部队，所以一到内江，就有四名宪兵执枪来欢迎我们黄鱼到队部去。我们到队部，假使言词和顺，"孝敬"一些红包，天大的事都可化为没有事。可巧我手头没有钱，同行的人似乎都舍不得破钞，加上军官（连长）来和宪兵排长有了言语冲突，因此小事就变成大事了。

中午，我的学生陈让卿场长同一位警官到排长室办交涉。进去约谈一小时，还打了手印，排长就命我同老凌可出

**获保释**

去。我因同情心，就请陈场长也保其他的黄鱼出去。和陈场长同来的是内江县的警察局长，这批黄鱼亦得保释。只有那位司机，原想找点外快，不料会遇到对头宪兵的报仇，听说被关了几个月哩！我们被释放后，吸到自由空气，觉得世界上没有一处不美。出宪兵队时，已下午两点钟，一共被拘留了二十二小时。在这段期间中，没有水喝，没有东西吃，更没有水洗脸了。一出来就饱餐一顿。晚上陈场长请我，请谢县长明霄（清华同学）、警察局长、连长及李主任作陪。第二天，陈场长代我们买了车票，又借给我五十元，坐公路车径返成都。

## 日机轰炸成都

1940 年 11 月二女惠泽生。抗战已三年余了，长沙的三进三退，敌机在各处轰炸，以致死伤累累，物价一直高涨。每年年底四叔汇一点租钱来，我们就买一船松材，预备煮饭用。组中的预算，虽说有少数的增加，但远敌不过物价高涨的速度。因此出差是苦事，每次都要赔钱。同事们都不要出差，组中的事因此停顿下来，朝气亦因经费不足而迟缓、衰退。

物价高涨，
出差赔钱

我家生活，以前每天买五毛钱菜，鱼肉蔬菜，应有尽有。物价一涨，就只能买少许猪肉点缀而已。所以屋子左边地就辟成菜园，倒能自给自足。

1938 年 5 月 1 日开始，重庆被大轰炸。敌人盘踞宜昌，只要天气晴朗，一〇一机都要进川到各城轰炸。前在武昌时，日机多以汉口、汉阳或武昌城内为投弹目标，珞珈山却从来没有投过一次弹。那时敌机来时，每次我都让妻子们进防空洞，然后自己带了 Charlie 上山，藏身在石后，用望远镜看敌机投弹的处所。每次都尽兴而返。在成都时，因距宜昌较远，敌机轰炸重庆，成都亦放警报，每次都是放"预行"而已（当时警报有三种，一预行，二空袭，三紧急）。当年 8 月初，清华同学会，在城西南角同学会会所中开同学会，记得李方桂夫妇还在成都教书，如玲同我也去开会。午饭后，二时许，我骑"洋马"跟如玲洋车后进城，打桥牌（那时已进入 Contract Bridge 时代）正打得兴高采烈时，忽

清华同学会
开会

闻"预行"警报声，大家都不以为意，继续打牌。半小时后，空袭警报声大鸣，敌机入川后，有袭成都模样。我们都惊慌了，估计由城西穿城至城东，出东门返所，至少有十二华里，交通工具又无着，没法这样走。算一算出小南门到家畜保育所去，只有两华里。见大家也都往南奔，我就把如玲放在车的横杠上，带她往南逃。刚到家畜保育所内广大的空旷地上的职员宿舍时，紧急警报已大鸣。如玲进屋去，我就急忙跑到所中河沟的半岛上。那里有一个四尺深的洞，是为熊猫避暑用的，这时变为临时防空洞了。洞中已有一人，两个大人挤在一个小洞里，真够挤了。当时四面安静无声，约过了几分钟，我伸头出洞望北一看，敌机已带着隆隆声由川北飞来，一字雁行有十八架之多。我连忙躲在洞口内看，高射炮声起处，一蓬一蓬黑烟向上冒。我方有一二架驱逐机升空迎战，不幸被敌机强大火力所击中，先后坠落。敌机临城北上空时，为首机翼闪了一闪，炸弹就一个连一个的下降。接着爆炸声，房屋倒塌声，黑烟四起，火光冲天，一片嘈杂惨景。我见敌机临近我存身洞时，还在下"蛋"，急急匍匐到地窖深处。爆炸声震耳欲聋，泥土飞进洞来，几乎把我埋了。最大的几声炸弹声轰炸后，就静寂下来。我慢慢站起来后，拍去满身泥土，走出洞来，见五十尺外柳树下就落了一弹，五人葬身，太险了！太险了！再多丢一弹，也许我也完了。逃到宿舍去，见宿舍完整，如玲及朋友们都无恙，心稍安。挂念着静居寺的孩子们，急急骑"洋马"带如玲由华西坝绕东门到九眼桥回家。保育所中炸弹坑就有五六个之多，那里面积不到五十亩地。回家后，见所中无损，孩子们也只受虚惊。从此对于轰炸就恐惧万分，一听见警报声就开始抽

熊猫避暑用
的洞

幸免于难

烟斗、上厕所，不管有无大便，总要去蹲一蹲。直到现在，台北如试放警报，明知无事，还是心为之一惊。事隔三十多年，那种亲身看见和遭受到轰炸的可怕，到现在还有"余悸"。

## 赵所长离职

1942 年春天，中央新任命的农林部长沈鸿烈来成都考察，川农所的同仁热烈欢迎这位曾在山东敌后打游击的英雄来领导我们。虽然抗战已进入第四个年头，滇缅公路已被敌人封锁，物资更形缺乏，所有的用品全是"土货"或"克难"仿造的，但川农所的士气，仍保持青年人朝气而不衰。同仁们在英明干练的赵所长连芳领导之下，大家束紧裤带，继续努力工作，成绩还一天一天显著起来。在川北川东一带，蚕种的推广，增加农家的副业；脱籽棉在遂宁一带大量推广种植，搬进川的纱厂，可以纺三十支以上的细纱了。农作物新品种及新方法的在各地示范推广，使农作物的产量大增，尤其像前面提到过的"浙场"三号，的确供给农民一个防旱的新品种。这样一来，作为抗战根据地的四川食粮大增，足够军粮民食，国民政府因此传令嘉奖赵先生，真使学农的人扬眉吐气了。但是物价日昂，川农所经费更加增，就引起议会的非议。1940 年底，建设厅厅长何兆衡辞职，西康刘文辉推荐北平农专毕业的胡子昂到成都做厅长。胡是一个胖子，有五尺六寸左右高度，圆圆的脸，走路是外八字，嗓门很大，发言时声音响亮。

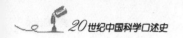

早在1932年左右，赵先生在全国经济委员会成立时，在南京当农业处长，是实业部以外的一个农业机构，综管全国农业发展事宜。江西省在南昌设立一个农学院，聘北平农业专科学校毕业后考取清华官费到美国康奈尔大学专攻农业经济学、四川下川东巴东人董时进博士为院长。胡子昂那时在该院，综管总务业务。连芳先生到南昌视察时，胡迎送如仪，"克尽厥职"。一旦身为厅长，职位在连芳之上，中国人一句老话说："不怕官，只怕管。"胡因职位关系，也常来静居寺"视察"。赵此时已变为下属，只得迎送如仪。我想赵先生心中一定很苦闷，虽说表面不露声色，但表情方面，旁观的人都清楚得很。

四川人与
"下江人"
的矛盾

"下江人"来川后，四川人耳目一新。抗战前，四川的大学，只有省高师（四川大学前身）和教会办的协合大学。而四川的初级教育，从光复以后起普遍的发展，每年出川到京沪一带进大学的川中子弟，数以数千计，这与现在台湾大专毕业生到美国进修情形略同。抗战后迁川的大学及专科很多。人们有个通病，彼此存有地方观念，彼此隔阂，并不因相处时间久而融洽，反而越久，摩擦越多。加以川人文化水准逐渐提高，觉得"下江人"不过尔尔，因之常有水火不相容的情势。记得有一次，赵所长因到重庆有公干，四川省议会开会，轮着赵的工作报告，由我代表出席报告川农所工作成绩概要。当时我回川不久，似乎还是用"京片子"报告的，有位女性省议员问我是哪里人，我回答她说："我同您一样要纳粮。"她说："你为啥子不会讲四川话？"我说："在北京住久了，把四川话都忘掉了，一时改不回来。"这可以表示川人，尤其是有权势的人，对于"下江人"的憎恨和

妒忌，恨不得把"下江人"立刻"赶出川"。沈部长那一次
到成都视察后，回重庆时是走的川北那一条路，经绵阳、三
台、遂宁等地，才回重庆，好像是沈副所长宗瀚陪着去的。
他返渝后，电召赵先生到渝，说赵的计划太大，许多的业
务，都只看见计划，而不见成绩。人们对赵多持这样批评，
尤其农业界有权势的，都众口一词地这样批评赵。我的看法
是：假如法币的价值真能稳定的话，川农所那些有朝气，有
才学的年轻人们，定可做出更伟大而切实际的成绩来。赵先
生见大势已去，无法恋栈，就到胡子昂公馆去，递给他一个
辞呈。胡见辞呈以后（据赵亲自告诉我说，胡打了几个哈哈
连说好几个"好"字），称赞赵快人快事，也是"川人的福
音"。于是赵就离开成都，仍在中农所供职并兼农业部的某
种重要职务。赵离开静居寺时，所中同仁连家眷及工人等几
百人，都跟着送行。赵先生步行出家，走到大门前旗杆下
时，送行的人有痛哭失声的，感人之深，可见一斑。川农所
是连芳一手创办的，作风干练，计划远大，平时礼贤下士，
待人亦诚恳有加。此次远离，何时再行聚首，谁都不知道，
难怪送行的人哭呢。

赵连芳辞职

　　的确，币制既然这样贬值，又是在乱世，任何有才干的
人，挑起这个重担，亦都无计可施。

　　沈部长在川北亲自考察的情形，有部分恐怕也是真
实的。假若他头三年来川的话，恐怕也是第二个华西坝
Dickenson 教授了，欲加之罪，当然"罪名"成立。加以川
人要自己出马，胡子昂惟恐赵先生不辞职，所以看见赵先生
的辞呈，连连地点头称好。赵先生去后，胡厅长、董所长都
是北平农专派的头子，以为一党一派，川人治川的形势已

川人治川

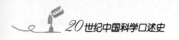

成。"卧榻之侧，岂容他人酣睡"。所以在胡当厅长的两年期间，一心一意，去掉赵的旧人，引用川人，尤其是北农毕业生到川农所做事，造成清一色北农派。不过我也是川人，他们动我不掉。当胡卸任的前夕，他亲自对我说："这两年，我替你作吹鼓手。"啊呀！真是天晓得。

川农所的北农派

赵先生胆大心细，对于中国农业的认识，是我衷心佩服的。他忠心为国，日夜勤劳，红色重要卷宗，每天要带回家中批阅，一直批阅到深夜。1941年有一天，赵先生因太紧张，在所长室中昏厥，似乎有轻微脑充血的象征，所幸吉人天相，休息半小时，回家静养几天就好了。

同事们学生气太重，多数有"大爷"脾气，又年轻少经验，对于账目，不大注意，以致赵先生离职后，还请了二三十个会计，经两年余的整理，才将赵先生任内经手的账目理清。批评的人们，每以此责赵先生，我以旁观的立场看，责任应由大家负，才是公允的批评。

## 川农所改组

1941年起，沈成章当部长后，他对于后方的各省如四川、甘肃、云贵、广西等大行改革。以川农所本身的各组，都变为场，各组的主任改称场长。当然全属于川农所统辖，直属于建设厅。又新添设了两个大的机构：1. 粮食增产督导团；2. 推广繁殖站。前者是由建设厅长胡子昂当总督导，以川农所所长董时进为实际主持人，我则调为部派简任技正副之。繁殖站的主任，又派我充任，这是一个直属农林部的机

粮食增产督导团

构。我一身兼三个重任，似乎责任很大而重，但通通是叠床架屋的骈枝机构。机构越多，用人越复杂，越多。不相干的人，也纷纷地挤进来（从前认为川农所是技术人才的禁地），以致一股朝气变为暮年奄奄待毙的景象。加以通货膨胀，薪金同经费不能与物价的高涨成正比，同事们多半已成家，青菜豆腐都有不能自给的状态，出差更赔钱，所以都待在家中帮忙家事。

督导团有几件事值得一提的：

（一）胡子昂为我们介绍一个曹秘书，是位五十余岁的老夫子，在公事房大抽其水烟袋。骨瘦如柴，不过四十公斤，一撇八字胡须，活像一个"冬烘"。据说他曾在下川东某县当过知县。他家住在北门乡下，每礼拜一下午来，礼拜五一早，就不告而去了。

**曹秘书**

（二）胡厅长又派了几位督导员来团工作，他们似乎都是"北农"的毕业生。督导区域都被指定在成都平原内，到差时来静居寺见过一面，都是四十多岁的川人，家都住在成都。每月来团一次，除领微薄的薪水及配给外，并报领一笔数目不小的出差费，都是由胡、董会同打了图章后发的。似乎没有一个人到过任所，都是由成都寄来报表，好像真有其事的样子。天晓得，这种"闭户造车"、自欺欺人的报告！我又不得不在报告中把这类报告报在内，否则有抹杀他人"成绩"的嫌疑，因此我也做了从犯。但我内心的苦闷，至此已达顶端，所以自暴自弃，一有机会就去打麻将或打桥牌，以度此无聊的岁月。

**虚报出差费**

（三）有一天曹秘书忽然来和我讲，建设厅派会计来查账。本来一切行政大权，都操在董所长手中（胡子昂印章也是他盖的），甚至于一切经费配给，都是他自己管，查账的事，应该与我无关。但曹秘书把那位查账大员带来我处，介绍见我，又带他们到董副总督导那儿去。过了一会，他们又到我场里来，气势汹汹，好像我做过什么不法事似的，问东问西，又问不出所以然来。凡事不是我当家，而他们把我当"贼"待，啰嗦了一个多钟头，才扬长而去。我当时心中的愤怒，不言可知。如果那时我血压高的话，也许当场就气死，像以后的傅斯年一样。事后才知是曹秘书伙同成都平原的那几个督导员，联名控告我变卖公家的配给米。其实这事是曹秘书监守自盗，用这个假动作栽祸于人。这种官场通病，我不过置身其中，被人栽赃而已。假如我当时也会做官的话，尽可一笑置之，愤怒是多余的事了。

（四）① 此时用的人很多，但时进对于业务不太热心，每天在办公室写小品文，办农报，并组织农民党。对于所长、副总督的职责，不过是在应卯而已。

三个机构既然通归一人指挥，同事已从以往一百八十余人的场面，增加至三百余人。我觉得公文太多，一个人无法处理。于是函邀合川的孟及人来成都帮忙我看公文。及人同我一个办公室，我看的公文，是及人放在红色卷宗里的，件数不多，因此我能抽空到鲍文奎的研究室作研究。

我的公文，既然有及人处理，我就专心把竞雄、文奎等同我做的研究成绩，陆续作成报告。在董所长两年任内，我们一共写了十几篇报告。有的是用英文写的，大多数都在美

---

① 原书中（四）之内容与督导团无关，而其后一段是讲督导团实际主持人董时进的文字。两段文字对调之后，作者自述其处理公文事才上下连贯。

被栽赃

研究报告与选
院士

国刊登，论文的特色是：因为没有参考书，论文中没有引用参考文献，有的话［也］是自己发表的论文或引用国内发表的论文。记得有一次在美国农艺杂志发表一篇长达二十五页（印就的）论文，该刊负责人要我汇七十余元（美金）去还欠款。我复信说："我没有法子可想，一来太穷，二来没有法子汇。"他们只好以相赠的方式，免掉我们应补缴的欠款。是不是因为这些论文的发表，后来在 1948 年中央研究院第一次选院士时我被选上？若果然是的话，在此应当谢谢时进兄给我的写作机会，亦应当谢谢及人为我分劳的大功。

前面已提到过及人相貌堂堂，有"一品官的相"。所以到场长室来看我的人士，每每会误认，及人总是以手对我一指说"那是场长"。及人帮忙到 1943 年春天。本来及人在合川分场工作，来时是技士职（荐任）。他在乡下时多，四川省政府在成都省城的人们，对于乡下的工作者，每每歧视。在合川时，我们替他做呈文，要升他为技正（他的薪金已远超过技正所得），都未见批复。后及人来成都，我又几次写呈文替他催促，当时成都好多年青比及人资浅的人都一个个的升上去了，而及人还没有升。有一次，我亲自送呈文到建设厅，主管的人亲口向我说："这是一件小事，决不成问题。"我同时也向胡厅长报告，胡厅长还请那位主管人来关照，但还是石沉大海似的，公文老没有下来。及人心中彷徨，于是在陕西水利委员会李仪祉先生那里，找到了一个适当职位。1943 年早春，就离蓉北去。十一年相处，亦弟亦友的伙伴，不能再朝夕在一起，我心中有说不出的痛苦。及人走后，厅中才把及人升等的公文送来，马后炮当然放不响了。不久及人从西安到重庆，帮赵连芳先生的忙，后来又跟

孟及人离去

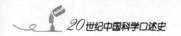

赵先生来台湾接收，转糖业公司服务，一直到现在。


## 两位上将部长


陈济棠上将做了第一任的农林部长。他做部长的时候，我的职位是四川省政府建设厅属农业改进所内的一个组的组主任，厅长是一位简任官，到重庆也没有机会去拜会这位赫赫有名的"天南王"陈上将。我的地位，也不会和他接头，他在任内似乎一次也没有到成都，所以一直不曾和陈部长碰过面。

第二任部长是曾任过海军上将的沈鸿烈（号成章），他到四川以前，已经内定为部长，那时他在敌人的后方山东打游击。1941年秋天，他的次长雷法章先来川农所讲演。雷先生以浓重的湖北土音滔滔不绝，口若悬河，唾沫四溅，声震屋瓦地足足讲了三个钟头模样。从沈先生率领十八个部下，由鲁西南进入山东后，组织庞大的游击队，与日军、汪政权的军队及共军作战的始末，表扬沈的丰功伟绩，把沈先生捧得像"天神"一样。我听了之后，为之动容。1942年春，是沈部长就职后第一次来成都视察，白天到川农所，我们陪他老人家到农场去看看。虽说他是海军出身，但对于我们的工作，似乎有极大的兴趣。在田中常以他乡音湖北天门话问这个长，问那个短，使得这个参观旅行，很有兴趣与意味。成章部长那时约五十余岁，比我略高，方方的红色的脸，衬以红色酒糟鼻子，是具有活力的表现。他满面笑容，讲话时有老学究的风度，听说他是秀才出身，国学很有根底。

有一天，成都交通银行行长沈××（原在青岛沈先生那里供过职的）在行内设宴为他的老上司洗尘。沈成章先生是不吃四脚动物的。那天是成都有名的彭厨做的菜，成都的彭厨，也和现在台北的彭厨一样，不开店，可到各公馆办酒席，是包办性质。我回忆多年来吃过无数次的酒席中，要以那次同沈部长吃的中国菜为最好的一次。席中只有鱼、虾、白鳗、鸡、鸭、鹅，没有陆上四脚的牛羊猪肉，但有水中的四脚游的鳖（甲鱼）。所有的菜，浮油都去掉，或许是味精加得不少，每道菜都鲜美无比。成都的彭厨，似乎比台北的彭厨更高明。

*最好吃的菜*

成章先生很兴奋，一上桌，就开始"吹"他的得意杰作"在山东打游击"的事。讲了一小时，兴犹未已，似乎越吹越响。我就扫他的"吹"兴，用很细微的声音说："部长，雷次长前一次在所中宣传您的丰功伟绩有三点多钟哩！"沈立刻变容，以"长者"的口吻训我"不会说话"，并说那不是宣传，全是真实的报导。后来沈就讲他做青岛市市长任内的经过，与日本人怎样周旋，怎样交涉，一直谈到终席。那晚明月当空，照成一片银色世界，成章先生犹有余兴，就请沈行长在天井里布置一番，赏月清谈。每人沏一盏盖碗清茶，听他继续讲他的抗日、抗暴杰作。一直到夜半以后，才尽"兴"而散。我席间多了一句不中听的话，惹出沈部长的兴致，本来可以在十时以前就寝的我，被罚"禁闭"四小时。

*训我"不会说话"*

后来，成章先生又来蓉，那次约我清早五时到他行馆去会他。沈部长有夜以当日的习惯，早三时起床，办公到中午，睡一个大大的午觉，晚上早寝，睡一觉就起来办事。跟着他的人就苦了。当夜三时起床，所谓鸡鸣早看天，天上满

*夜以当日*

151

布星斗，但是月黑头。那时好像是 1943 年的春天，清早还有寒意，我坐包车去的，恐怕城外不安靖，会出事，所以找了一个工人，在车后面推。约四时半，我到沈寓报到。我虽然早，但还有比我更早的二三十位在等候见部长的人。我到后，立刻被"传见"。沈先生正用毛笔亲自在拟电报稿，见我到，把电文给我看了看。他说想看看我，我同他聊了十分钟左右就告辞。1944 年，因救济总署的关系，农林部派了十三人出国，我亦被选上。出国前，沈先生有很多发展中国农业的计划，希望我们到美国学习、考察一年后，回国致用。沈先生确是一位领导的人才。1945 年我们回来，沈已调职，真是壮志未酬已离职。

**派我赴美考察**

来台后，沈先生还亲自到台南来看我。我仍然用不会说话的口吻问他老人家说："沈先生，我们的认识，不过仅仅短短的两次，您那时为什么选派我出国？"（许多人似乎都要托人情的）他不迟疑的立刻回答我："我看你是一个怪物。"我仍然用不会说话的口吻说："我想您也是一个怪物，怪物才能认识怪物。"沈笑容满面，当时打个哈哈。之后，我到台中回拜他老人家一次。

**两个怪物**

他老人家后来多病，1960 年左右，沈先生从台北养好病回台中，我们在火车上遇见，一直谈了三四小时。到台中沈先生下车，他老人家下车后，忽然想起，又回到车窗边，和我挥手告别。我因事忙，以后也没有能再到台中去看他。1968 年沈先生去世，回想与沈先生相处甚暂，但一见如故，有知己之感，人生相处，到底有几个知己？往事真不堪回首。我至今还忆念这个酒糟鼻子的"沈怪物"，不知他在天之灵，还能记得我这个"小小怪物"吗？

# 10

CHAPTER TEN

## 第一次重返美国

## 周诒春部长

周部长诒春（寄梅）是我清华的校长，我入校口试是寄梅校长问的，但他不久就离开了清华。

抗战期间我在成都静居寺四川省农业改进所工作，1944年至1945年奉政府命赴美考察农业。回国后，闻寄梅师从重庆到蓉来医治牙疾，住在华西坝医院三楼。因师情难忘，有一天，我坐包车（场长用）到华西坝，那是6月，报纸已披露出周师被内定当农林部长（继盛世才）。我们分别将近三十年，去看看老师，并向他道喜。到那儿，一进门就看见人潮涌涌，道喜的是占大多数，谋事的亦大有人在。轮到我去会见寄梅师时，我道贺后，先作一番自我介绍。寄梅师当时就提出要我在农部帮他的忙，但我的兴趣并不在一官半职，而是要得一机会从事研究工作，所以就婉谢寄梅师的盛

辞官

意。寄梅师要我在部里当参事或司长（农业司），经我几番推却后，寄梅师说，他不懂得农业的事，希望我把农业的大道理讲给他听。我说：我从事农业已二十余年，绝非一言两语可以说得清楚，加以他的客人那么多，在那里要讲清楚这样重要的事，是不可能的。寄梅师想了想，立刻问我："你明天上午有工夫没有？"我说："老师，有什么吩咐？"他说："这个地方太吵，我三楼上有个小房，我们进去后，把门锁起来，我有许多问题问你。"于是第二天早上九时，我如约到华西坝，直上三楼。找到寄梅师后，老张（一直跟着寄梅师的工友）沏了一大壶清茶给我们，我那时抽的是烟斗，烟丝是美国的 Half and Half，寄梅师抽的是 Camel，他一支一支不断地抽，我一斗一斗的猛吸。一面讲，一面想，以期把我多年来农业的知识及经验，详详尽尽地用最短的时间向一个毕生与农业绝缘的花甲老翁解释清晰。而且是从古谈到今，从中谈到外，长谈了三小时以上。老张拿几样精细的菜来，吃饭以后，寄梅师说：事情那么多，又那么复杂，千头万绪，上一课怎么够？意思还想上第二课。我提议明天请老师到静居寺，由学生媳妇作点清淡小菜孝敬老师，他欣然答应。我告辞时，寄梅师还送我一条 Camel。第二天，寄梅师一大早就来了，我们就继续昨天没有讲完的许多问题。寄梅师又问了许多问题，我抱着知无不言、言无不尽的态度。又过了三小时后，内人说，你们可以吃了饭再说。饭后，似乎寄梅师有很多事待理，在临走以前还问我，要不要到部里工作。我仍坚持我随时都可以作顾问，但不能参加行政工作，实在对不起，不能领老师的盛情。之后寄梅师牙疾治好，就回重庆就农林部长的事。

周诒春求教农业问题

1945 年 7 月赵连芳在重庆电邀我赴渝谈谈。到渝后，知道赵在农林部做事之外，同时正在主持一个接收台湾省复员委员会中的农林人员训练班，网罗许多当时在后方的农林人员，也希望我去参加。跟着，我与寄梅师约妥晚上九点在上清寺他官邸谈谈。当晚九时我遵约到上清寺，下车后，顺着台阶一步一步地向上走，约数十步到官邸，老张躺在门口藤椅上，沏了一大壶茶在喝。见我来，倒了一杯给我，我们就在门口聊起天来。聊的都是关于老张跟着寄梅师几十年的往事，因此也得悉寄梅师家中的种切。约十时左右，忽然有汽车停在坡下，我们往下望了望，黄暗的路灯下，汽车里走出一个着灰白色西装的人，歪歪倒倒地一步一步被一个着灰色短装的人扶着，顺着台阶朝部长官邸走来。老张与我迎下坡去，近前一看，部长酒醉若泥，嘴里哼着，不停地在摇头，司机看见我们来接应，就回去料理车子。我同老张左右扶持他老人家蹒跚地一步一拐到客厅坐下。他一面叫老张倒茶，一面叫老张为我开一瓶美国啤酒，嘴里不停地说：“岂有此理，他们一个一个敬我酒，我就干杯，他们却一个都不干，岂有此理！”说来说去，都是在抱怨人们。这样哼哼说说，大约过了半小时。跟着就抱怨赵连芳岂有此理，他为台湾农林复员计，把许多在后方得力人员都挖去，让他在全国农林部计划全国的农林复员，只剩少许的人员，岂有此理！岂有此理！再停一会，我觉得他酒似乎已经醒了，我就直率地说：“老师，从前你教我，现在我可不可以贡献我的看法给你。第一，你把中外喝酒的事，似乎搞错了，中国人的敬酒，尤其是后辈，是尊敬你的，这与外国人喝酒彼此互干，完全是两个意思。”寄梅师嘴里还不断的说：“岂有此理！岂有此理!"我又说:"第二,赵连芳拉人赴台湾,是为国家做事(他那时还不知道我亦在被拉之列),您是为整个的中国农林工作着想,台湾当然也在您的计划中,是不是?"寄梅师不置可否,仍然觉得赵连芳做得过火,小题大做。我见快

**坚辞不去农林部**

到午夜,就向老师告辞,老师又送我一条 Camel 烟,并希望我还是考虑到部里来帮他忙。后来我到他公馆去过几次,记不清了,但总坚辞不去部里工作。

不久日本投降。1946 年 6 月我到上海中央研究院工作,周师与我音讯中断。有天中午我到外滩清华同学会打桥牌,在餐厅偶然地遇见寄梅师同周永德师在一起,我趋前问候后,寄梅师拍着我的肩膀向永德师说:"你不要看他小小的个子,我的农林部部长这个重担,没有他教我,我真干不下去,哈哈哈哈!"又一直在谢我。从那次见面后,就没有再见到过他,这是我一生与寄梅师从 1915 到 1946 年前前后后认识及相处的情形。寄梅师已作古了,愿他在天上尚忆及这个小小的学生,像他的学生追念他的伟大的校长一样。

**婉谢左舜生**

1945 年抗战结束后,左舜生先生继周先生为部长。有一天,他约我到他的公馆谈话,请我做部里的技监。我告诉他,我的兴趣在研究与训练下一代的学生,从事行政工作,不是我所长,又非所愿,婉言谢绝了他的盛意。

**钱天鹤劝我到中农所**

抗战八年中,农林部的部长,陈、沈、盛、周、左,似乎都是从政的大员,真正懂农而当家的是次长钱天鹤先生。钱先生是清华 1915 年的校友①,美国康奈尔大学的植物病理学硕士,中国老一辈的农业界的领导三杰:邹秉文先生,谢

———

① 钱天鹤于 1913 年毕业于清华学校高等科,而非 1915 年。

家声先生及钱都是康奈尔大学的植物病理系的硕士。钱先生返国后，与谢家声先生都在南京教会办的金陵大学农学院执教。世所谓农业界"金大"一派，似乎是谢、钱、沈（宗瀚）为"开山"大师。1943年，有一天我到农林部有事接洽，去拜望钱次长。他约我当天晚上到歌乐山他家"小酌"，他说只预备两三样小菜及白沙的大曲，并无其他客人。这是特殊的待遇，我不得不遵长者之命前往，一面吃红烧鲫鱼（三小条），一面喝大曲。两杯下肚后，钱先生劝我到中农所工作，并特别告诉我，中农所是全国人的所，不只是一个人或一家人的。我看先生意思诚恳，不便当时推辞，只得说：中农所的当家人沈宗瀚先生现赴美开粮食会议，还未回来，一俟我得到他的同意后，再行考虑答复先生。第二天，我到歌乐山去拜望沈成章部长，随后到中央医院看中农所沈副所长宗瀚的太太陈品芝女士。她正患食道癌，奄奄一息，朝不保夕。同时沈先生自美京华盛顿开会回来，他先去看沈部长报告后，亦赶到医院来。真是凑巧，我本来要去找沈的，现在他来了，就约沈外出谈谈。我很小心用词，想把言语拿顺后，把钱次长的意思转告沈先生。沈听了迟疑一会说："我刚回来，国内的情势，不太了解，您要加入中农所，非常欢迎！不过加入中农所以后，您不要再做小麦的研究了。"我问他："为什么？"他说："要推广的，已经推广出去了！""那么，理论的研究呢？""有戴松恩博士及我的学生们在做。""那么，什么工作可做呢？""您看杂粮还没有人，好不好？"我见沈先生似乎有很大的困难，加入中农所以后，将来的困难或许更多。因此决定不要强人所难，钱次长的盛意，只得婉言谢绝。

农业界的"金大"派

沈宗瀚的话

157

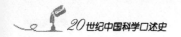

## 1944 年董去漆来

　　1944 年春胡子昂辞去厅长，董时进有言在先，他要与胡同进退，因此胡去以前三天，董亦由胡批准辞职。抗战越久，人心越厌战，物价又那么高，什么事都做不成，更提不起勇气来。我的正事是写文章，杂事是打桥牌和打"花麻将"。

　　有一天同事杨鸿祖君要在家中请客。杨是成都世家，金大毕业生，珍珠港事变前，曾到美国南部的 Louisiana State 州立大学攻读一年得硕士学位。他的业师 Prof. Miller 是康校的硕士，是 Dr. C. H. Myers 的学生，同时与我在康校一块儿攻读细胞学的。Prof. Miller 在该大学从事番薯（地瓜）的育种，川农所的食粮组亦有番薯工作，是杨先生主持。在成都，气温较低，番薯虽开花，但不大结实。杨先生返国时，在大衣口袋中藏了两个美国普遍种植的品种，两小条，每条约大拇指那样大，带回来。一是 Puerto Rico，一是 Nancy Hall。后者就是后来在四川大行推广的"南瑞苕"（由我命名的），在全川举行区域试验，成绩都特好。产量高之外，品质亦特好，在地窖中亦耐储藏，很受川人欢迎。我离川前，恐怕鸿祖的研究中断，介绍鸿祖加入中农所。《传记文学》九卷一期中，沈先生"重建中农所……"一文中所述的南瑞苕，假若没有别的种的话，恐怕是张冠李戴①。

杨鸿祖和"南瑞苕"

---

　　① 沈宗瀚在"重建中农所与筹设农复会"文中将"南瑞苕"列为中农所的成果，李先闻认为是杨鸿祖在川农所期间的成果。

鸿祖请客，原来有深意，他介绍他的同学漆中权先生和大家见面。漆当时已内定为所长，继董时进之后，恐怕稻麦场之同仁不同意，特烦鸿祖作此一举。中权是我们江津小同乡，在金大学农业经济。在学时对于党务非常热心，以致对于学科方面就放松一点。此刻是四川省党部的书记长，在党政方面很有权势，加以所中闲杂人太多，共〔产〕党的地下工作者，好像随处都有似的。中权接事后，早上八至九时在所办公，然后到省党部。记得他常在与我闲谈时，告诉我那时中国的各党各派的情形。有时告诉我，哪天抓了几个共〔产〕党，哪天又枪毙若干，长时期受中权的熏陶后，我这个无党无派的人，对于中国的政党群相，似乎也有点了解了。

漆中权所长是省党部书记长

## 重游美国考察

1944 年春天，时进辞职后，忽然接到连芳的信，要我到重庆去。因为受农林部善后救济总署的邀请，希望由部选派十三位农林界的高级人员赴美国接受复员善后的训练，同时借这个机会考察自己的专长，以作复员后建设中国的参考。这一批十三人中，成章部长以我是一个"怪物"，就选了我。同时卫生部也选派了二十几位高级人员去。

在我赴渝前，同事汪修元先生来看我。修元是江苏武进（常州）大当铺的小老板，二十五岁在该地就有"才子"之称，诗词歌赋，琴棋书画都精通，进川后屈就一个小差事。他见到我就说："博士，您的驿马星动了。"我问他："一、驿马星动了，怎么看得出呢？二、驿马星是什么意思？"他

汪修元看相

答说:"一、您前额发亮,驿马星动。"我用镜子反复地照着我的前额,根本与以前一样。汪说:"您不会看的。"驿马星动是远行或职位变动的象征。我暗想,董去漆来,川农所是真空时期,加以金大的章之汶院长五顾茅庐,约我到金大去教书。汪是一个善用心理学的人,兴风作浪,以看相作掩护来巩固他"才子"的虚名。这次算给他说对了。但是他第二次替我看相是在1950年,我已决定要到澳洲去开会了,"汪老头"来台南看我,他看了又看说:"你的驿马星没有动。"我的前额明亮亮的,根本与以前一样。可见看相不过是一个骗人的勾当而已。

**临行前,将事务委托杨允奎等人**

行前,场中的事委托杨允奎博士兼管。1941—1942年,允奎这个铁罗汉也倒下了。他帮连芳忙,夜以继日地三年辛劳,原有的肺病又复发了。他告假一年,把全家搬到灌县的林业试验所去养病。他的病养好后,连芳已离职。他后来就到川大农学院(在望江楼,以薛涛井闻名于世)任教。我到他府上几次,他才答应替我看"家"。这个"家"原是他创办的基业,他不得不答应我的请求。

其他的两个机构,如推广繁殖站,由副主任王善佺(尧臣)代理。粮食增产督导团,本来是川农所所长兼管的事,我临行时,技术方面亦托允奎帮忙。

**沈鸿烈的勉励**

那时在川行路很难,有"难于上青天"的样子。辗转托人才买了一张邮件车的票,价比公路车还高,坐在邮包上。同行有位包小姐是卫生部派到美国考察的。到渝后,住在农林部的招待所内,饱受臭虫的困扰,差不多终夜不能睡。离渝前,成章部长对于所选派的人们,以家长的态度,谆谆勉励,希望大家借这个宝贵的机会,学习美国农林建设的经验，以备将来建设战后破碎的山河。成章先生亲自送我们上飞机，用心良苦。以我个人来讲，的确使我兴奋，心灵里受了无比的感动。战时是坐的军用飞机 C46，是两个螺旋桨发动的。路过昆明，叔岳郑华博士来机场接我，彼此不见面差不多快八年了。他两鬓已斑，自京赣铁路局局长交卸后，就赋闲在家，畅谈了半夜。

第二天，飞越驼峰（喜马拉雅山）时，似乎高度比海平面超过两万数千尺。战时我们营养不足，身体表面虽健壮，但经不起这个真正的考验，只得用"氧气"勉强渡过这个高空空气稀薄的难关。在美九个月，每天营养好得多，回来再飞越驼峰，就若无其事了。一般人都说西洋人体力好，我是从体会得到领略的。终点是印度的加尔各答。我们这一群好像"逃荒者"，衣着都不太整齐，真不像教授与简任官们。加城酷热，尤其温度高，比重庆的三伏天还热似的。

飞越驼峰

我们各有置装费四百美金。每天都去买军用的衬衫衬裤，不是美国陆军的，就是海军的。有一天，同行的许教授振英买了一个新表。他坐着时，老把左臂摇来摇去，不停地摆着。问他干吗？他说："土包子，这是新式的手表，不要用发条的。"第二天，表停了，到钟表铺他才发现他并没有挑那个最初选的新式表，带回去的还是老式的。

在加尔各答

每次上街，大包小包带回来。在成都时，物质缺乏，看见这些牛皮纸及线绳，节俭的良习自然地发生，就把这些纸与绳都用心的一摺一团地收起来。但都没有地方利用，离开加城时，只好把这些"收藏物"都留在旅舍里。以后在国外旅行时，就不再费时费神收藏了。

战时的后方，人人面有菜色，穿的都是土制的衣服，大

小的城市，都被炸得破碎不堪。一到加城见一群一群的圣牛满街走，乞丐随处都是，美国兵趾高气扬，英法兵垂头丧气。当时我们已列为五强之一，因此我们也可以在街上挺胸凸肚地走。可是我们这一群土包子，不过是伪装的"二尺五"自欺欺人而已。

**孟买及印度乡村**

两周后，乘火车横渡印度到西海岸的孟买城。孟买是印度的第一商埠，英式的建筑，整齐美观。但我见到的孟买也是挤，穷，圣牛多，乞丐众，与加城比并不逊色。行过印度乡村时，除恒河下游的三角地带土地肥美，农作物丰产外，其他较高地区，似乎土地都很瘦瘠，田内又不施肥料（人畜排泄物），以致单位面积的农作物产量很低。人愈穷，人口繁殖愈多。无怪乎它是东亚的真正落后地区之一了！加以印回两大民族不断的斗争，印族阶级制度又盛行。"贱民"很多，满街都是，乌鸦亦是成群结队地可以在街上看见。若说北平乌鸦多，比起印度孟城来，真是小巫见大巫了。晚上"贱民"们睡在街上，和乌鸦相处，人倒是静静地睡，乌鸦却常常在跳在叫。白昼街上常有满脸胡须的"贱民"蹲在行道路上，彼此用钝的土制的剃刀，相互地在刮面。更有圣牛或山羊群一批一批地过街，阻塞了一切的行人或车辆，与战时我国的后方比，又是一番景象。

有一天，我同章文才、凌传光、许振英等到孟买城郊一个著名的孟买大学去参观，我同时也想去看看康奈尔大学同

**参观孟买大学**

学印人 Dr. Kadam。他也是 Dr. Emerson 的学生，那时在该校任教并从事水稻的研究。教授不在，所以领我们的人就带我们到另一座建筑物。那是植病系的研究室。主任印人，是个肥硕的人，曾留学美国，在威斯康辛大学得博士学位。该主

任善英语，口若悬河地同我们瞎聊，但不得要领。他说试验室中有一座极考究的温室做试验，就请他带我们去参观。他顺便请他的助教一同前往，走到温室前，的确是一个雄伟的大温室，门前有几个贱民（妇人）在扫地，见我们来，静静地退避一旁。用钥匙打开门后，架子上一盆一盆的植物好像都是做试验的。同行的凌、章好奇，问那教授，这一个是什么试验，教授问助教，助教说不知道。第二盆亦是如此。教授吩咐助教去找小助手。十分钟后，助教回来说："小助手找不到。"因此偌大的温室内所有的试验是什么，目的何在，也都不明白，白跑了一圈。俗称"大鱼吃小鱼"，我总以为是我们中国人的特长，谁知到印度见他的这种特长更甚于我们，我们却是小巫了。也许这是东方人共同的特长，到印度后更证明不错。这个特长是贫与弱的根源，要想复兴中华民族，不用手的恶习应切戒。

不用手是东方人贫弱的根源

同路的还有川农所的副所长胡竟良先生，允奎因病辞职后，胡就代理杨的职务。胡是南京高等师范毕业的，安徽人，比我大几岁，身材相等，方面，鼻梁高耸，为人温良有加，但做事很有魄力，一能人也。曾留学美国南部攻读棉花，返国后从事棉业的推广，甚著成效，为中国棉业界巨头之一。那时，他吸土制烟卷，吸了半根就丢掉，然后又再吸。他英文程度不太好，上街购物时，每每请我作陪，以便做他的通事。我当时置装费，还有很多的积余。有一天，胡约我出去做西装，进店后一英人赶快把衣料一卷一卷的搬来让胡选。在东方与美国不同，前者是选好衣料，比好身材而定做的，衣料的价钱比较高，但工钱便宜。以那时候来讲，一套西服，连工带料不过三十元左右。在美国就要在店铺买

东西方置装的不同

现成的，选好后，切长改正后的价格，每每要五六十元之谱，若要像东方的比着做一套的话，则非一百元或更高价不可。本来我的西装计划是到美国后买现成的，但是旅行支票好像在嚷着："用掉我们罢!!"当胡东挑西选，选了一件最好的质料，以一百美金成交后（以现在货价来说，非二三百元不可），他不断地劝我说："老李，做一套罢。"我想到1929年从美国回来时，如玲看我的衣着很不讲究，又翻我带回来的铁箱中，全是留美时在上海买的不三不四的老式衣着或零件，她常常以此为笑谈。于是下了个狠心，也就做了一

在孟买做西服

套，请店里赶一赶，在我们开船的早上送到我们旅舍来。的确，英国制的呢料是好，拿回家后，如玲亦称赞不止，后来到美国洛杉矶又用七十元买了一套，质料同式样都不及这套好。后来我发福了，穿不得，上身改给如玲做短大衣，裤子是来台后的冬装，背心则放在箱中不能穿，小孩们都大了，也没有改，一直放在那里。

1944年8月初，在印已三个星期了，越等越不耐烦。有

上船

一天下午要我们上船，同行的有三十余人，都上了一个自由号的船 Liberty Ship，约一万吨，是美国1941年参战后运兵的。原可装三千余人，这一次载了五千多人，船上挤得水泄不通，尤其是食物和水，后来都成问题。开船时我正在吸烟室打桥牌，一回头，看见洞窗外水平线在起伏，觉得头昏目眩，就回舱房。一舱住十二人，面对面，三层。战时，洞窗都关着，只有一具小风扇在最上层吹，与下层的我毫无关系。天气又酷热，闷得心慌。早晨，起来洗淋浴，在浴室见有人大吐而特吐，我又昏昏地吐了一大口。终日茶水不沾唇。第三天到餐厅（军官级），侍者送来一杯番茄水，只喝

一口，一天都是番茄味。没奈何只得在甲板上绕圈子走。船走的是"之"字路。前面两旁都有一只驱逐舰在护航。船是向南驶的，那时，太平洋的战争，正打得激烈中，日本的潜水艇，随时都在印度洋区炸船，以阻止联军的交通。当晚又进餐厅，闻到咖啡味，觉得很香，好像久已不闻此香了。因此一连要了五大杯，本来，我傍晚以后一杯咖啡下肚，就兴奋不能成眠。这晚回舱房，在铺上翻来覆去，左滚右滚，总睡不着，睁着眼看天亮。房间小，人又多，空气又不流通，苦也！第三天以后，渐习惯船上生活，每天下午可打桥牌两小时。晚饭后，在甲板上走两小时再睡。船到澳洲西南角时，护送的驱逐舰才离去。船就直线走，快多了。从前两天一次小演习，五天一次大演习，现在已不再有警报声惊动我们了。

印度洋上船走"之"字路

到澳洲南部在 Melbourne 加油，补充水和食物，然后继续向西北驶，两度过赤道线，发给我们两个证明书。到太平洋时，风平浪静，好像在湖上行驶一般。船前面和侧面飞鱼群起，在阳光下，都是银白色在闪动。有时看到鲸鱼在远处喷水柱，载沉载浮，时隐时现，是一壮观。有时有一种大鸟跟着船飞，在船后吃船上丢弃的食物，这就是世界上最大的鸟 Albatross。两翼张开，足足有十一尺宽，它可连续飞行一两千英里不着陆。

两度过赤道线

飞鱼、鲸鱼、信天翁

经过三十三天的航行，约一万英里，9月10日左右，到美国西部洛杉矶的西南 San Diego 城。军用人员送我们到 Los Angeles，一行三十多人都住在一个大旅馆内。第二天清早起来，吃早饭后，同几位上街蹓蹓。旅馆的最下一层，有理发室，在船上没有理发，老是觉得不好受似的，于是相偕去理

33天航行抵美

发。美国的理发师，都是男性，而且白发的老年人多。现在台湾理一次发，除理发外，还替客人剃胡须、修面、洗头、吹风、擦油等等多项手续，差不多花一小时左右，代价约合三五毛美金而已。在美国，单只理发，费时不过五分钟或十分钟。在我做学生时（1923—1929）定价是五毛，不带小费。这一次理完发后，理发师问我"Shampoo?"我点点头；"Shave?"我点头；"擦油?"我又点头；"Perfume?"我仍点头，手续完后，我问理发师欠他多少？他笑一笑说三元五毛。我将上衣穿好后，用刷子刷了刷，我还给他小账五毛。

**昂贵的理发**

这次理发，是在美国第一次当冤大头，也是最末一次。这个高价约值现在三十美元左右，折成台币是一千二百元，可以吃一桌酒席了。

加州理工 CIT 的生物学院是 Dr. T. H. Morgan 及他的学生们主持，也是那时遗传学的摇篮。我乘电车去 Pasadena，Dr. Sterling Emerson 来接我。很久，大概有十五年，没有见到这些学者们了。我以新奇的眼光，看了，听了，都是闻所未闻，见所未见的科学的进步。他们这一群没有受到战争直接的影响，每天埋头苦干，在生物界领导群伦。第二天晚饭后约九时，Sterling 载我至车站。我搭电车返洛杉矶，连日太疲劳，上车后，就打盹，睡眼朦朦中听见一声"终点"，睁眼一看，两旁的乘客已寥寥无几，又都换了陌生面孔。问司机，他说 Pasadena 我们已来回一次了。原来去一次需一小时左右，现已十一时了。问他，知道还有最后一次在十二时开，只得在车站苦等。十二时车来，我正睡意很浓，但不敢再糊涂了，一时左右到旅馆。本来一时的行程，变为三小时，只怪自己糊涂。人生难得糊涂几次，这次不过吃吃小小的苦头而已。

我从东到西，又由西折回东，在母校康奈尔停了一个半月，目的在学习胚胎培养。

记得在育种系的 Synapsis Club 演讲一次，Dr. Love 听我们在四川工作情形，他好好地在做笔记。与他曾在中国的育种成绩看来，我们在短短的几年期间，成果远超乎他及他的伙伴们在中国所花约十一年的成果多得多。Dr. Lee Cox 是植物生理学家，那时亦在座。我演讲完毕以后，他问我："Dr. Love 以前是不是看不起你？"我点头。他说："你这次使他吃'狗肉'了。"我笑一笑。还有我以前曾对 Dr. Myers 说过："假若给我机会的话，我会表演给你看。"可惜他那时已过世几年，没有能听见我们的育种方面的成果，实在是一件恨事。

在母校报告育种成绩

一州一州向西走，到 Stanford 大学住了一个半月，因好友 Dr. G. W. Beadle 在该校，对于遗传学有革命的研究方法。以前 Dr. Morgan 提出基因是遗传的基本，Beadle 他们用生物化学的方法来研究基因的产物。我一方面在学习方法，一方面在利用他的收藏的单行本，花了一个整月的时间，把要紧的看了一看，以充实这十来年荒芜的头脑。可惜是时间太短，遗传学又在不停改变中。短短的时间，仅仅涉及其皮毛而已。最后一站（1945 年 4—5 月）Univ. of Minnesota，目的是看 Dr. H. K. Hayes[①] 及植物病害系的 Dr. E. K. Stakeman。他们二人和 Dr. Görtner 三人用合作的方式育成世界上负有盛名的 Marquis 小麦。在 St. Paul（农学院所在地）一共演讲了五

在斯坦福大学

————————

① H. K. Hayes（1884—1972），明尼苏达大学植物遗传学系主任。

在明尼苏达大学做小米研究的演讲

次，第一次是在农艺系讲的，内容与在康校讲的略同。因为 Dr. Hayes 亦曾受中央农业试验所的聘到过中国一年。隔了一阵子，Dr. Hayes 请我在该系讲演我的小米的研究。我讲完后，Dr. Immer 专门学统计学的，是 Dr. Hayes 的学生，当时已在该校的州立农业试验所任副所长的职务。问我："这是战时，你还在从事理论的研究?"我还没有来得及回答，与我个子相等的 Dr. Hayes 把他矮胖的身子顶着一个秃头站起来，当时头顶已发红，表示他已很生气，用教学生的口吻来责备他这位上司，也是他从前的学生说："上次 Dr. Li 讲在四川粮食增产那一次，你没来，这一次是我慕名请他来讲这个极有兴趣的研究，你也不打听打听，就随便乱批评。"说完后还哼了一会儿。我因有他这个"后台"，问的人就少多了。本来我这个粟（小米）的进化研究还没有成熟，问题还多。研究起来，许多问题我都答不上来。Dr. Immer 这一搅乱，实在是救了我内心的"窘"。

Dr. Stakeman 管理他的系的方法则不同。他是系主任，在系中有"圣人"之名，每天八时到试验室，教授、副教授、讲师及研究生们都准时到。十二时休息一小时，吃中饭，下午一时再继续工作。四时，"咖啡休息"，大伙都得去，我亦被邀参加。讲员都是临时拉夫的，事前不晓得，亦无法预备。"圣人"在会议室左侧安放了一个藤的太师椅，坐卧都行。我被"拉夫"两次，讲得还可以。六时下

"咖啡休息"

班吃晚饭，跟着七时又上班，九时又"咖啡休息"。十二时"圣人"才下班，开车回家。这是一个礼拜七天的日常研究讨论生活，以致"圣人"声名鹊起，有名的学生辈出。现在在美国农界的首领们都出于"圣人"之门。"圣

人"退休后，继任的 Dr. M. F. Kerrkamp 1967 年曾来过台湾，我问他系中的情形，他说已不是当年的盛况了。1969年赴美，我向一个朋友谈到这个事，他的意见是系主任自己都不来，哪能希望其他的人在工作时间外从事研究呢？所谓上梁不正，下梁亦歪，细细地想想，的确是正确的答案。

有一天，中国派在美的某一种代表之一的邹秉文先生（住华盛顿）来 St. Paul 与 Dr. Hayes 接头。Hayes 在家请这位贵宾，我被邀作陪。那一餐晚饭，除 Hayes 夫妇外，客人只邹和我两人，当然是 Hayes 太太烧的饭。饭后，邹（农界的龙头）要我去厨房帮 Hayes 太太洗碗，他则同 Hayes 到客厅谈"公事"，我在家不会烧饭，对于洗碗却练习有素。正在洗碗时，Hayes 太太把她在中国那一年人们送她的古董式的碗盆等指给我看，我因懂得碗底盆底的中国字，是不是古董，我并不计较那么多。于是信口开河，她拿出一件来，我就说这是"光绪"，"乾隆"，"雍正"，"康熙"等，或更古的年代制的，说得头头是道。外国老太婆却以为我是古董专家，说："这些碗不洗了，让我明天慢慢地自己去洗。"于是就把她的"古董"箱打开，一件件取出来。让我这个"古董专家"替她鉴定，真是天晓得！她满意后，我们就到客厅去。Dr. Hayes 正在向邹推辞一桩邀请，看见我来，就向邹说："你要请的育种专家，你们国内有的是。你们不请，请我们，我们因为种种条件不适合哩。"邹问："我们的育种专家在哪里？" Dy. Hayes 向我指一指说："就在眼前。" Dr. Hayes 与邹先生都作了一个会心的微笑。事后邹先生告诉我，他计划战争结束后，复员时，请 Dr. Hayes 去中国主持

一个全国性的品种改良计划。Dr. Hayes 正在推不脱时，见我来，就把责任向我一推，免得邹再继续唠叨，狡计因此得售。这顿饭吃得大家都满意。

**蒋彦士**

在米校时，认得一位金大农学院毕业生蒋××①。他1942 年左右得博士后，帮 Dr. Hayes 做玉米杂交的工作，似乎是一位研究人员，没有在教书。同时川农所顾克兴博士亦跟 Hayes 得了博士学位，只当一名 Research Associate。一直干了十一年，都没有升得正式名额，似乎美国人保持偏见太深。在美国学农的，有正式职位的似不太多，米校偏见尤甚。

我的同事李竞雄、梁天然，本来是在 Missouri Univ. 从 Dr. L. D. Stadler 研读。Dr. Stadler 的学高识深，也是 Dr. Emerson 的得意门生之一，惜乎是一个犹太人，脾气有点古怪。李梁二人，当我在 Missouri 时，纷纷向我请求转校。李后来转到康奈尔，梁则愿意到米校。当我在米校时，梁来到。我到 Dr. Hayes 那里为他先容，Dr. Hayes 官腔十足，句句话中都表示米校是州立大学，研究生也要收米省的。目前他的系中已有两个中国学生，言下不太欢迎再收中国学生。

**梁天然转校**

我看情形不佳，赶快转口说："梁君慕先生的大名，特由 Missouri 转来 St. Paul 来拜望先生。先生是不是可以看一看他，使他后生得一瞻望先生的丰采？"他才允诺，于是带梁君去晋谒他。我转到蒋彦士博士办公室去等候，久久梁还没有出来。蒋颇知道 Dr. Hayes 的习惯，他假若喜欢一个人的话，就喋喋不休，梁大概是有留下的希望了。果然，一小时

---

① 即蒋彦士。

后，梁笑容满面来将喜讯告诉我们。后来他读得硕士后返川，正是我要离川时，他就接替我的工作。这是缘分，也是梁的幸运，也是我的福气，偌大一个基业，庆幸接棒得人。

有一天，忽然得了一个电报，是华盛顿中国大使馆打来的，电文中要我立刻到华盛顿，提前返国。本来我原定的行程还有美国的中西部几省及东北部几省，那是美国的研究的核心所在。但在无可奈何的情形下，只得放弃了。匆匆去向Dr. Hayes 告别。Dr. Hayes 的临别几句话称赞我说："你是Gentleman and Scholar." 我听了真受宠若惊，从那时到现在，Dr. Hayes 和我始终保持了一个非常密切的友谊。原来在美国也与我们中国一样，"同行相忌"。美国廿世纪初期，植物育种的两大巨头，一是 Dr. Love，一是 Dr. Hayes，我是Dr. Emerson 学生而从事育种与理论的研究，爆出冷门，因此Dr. Hayes 另眼相看。到现在我还没有摸清楚 Dr. Hayes 称赞我那两个字的究竟。

不明 Hayes 赞语的究竟

到华盛顿后向邹秉文及谢家声先生报到。是不是邹谢那时在美国主持中国 UNRA 在美的训练事不太清楚，那个计划很庞大，这一批是高级人员，第二批又有三四百人，是到美进修的。现在在台湾的几位农界知名之士，都是那时候训练出来的。等到十来位农业人员考察陆续归来后，邹先生向我说："您回来比较早，第一个报告的是您，好不好？"我看这是命令，不是商量，只得答应。跟着，其他的人员陆续作报告。

1945 年 5 月 7 日，德国无条件投降，西方的战事结束后，许多人员及物资都可以抽调到远东去，第二次世界大战结束期似不远了。因此重庆的善后救济总署蒋廷黻署长要我

提前回国，一路苦等

及卫生部派去的七人尽快先回国。我们一行八人约齐后先到纽约,5月20日动身起飞,临行时打了个电报给如玲,告诉她我大约5月底可以返成都。我预计行程最多十天一定可达。哪晓得在战争期间,飞机乘客都坐的是军用机,乘客都给以等级:一级随到随走;二级随到就走;三级到后稍等;四级都走完后才走。我们是军官级,但不是职业军人,只得了四级的分等。因此到了西非的 Casablanca 以后,就等了十一天。有一天半夜才把我们叫起上机,在 Tripoil 加油后继续东飞到开罗。满以为在该城也要等,哪知傍晚到,第二天一早就飞至印度的 Karachi①。我心中的金字塔,狮身人首像及富有诗意的尼罗河都交臂失之。在 Karachi 又等了十二天。Karachi 天气炎热,晚上十二时还是华氏一百度,白天正午时有一百十几度,每天要冲凉八九次。

把指头扳扳,那时候已是6月十几了。什么时候才能回到成都不敢说,于是再花十几元美金又打了一个电报给如玲,但是这个电报至今还没有收到。不像在纽约打的电报,如玲第二天就收到了。随着再坐飞机到印度东部的 Ledo 小城,这是滇缅公路的起点,又住了四日。一天上午,我们可以起飞了。这次与来时声势不同,虽说飞机仍是47统舱式,但每人都坐在飞行伞的包上。包中有伞,食物,防蚊面网,小镜子一面,钓竿等等,应有尽有,以备万一落在野人山中可用这些求生存。还有求救的设备,临飞前还练习了一番。

再次飞越驼峰

飞过驼峰时,飞行仍甚高,但我这次不再需要氧气,平日营养好,体格自然好的缘故。下午到昆明,晚到三叔家。离别

---

① 即现属巴基斯坦的卡拉奇。

又将一年了，他老人家正患极严重的斑疹伤寒（Typhus 由虱子所传染），虽现老相，但共庆平安。

第二天到美国飞机场，搭美军班机（从纽约动身，终点是重庆）。这个班机是先到重庆，绕至成都回昆明，是走一三角路线。在昆明机场知道当天就可回成都时，心中暗喜。但机场无人负责，推说到重庆后再说。下午一时到重庆对岸九龙坡机场，几经交涉，办事人推说终点是重庆，这又是军用机，亦无法买票。幸亏机上有一位 Brown 上尉是以前在洛杉矶开照相馆的，战时征调为空中摄影师，积功升至上尉。此时仗义执言，机上人员才准我留在机中，也不收费。下午六时左右到新津军用机场，新津在成都南九十里。Brown 上尉又在营房里找了一辆吉普车，亲自送我回静居寺。约八时许，这是 1945 年 6 月 24 日，到家在旗杆前下车，碰见恩泽。她看见我一惊，好像我是天上飞来似的，一路的狂叫大喊：“妈妈！妈妈！爸爸回来了！爸爸回来了！”我连忙陪 Brown 上尉到家中，因他要赶回新津营房，不便久留。以后又来过我们家中一次，这位见义勇为的 Brown 上尉，以后音问两绝。在此我为他默默祷祝，希望他战后平安回到家中，与家人共享天伦之乐。

辗转回到成都

Brown 相助

原来我在纽约与如玲打的电报，她第二天就收到，5 月底等我没有到家。以后每天等，过了差不多一个月，第二个电报如玲又未收到。她看我音信全无，焦急万分，以为我葬身海外，因为驼峰飞越是危险万分。这条路上常常出事，报纸上常常有飞机失事消息披露。那时我忽然回来，惊喜交集，也是命运的安排。

1944 年 8 月离家，近十个月才回来，物价又一天一天地

上涨，家中的开支因小孩们的长大日在增加中。我在美常常
买维他命丸寄家中，如玲把这种珍贵的药品卖与成都买得起
的人家，作为家中维持生活之需。在这个时期，两个男孩，
又被疯狗咬伤，打了十八针血清后，才平安无事。二小女亦
因患急性肠炎，发高烧，抽筋，幸有阴毓璋大夫（1926 年
清华同学，陕西人，在 Johns Hopkins 得医学博士）及时医
治，方告痊可。小妹在此期间发高烧，影响了她的整个健
康，尤其是她的永久牙，这是受战争的累，亦是无可奈何
的事。

在美考察时，是战时，兵来兵往，无一处不是"二尺
五"①。除某些特区外，美国征调入伍的士兵只有少许的文
盲，富家子、豪族少爷都去当兵，与我在四川看见的迥然
不同。

初去美时，吃得尚称无限制。整块牛排，有二寸厚，半
尺见方，馆子里都可买得到。但到 1945 年春天，到馆子就
只能买碎牛肉饼和鸡杂了。好的部分都送到前线给士兵享

受。那时在美国每人皆发 *Ration Book* 一本，内有牛排、猪
肉、牛油、糖、衣着、鞋等。买了后，店家把 *Ration Book*
中那一张取去。记得到 Dr. G. W. Beadle 家，在他家住了一个
半月。临行时，Beadle 太太向我要了两张五磅食糖的单子，
那是一个人两个月可买的份量，她说："你吃咖啡时，杯底
剩下来的糖太多了。其余肉类等，不算您的账。"这虽是一
件小事，足见美国每个人，不论在前后方，都具有高度爱国
及守法精神。1945 年 6 月回川以后，见在成都的世家豪族还

---

① 亦作"二尺半"，旧时方言，指军装和穿军装的人。

大鱼大肉，歌舞升平，酣醉通宵，哪像战事正殷景象。我看了心中又是一种滋味，真欲哭无泪了。

1945 年 5 月在纽约等机时，到 Radio City。我们上午十时去买票，排长龙，下午一时才陆续地进去。演的片子是 Claudette Colbert 主演的《自君别后》。戏中是战时后方的一个小家庭分散，每个人有每个人的罪受。我看了以后想到我远处异国，家中人又是如何？不觉悲从中来，伤心不已。黑暗中听见哭声，叹声，鼻涕声，抬头一望，差不多每人都在用手巾蒙着脸。此片感人至深，在战时的确是一杰作。后来这部影片得了金像奖。

《自君别后》

## 在农学会讲演访美考察感受①

在家休息几天，把场团站的事安排一下，并且到奎兄公馆去重重谢他"看家"的辛劳和盛情，然后到重庆去善后救济总署报到。那时署长蒋廷黻先生还在美公干，副署长郑道儒先生接见我。我慎重地向郑表示，对于这种行政工作没有兴趣，亦没有才干。他笑了一笑，和善地告诉我："蒋先生不在，我可以负责地代表他告诉你：为公，我应当用绳子把你绑起来；为私，我自己也不是从事行政的人，当然不能勉强你。"我至今还思念这位贤明的行政人员。跟着到农林部去报到，一位高大的东北老乡，带我到部长盛世才先生的办公室。室中只有盛部长一人，他坐在办公桌后，见我进

副署长郑道儒<br/>的贤明

又见老部长盛<br/>世才

---

① 此标题为编者所加。

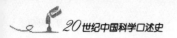

来，微起示意我坐下。盛身材很高大，眼光四射，我不自安地低声说："部长，我奉派到美国去了九个月，现在回来了。"盛以洪亮的东北乡音简短地告诉我："我对于部里的事，还没有摸清楚，你到次长那里去接头。"跟着微起作送客状。我如逢大赦一般，三脚两步匆匆地就赶到钱天鹤次长的办公室。

后来向钱先生报告我在美考察的经过及今后的动向，我强调美国工作人员的"守"字，我也希望战后，如情形许可的话，仍留在四川为桑梓服务。钱先生要我在农学会公开演讲一次，那次有听众约二三百人，是一个大场面。

**讲演访美感受**

我讲的是：我这次到美国，足迹遍及美国二三十州。所有美国著名的农事机构，州立农业大学及农业试验场，几乎都作了一次有系统地考察。一方面固然要看他们在农业方面的改进与理论研究的动向，但主要的是观察他们为什么能够获得成功。那些大道理到底是什么？从前在美国求学时，只做了一番学生，读了一些死书，未能体会出来他们"治学"与"治世"的道理。经过返国后与第二次到美，这一段长时间的磨炼与考验以后，深深地蕴藏着一种自卑的心理：好像这多年的努力都是白费，一样事情都没有做好，任何事情都做得毫无成就。等到在美国考察完毕，仔细地比较两方面的情形后，他们为什么成功，我们为何不能，才得到一个具体的解释。

**美国科研机构拥有优厚的物质条件**

在美国，用来作科学研究的建筑物，真是富丽堂皇，有些简直胜过皇宫，例如纽约哥伦比亚大学的医药中心及康奈尔大学的医学院。研究机构中的图书馆及仪器设备，光怪陆离，应有尽有。除了特殊情形外，一般的研究场所，经费都很充裕。以加省的理工学院而言，因为加省气候好，许多美国东部的有钱人，晚年都移往该省居住，因此该校的基金甚为庞大。有些巨额的捐款，一直存在银行生息，等待若干年后，方可慢慢用去。由于美国学校多而设备完善，因此人才辈出。各项科学的研究人员，有好多都在国际上负有盛誉。"漪欤盛哉"！这可称是美国科学研究工作的背景。但是有了这些物质的条件以后，是不是所有的科学研究就自然会走向成功的道路？也不尽然，要看科学工作者，有无研究精神而定。

美国科学工作者的研究精神究竟是什么？我以为可由下列三点加以说明：

美国科学工作者的研究精神

（一）能守　我是学植物育种的，所以特别把这一点放在前面。由美国读书回国后，自 1929 年起，差不多每年因时局的动荡不宁，致使作物改良的工作者常常在"迁地为良"。因此在原来工作地点所做的一切工作，在变换工作地点时，只得忍痛牺牲，而在新的地方又再起炉灶以作物适应环境的不同。这样做法，实在是浪费人力物力。不过这也是不得已而为之。我们想一想，任何作物品种的改良，就以稻麦为例，最快亦要五六年以上。这样时常变换环境，如何能有成绩？

反观美国，他们的工作者，据我所知，除了病死，或退休外，在我离美十五年后，重新再去时，他们大半仍在原来的岗位上从事科学研究（1953 年，又到美国，原有的一批老人，好多仍在原有工作地点，从事教育与研究）。以我们的业师 Dr. R. A. Emerson 氏来做例子，他是世界植物遗传学权威，1915 年左右到康奈尔大学作植物育种系主任，于

1942 年退休。但是他以退休教授的资格，继续不断地从事他一生所致力的玉蜀黍遗传现象的研究，直到他临终的那一天（1947 年）。这样的科学研究者，在美国是司空见惯，毫不为奇。无怪乎他们不论在理论或实用方面的研究，皆有惊人的成绩，能够"守"着自己的岗位，是他们成功条件之一。

他们为什么能守？（1）美国这么多年来没有受战争或时局波动的影响，所以他们能有比较安定的环境，可以不动。（2）社会对于科学工作者之重视与尊敬。因此，科学工作者可以埋首于科学的研究，毫不为习俗所染，或为虚荣心所引诱。我认识的一位畜牧专家 Dr. Winter 在 University of Minnesota 作教授，同时从事研究工作，在畜牧界甚有地位。他告诉我，美国农部内一个机构的畜牧组主任出缺，农部当局约他出任该要职，并给他半年的时间去考察美国各地畜牧改进的事业。他考察完毕后，仍回到原校教书，并不以能居 **不以"官"** "官"或"长"为荣。这与我们的传统习惯"学而优则仕" **"长"为荣** 的观念，恰恰不同。我们对于美国各著名大学的校长的大名，往往觉得很陌生，就是美国的人士恐怕亦不知道现任的哈佛大学校长是谁。但是不论在美国或中国，很多人都知道爱因斯坦是在普林斯顿大学教学。科学工作者既然受人们的 **斯文斗望** 尊敬，"斯文斗望"，当然就不愿意脱离这个岗位了。（3）科学工作者对于科学发生热烈的兴趣与爱好。许多人已养成 **嗜之成癖** 嗜之成癖的习惯。外面看起来，他们对于一般的事漠不关心。但一提到某种研究时，他立刻变为另一个人，精神焕发，眉飞色舞，说起来头头是道。上面所提到的 Dr. Emerson 就是这类典型的人物之一。

（二）合作 中国有句老话，所谓"同行相忌"，相忌则不能合作。当我 1944—1945 年在美国时，正值第二次世界大战已近尾声的时候。那时有几件事是迫于战争需要，经许多科学家集体的研究而获得成果的。其中荦荦大者，要推原子弹之制造，那是集合美、英、加等各国的物理学家、生物学家及化学家，在若干类似的研究室里于相当短时间内成功的。

珍珠港事件以后，日人囊括南洋群岛，因此金鸡纳霜的来源被断绝。那时美军在东南亚各地作战，战士遭受疟疾的侵害，死亡甚众。是以必须找到医治疟疾的药物，这是一项艰巨的工作，并且要在短期间成功。因此美国军部一面邀请化学人员从事合成药物的研究，另一方面征集了许多植物学家，前往南美及中美之森林中，寻找含有金鸡纳霜的树或类似的植物。结果前者在最短期间得到 Atabrine 成为当时最好的治疟良药；而后者收效太迟，虽有相当效果，但未被采用。

Atabrina 的合成

美国玉蜀黍的出产，占全国各种作物的首位。他们利用杂交种得到了极优良的成绩。全国百分之七十以上是用杂交种，在玉蜀黍区域的几州差不多百分之百是用杂交种。最初各州农事试验场的玉蜀黍改良工作者，各自分别育成杂种的原种。后来把原种（数以万计）互相交换，使各州分别育成最能适合当地风土的杂交种。有人作了这样的推算：因为利用玉蜀黍的杂交种，使它的产量增收了百分之三十。在第二次大战时，美国援外物资的农产品，如牛肉、猪肉、牛油、奶粉等，其所以能有剩余，全是由于玉蜀黍增产所致（玉蜀黍为猪、牛等牧畜主要饲料）。假如每一农事机构，把自己的原种当成珍宝收藏起来而不予以交换，则我敢断定，他们

玉米杂交种致增产 30%

增产的结果，必不会这样高。这些事实，当可以作为今后我们效法的例子。

以前美国的研究者，大多是一个人，在一个地方，埋头苦干。这种努力方式，可获得相当的成绩，当然是毋庸讳言的。但是任何科学家，不是万能的，他们每个人差不多均用他毕生的精力，致力于某一科学内某一小部门的研究，就是俗语所说的"钻牛角尖"。同时每一种科学的研究，是多角性或多方面的，如上述之原子能、治疟药等均是。在战争期间，因时间紧迫，尤其在美国的科学家能利用集体研究的方式去解决问题。但是为什么这种方式，不能推行于承平时期呢？假如在承平时间，亦能采用这种合作方式，去研究科学，岂不是事半功倍！非但研究时间可以缩短，而所得到的研究成果，一定比个人研究来得大。在美国，这种研究方式已在各方面的研究机构进行中。例如：

**遗传学家与生物化学家合作**

现在的遗传学已转变至生物化学遗传学，需要遗传学与生物化学的科学家们合作研究，方克有济。目前生化遗传学的权威，遗传方面的是加省理工学院的 Dr. Beadle 及他的伙伴们，而化学方面的研究者，则有 Dr. Mitchell，Dr. Horowitz，Dr. Bonner 等。他们这一个"工作队"，在生物化学遗传学的研究中，发现了若干新天地与新创见，为遗传学生色不少。这是一个由各方面学者用合作方式去解决一个科学问题最好的例证。

**须相亲，勿相忌**

因此在这里，我们下个结论，就是今后同行必须"相亲"，决不能再"相忌"，一如古谚所说的。

（三）"手脑并用" "手"可以拿来动笔杆（写文章），亦可以做试验，如在田中选种，化验室中拿试管等是。我们读过书的人，有一个传统的做法，就是愿意用手来动笔杆，而不愿做试验。这个观念的养成，好像又是受两句俗语所支配：（1）"劳心者治人，劳力者治于人"。（2）"大鱼吃小鱼，小鱼吃虾子"。第一个俗语的解释是：读过书，受过高深教育的人，当然是属于劳心者或动脑的，所以只肯拿笔杆；而那些劳力的事，即俗语所谓的"粗活"，当然是给那些不读书或读书较差的人去做。第二个俗语的解释，则是读书人差不多都没有例外，一个机构中，他的位置是比较高的，因此那些"粗活"他不屑做，而推与职位较低的人去做。这样类似地推下去，演变的结果，在试验室中做试验的（假如有试验的话），一定是技工。

有些人在留学时读书成绩好得出奇，回国以后因为物质的条件不如人，于是甘心自暴自弃，舍科学的研究而不为，每天混混日子，得过且过的一天天这样地度过去。但是又觉得受良心的谴责，实在对不住自己。每每自言自语，拿话来安慰自己说："我这一辈子算完了，让我的学生好好去作研究吧！"学生看先生不做研究，他们学成以后，自然地自己亦不去研究，而他们的学生亦依样画葫芦，走上老师同一的道路。这现象继续地传递下去，在科学研究上决不会有成就。

相反的，在 1926 年，我由普渡大学转入康奈尔大学研究院，记得第一次踏进植物育种系大楼，正与洛夫博士（曾数度来华，对于我国作物育种工作贡献甚多）在过道上谈话时，忽然看看一位头发雪白，高约六尺许的巨人，戴了一副银圈眼镜，穿一件工人装，由楼下走上来，与洛夫博士略微颔首后，就一直走进那主任办公室。我当时以为是系中的服

Emerson 一切工作都亲自动手

务生去系主任办公室打扫，哪知洛夫博士马上就问我："你知道那个人吗？"我当时就直率地回答说："他是不是此地的服务生？"洛夫博士大笑以后才告诉我，那就是我们的系主任兼校中研究院的院长 Dr. Emerson，为现代植物遗传学的权威。当时我就得到一个深刻的印象，觉得东西传统习惯的不同，就在这种小小的方面，已划分得清清楚楚。以后三年中与 Dr. Emerson 朝夕相处，是以对于他的个性，了解得很清楚。他的衣服，全年只有那一袭，鞋子亦然，亦只有那一双，年复一年的穿下去，实在不像样。一到玉蜀黍举行杂交期间，整天（自朝至暮）着工人服在玉蜀黍田中工作。一切工作全是亲手去做，除非万不得已时，决不假手他人。记得有一次他因为在工作休息期间与我们作游戏时，扭伤了腰部，使他在家中养了一二十天。在那期间，他的工作由我们分别帮忙代做。但是在他的伤还没有全好时，他胁下夹了两个拐棍，坐了同学的车子，来到田间，指挥我们这一群学生工作，这是因为他不放心的缘故。这真是"手脑并用"的一个最好的例证。Dr. Emerson 他可以说是劳心者，又是劳力者；而同时他亦是大鱼，又兼小鱼。是以他研究所得的成绩，至少他自己可以相信，这是因为他没有假手于他人的缘故。其他的这种类似的例子太多了。研究人员，一切工作亲自动手，已蔚为风气。这绝不是矫揉造作。这就是所谓的研究气氛。

一套衣服、一双鞋年复一年穿下去

研究气氛

# 11

## 进中央研究院

CHAPTER ELEVEN

## 加入中央研究院①

俗语说，无巧不成书，自 1946 年起，一直到现在的岁月与努力，都是在这一刹那，一种偶然的遭遇来决定我一个人半生的命运。1945 年 6 月在钱［天鹤］先生那里，先看见矮胖与我一般高的罗宗洛先生，罗博士以微哑的浓重浙江口音约我去吃小馆子。

中央研究院植物研究所所长罗宗洛博士是浙江黄岩人，留学日本十八年，在国立北海道大学获得博士学位，专攻植物生理学，那时约五十余岁。以前曾会过两次。第一次是1937 年秋天，"八一三"事变发生后，罗博士那时在浙江大

罗宗洛邀请加入中研院植物所

---

① 此标题为编者所加，另对与罗宗洛相见的文字在叙述顺序上做了小的调整，以求连贯。

学生物系任教，举家西迁，路过汉口时来珞珈山拜望他的同行汤佩松博士，在生物系讲演；［另］一次，浙大内迁贵州，罗博士的家眷先住在成都，1938 年他来成都探亲，农改所几个同人请他在成都的"不醉无归"小酒家吃便饭，这是第二次的晤面。

饭后，约我加入中央研究院植物研究所工作。那时中研院的动植物研究已划分为动、植物两所，所址是在小山峡的北碚镇。罗先生的意思是想我战后加入植物所的，地址在上海。我暗想，我是学农的，上海人口那么多，地方又小，恐不能发展我的所学，于是我正式问他："假若罗先生真要我的话，工作地点可否由我选？"罗先生就把这个要求推到总干事萨本栋身上。本栋是清华 1921 级同学，福州人，是我一生佩服的一位学人之一。本栋约宗洛及我吃便饭，宗洛把我的要求提出来讨论时，本栋慨然赞成，他说：中研院是要请人工作，工作的地方当然可以由工作人自己决定。于是我就答应加入中央研究院植物研究所，暂时仍回成都工作。我的本意，还是想留在四川为桑梓服务，与美国的工作者的"守"看齐。本栋与我同年，那时他吃东西后常常像牛一样把东西反复再嚼一下，我觉得很奇怪。1948 年，院士选举后，本栋患胃癌，到美国割治后不治。好像皇天不佑绝顶聪明人似的，我至今想念本栋不已。

1945 年 8 月 14 日傍晚时，忽闻所中爆竹声大起，同事奔向我报道，日本天皇已在广播中宣布无条件投降了。从 1931 年在沈阳起，我本身饱受日本人欺侮，从东北逃到北平，转开封，以为在武汉可以安定一个长时期，但不久又走上逃亡之路。逃亡！逃亡！好像是离乱时代的日常生活

萨本栋

似的。

那一天晚上，大概有二十人左右，每人拿了一瓶酒，一包花生米，挤在我家几尺见方的客厅内。坐着的，躺着的，把酒瓶传来传去，嘴里哼着唱着，好像一群疯人似的。当然有人醉了，哭着，喊着，如痴如狂，都像有神经病一样。他们别离家园七八年，有的妻子离散，有的别了高堂父母，故乡现在是什么样子？无从知道。各人有各人的愁思，都借酒浇愁。我受了十五年来日本小鬼子的欺侮，也喝醉了，醒来时已是第二天的中午。狂人们什么时候散去，也不知道，酒醒了，人清楚了，今后的动向作何打算呢？

日本投降，<br>欢庆大醉

几天后，昆明清华大学农业研究所的汤佩松博士到我家来找我到北平清华园的清华大学去帮忙。又不久，新被任命的北平北京大学农学院的院长俞大绂博士亦到我家来请我到北平直门外的八里庄①去帮忙。我那时已加入中央研究院，但工作地点可由我自己选择。本来决定留川，以"守"为本，但经不起时代的考验，同事们多半是"下江人"，此时已纷纷作归计。因为没有路费，都将破旧的衣物，在街摆小摊卖去，物价天天涨，一块美金可换两千法币。同时"八路"在"拔路"，以致铁路不通，公路不通。要到京沪一带的"下江人"，只好包木船，出巫峡。水路不成问题，要到平津的人，也要由水路先到上海，再坐海船北上，或走川北、陕晋的公路车。飞机座位既少，价钱又高，非一般公务人员所能负担的。有一天，到华西坝去看看，迁川的大学，都纷纷在作归计。偶然遇到一位金大的心理学教授某先生，

"下江人"<br>纷纷作归计

---

① 应为北平西直门外的八里庄。

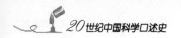

他说:"成渝一带,不出五年,又要有血光灾,死人无数。"我暗想,日本已投降了,哪还会又有兵灾?这位心理学家是不是有神经病啊!

**决定北上**

走的人一天一天多起来,我心中也一天比一天纷乱,得力的助手们,不是到美国去深造,就是纷纷东下或北上了。我一人留下,有孤独寂寞的感觉。加以政府还都后,战时借的"黄谷",本来答应于战后分期偿还给川地的,好像那时川人都没有份。我仔细想了几天,决定到北平加入北京大学农学院去。当然仍用中央研究院的身份前往。

**推荐梁天然接"棒"**

粮食增产督导团那时似乎已无形解散了,繁殖站的事已因沈部长下台而裁撤。但川农所的稻麦改良场还有许多人员,大多数都是四川人,仍留川服务。当时在美国明尼苏达的梁天然已得了硕士学位,正在回国途中。我同漆所长三番五次交涉,是不是可以把稻麦改良场的"棒"交给年轻的熟手而又有新颖学识的梁天然。漆考虑再三,终于答应我的恳求。同时因我行将离川,孟及人的经验告诉我,在川中省府做事,前途似乎很渺茫,所以和中农所沈宗瀚所长几度交涉,请他把杨技正鸿祖改为中农所技正,仍留川从事红茗的研究。

**张蔡赴北平接收**

川中事安排妥当后,我于是请"老玉米"张连桂,及蔡公旭二人作我的先行,到北京去接收北京大学农艺系。他们两人先设法北上,这是1945年9、10月的事。从此南北两分,彼此音讯毫无,至今我仍思念这两位学[识]丰、经验足而又有干劲的得力的学人。也许不久的将来,我们会重相聚首,那时我已满头白发,他们也两鬓斑白,在一起重话"天宝"旧事就更愉快了。

本来可以全家北上,一、买飞机票因经济能力不够,只得放弃，陆路又不通，水路又繁琐。二、那时泽豫大儿已上初中，所以预备我带泽豫两人坐飞机北上，到北大工作，让如玲及其他三子女留成都。我这不懂家务的人，这次要我独身远行北上，已觉不便，还要负责管教小孩，实成徬徨。环境如此，在不得已情形下，只得如此决定。北平天气寒冷，因此如玲为泽豫做棉鞋，缝棉袄、棉裤，真是"慈母手中线"。冬衣做好，天天等飞机东飞上海转北平。12月初，上海的龙华机场连着三次失事，全国的机场都奉命停飞。那时中央研究院植物研究所早已离开北碚东迁上海，宗洛所长常常有信来催我前往。北上既不可能，于是告诉宗洛兄，我为研究材料需要暂留成都继续我的小麦的细胞遗传研究，等小麦收获后，在 1946 年 6 月初，就携家到上海。宗洛兄很表同情，我于是继续留在成都到 1946 年 5 月底。

梁天然于 1946 年 1 月初才回成都，于是我就把场事交给他，从此接"棒"的是一个年轻有为而又有学识经验的四川人，内心庆幸得人。交卸时，所中同仁送我一本签名纪念册，内中有一首颂辞："仓廪之实兮，公著丰功。方正廉洁兮，两袖清风。正思请益兮，行色何匆。德业既展兮，永垂蜀中。"我拿到这个册子，心中想到灌县的二郎庙中纪念李冰父子的匾上四个字也是"永垂蜀中"，都江堰造成后，灌溉成都平原三百几十万亩，使成都平原各种作物季季丰收，从汉朝到那时还是一样。又想到我八年来努力的结果，怎能配得上这个颂辞。但想，凡事都是要有个开始，希望继起的同仁们，能维持这个基业，并发扬光大它，使它成熟，结出灿烂的果实来。我八年的辛劳，总算有一个小小的收获，对于桑梓，对于国家，总算有点交代。

交卸后，无官一身轻，有飘然欲仙的气概。那时李竞雄、鲍文奎都远离我到美国去进修，我另请了一位同事涂敦鑫君帮忙，后来涂君也去美获得博士学位。涂君细心，做事负责，又是一位能干人，因此工作进行很顺利。

四川的水田有冬水田及旱田两种，冬水田一年只收稻谷一次。旱田则夏天种稻，秋天种小麦，或其他作物，在四川，都叫"小春"。清明撒谷，谷雨插秧。川中各地多山，有的梯田，一直修筑至山顶。川中夏季多雨，所以这些稻田，都是靠天吃饭。大半在五月初雨水来临，小麦等收获后，都可把雨水在旱田中蓄满而后插秧。那一年时逢天旱，五月半还没有下过透雨，以致川中人心甚恐慌。建设厅于5月23日临时召开了一次紧急会议，把川中有关人士及社会贤达请来，讨论救旱灾办法。我以"专家"身份参加，最后我提议用晚稻"浙场三号"来挽救这个不幸的灾害。当时川北各县栽培"浙场三号"很多，老百姓因它涨斗（实在是斤两不足）就用它作为纳粮的黄谷。县政府因它米质好，价钱高，把它另仓储藏，所以每县都有若干"浙场三号"的积谷。会议中最后的结论是将川北的积谷"浙场三号"调查清楚，然后立刻运至灾区，以挽救这个即将来临的旱灾。当天夜半，雷声震耳欲聋，大雨滂沱，一直下到第二天，报上披露川中各地普遍都有透雨，旱象已除，我亦额手称庆。临行的前夕还为川人下了一个"定心"的妙计，心中释然。

6月初与敦鑫将小麦收获后，把我要带到上海去作种的种子包好，将山羊群卖掉。那时养一条 Golden Retriever 狗，是新买的，聪慧美丽，又受过军训。于是携妻子一行六人及一犬，乘资中酒精厂派来的装酒精卡车，先到资中金贵混

**川中的梯田，靠天吃饭**

**临行前献妙计**

**离开成都**

家。贵湜是中大农化系的同学，苏州人，短小精干，一副聪明相。嗜酒如命，晚饭时，白干要喝半瓶，自己一人慢慢喝，每次要喝一小时以上。又爱打桥牌。每每在醉时爱乱叫。据他自称，他的父亲也有酒癖，但仍活到五六十岁，证明喝酒并不短寿。不知他现在还在不在人间。贵湜原在川农所农化组工作，后来加入全国资源委员会，被派赴资中，用糖蜜发酵造酒精来代替汽油。抗战的后期，木炭车之后，不久汽车就一律改用酒精了。

第二天一大早，我们改乘由资开往重庆的卡车，车上已装满了大桶（五十加仑铁桶）的酒精，如玲和恩、惠二女坐在司机旁座，行李放在酒精桶上，我带豫、楚两儿及狗坐在司机台的顶棚上，两旁有绳索可扶持。车载过重，走得很慢，到重庆已第二天两点钟了。过歌乐山时，我同小孩们都睡着了，没有掉下车去，真算幸运。

江津老家中，除亲戚外，已无族中长辈了，四叔已在三年前去世，此次远离，三妹增先亲自由江津下来送我们。增先与我从小到长大，性格极相投，相处很和洽，手足友爱之情，与年俱增。那次在重庆和她盘桓几天，临别依依不舍，但不知她现在还在世上否？

**回江津老家**

我们乘民生公司最大的船由重庆直放上海，这次全家住在一间房舱里，很舒适。沿途风光依旧，因心情愉快，风景就显得更美丽了。巫峡雄伟，十二峰高耸云霄外，望去云里雾里，也不知伸到何处去了。到宜昌时，在船上往后一看，见巫山高耸，长江从山中流出。我们这条船，好像从一个耗子洞钻出似的，无怪乎世人给川人以"川耗子"的尊称呢。出川后，见长江沿途，断垣残壁，在在俱是。战争损坏了美

**从重庆乘船赴上海**

好河山，重建要费多少时日，内心又蒙上一层阴影。到南京时，宗洛兄在江岸来接，把我们送到兆丰公园对面的一个研究室内。我们的宿舍是第三楼的一间大的空化学试验室，全家都住在这一大间内，这是 1945 年 6 月 15 日左右。从这时候起，我就正式加入中央研究院了。①

加入中研院

抗战八年的感想

我返川时年轻力壮，以一腔热血，尽中华民族一份天职。在抗战时期，做农业改进工作，是个神圣的使命，因此不辞辛劳，务使任何使命可以尽善尽美地完成。在赵所长连芳领导下，川农所同仁上下一心，对于振兴农业的职责，是在有朝气的气氛下完成的。1942 年赵先生离职后，继任的所长们大概因为物价高涨，经费不容易筹措，在经费不足的环境下，所中士气日渐低落。我个人就藉这个空闲的机会，把李竞雄及鲍文奎他们帮忙做的理论研究工作，发表了十几篇，经验是日渐丰富了，但用力无从。1944 至 1945 年重到美国考察将近一年，这段时期我的做事，做学问的大道理有长足的进步。抗战在川九年来，我由青年进入壮年，觉得国家已进入承平时期，改良种子的工作可以暂时告一段落。我今后可以照我原来的理想，在中国发展理论的研究，这是我 1929 年返国时就抱着的理想。当时能进入全国最崇高的研究机构，以它为根据地，我这个夙愿该会不难达到的，所以以欣然的心情加入中央研究院植物研究所了。

1946 年我到上海把宿舍及小孩们上学事安顿后，就乘院中交通车到祁齐路（原枫林桥，在中央医院斜对门），植物

---

① 此段后原文小标题"抗战八年的感想"删除。

研究所占最下一层，第二层是动物研究所，三楼是医药①。见罗所长后，他带我到我的办公室，室内又是一桌一椅，与我在东北、河南、武汉及成都时一模一样。不同的，这是在一个建筑华美的西式楼房中，有地板，旁边有一大间研究室，还有一个助手夏振澳（夏是中大毕业，宗洛兄代我聘请的）。植物所那时有研究员五人。宗洛主持植物生理研究室，从事于酵素的研究，有助手二人。研究员还有邓叔群（清华 1923 级同班），邓先生先在康奈尔大学学森林学，后在植物病理系进研究所，因太用功，以致肺病复发，休学一年，所有读博士的手续都办完，只欠论文。邓短小精干，在 1923 班中是前二三名的高材生。［在康大］植物病理系的研究生们以他的成绩最好，因此目空一切。在中研院又相逢，真是前生有缘，他本是动植物研究所的研究员，抗战时，全家到甘肃加入林木公司从事伐木工作。战争结束后，又回植物所，但是放弃他的 Mycology 研究而从事森林学的研究，也是世界分类学权威人士之一。第三位是裴鉴博士，从事于高等植物分类的研究。第四位是饶钦止（考祥）博士，与裴博士一样也是川人，在 U. Michigan 得哲学博士，从事水藻的研究，负有盛名。我是从事细胞遗传的工作者。在这个情形下，从医学研究所冯德培博士处商借了一架 Leitz 研究显微镜，上海有水有电不再"克难"了。图书方面有动、植、医的存书及新书很多。因此最初几个月是尽量翻读书籍，温故而知新，人生一乐事。我的研究室旁边有一位两周来三天的魏景超博士，他是学植物病理学的，在南京金大任教，兼研

植物研究所的同仁

邓叔群

邓叔群放弃真菌学

———————————

① 指中研院医学研究所筹备处。

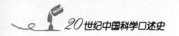

究所事。除这几位主要的研究员外，还有若干助手，后来还来了由所中选派出国进修回来的王伏雄博士。大大小小，长、幼……不下二十余人，似乎所中并没有真正学术讨论会，只不过偶然有几次特别演讲。

当时中央研究院在上海有九个所，其他的所都设在南京，院长是朱家骅，总干事是萨本栋。有一次萨本栋来上海视察各所情形，好像大官要莅临一般，有些人听见他要来的消息，似乎很紧张，有的也兴奋，的确！本栋的学问、道德与众不同，到现在为人们所称颂。

草地中开出半
亩地

我为栽培小麦计，与宗洛交涉，在院中草地开辟了半亩地，用人工一锄一锄辟出来的。开出来后，自己亦感觉很满意，从此在鸽子笼中，另自有新天地似的，我心中暗自欣慰，同人也羡佩。于是同夏君监工下种。第二年春天，清华生物研究所毕业得到硕士的李正理①君来帮忙，李是北方人，块头大，戴眼镜，1948年夏去美深造后，得博士学位。

物价上涨

小孩们都进法租界私立位育学校，这是上海最好的学校之一，学费虽贵，为小孩们的前途计，不得不如此。幸有三叔岳郑华博士，此刻也由昆明迁来上海，住在外滩公寓内。他经商，很有积蓄。小孩们开学缴学费时每每先向华叔商挪款子去缴，过三四月后还清。当时物价时时涨，薪金只有象征性的比例在增加。因此，债虽可还清，时间拖后，物价又已涨高，吃亏的总是三叔。老人家哪计较这些，总以给我们方便为慰。

---

① 原文为李整理，即李正理，1943年毕业于西南联合大学生物系，1953年获美国伊利诺大学哲学博士学位。1957年归国，历任北京大学教授，中国植物学会第八、九届副理事长。

在上海这个大都市内，我们就好像住在鸽子笼里一样，幸好当年（1946 年）的秋天，我们就搬到院中的一座两层楼的洋房内住。内中住四家，还有几位单身的。我家住在楼上，和邓叔群及沈君同住，共用一个厕所。三家的厨房是在上楼处临时搭成的。我们分到两间房，每间有八个榻榻米那样大，有地板。但是上海天气冷，有时冷到零下几度（摄氏），当时苦难情形，可以想象得到的。院中的公寓很多，都驻有美军，公寓区拉了铁丝网，与院中交通隔绝。院中草地很大，有时同事们还是童心未退，在草地上踢足球。我每天和豫、楚二儿玩玩棒球。礼拜六常常同孩子们去看东华与青白足球队比赛，很过瘾。有时到外滩清华同学会去打桥牌。院中樱花有几百株，四五月樱花怒放，非常美丽……可惜人心惶惶，也少心情去欣赏它。

上海安家

1947 年小麦下种后，刘淦芝来院请邓叔群和我及在南京农林部任渔牧司司长的俞振镛老师一同到台湾去考察台湾的糖业。刘那时已第二次赴美，在哈佛大学得着博士学位回来，在糖业公司任顾问。俞老师是我清华的业师之一。他是教我土壤学的，后来赴美进修，返国带回乳牛十三头 Ayshire，在清华园附近办牛奶厂，在畜牧界负有盛名。他身材比较矮，秃头，是宁波人。在清华时，好像也常常在踢足球，肤色微黑，精力充沛，做事非常认真。那时他已将近六十边缘了。

四人偕行，考察台湾糖业

一行四人，来到这个林木满山美丽的宝岛。在松山机场下机后，除糖业公司的主管，尚有许多农业界人士来欢迎我们。台湾天气热，我们都不太习惯。那时糖业公司的总经理沈镇南先生（1922 年清华同学）对于我们三人的来临甚为

喜悦，以为对公司的业务必定有很多的贡献似的。可惜的是走马看花，人地生疏，我们对于糖业，的确又是门外汉。我们都是以新奇的眼光来看糖业，来看这个美丽的宝岛。公司的同仁，一样地用新奇的眼光来衡量我们这几位所谓的专家们。回台北，我对于我们考察的报告假若是打分数的话，恐怕只有四五十分左右，不及格，也说不出所以然来。

**骆君骕**　　在屏东考察时，遇见甘蔗研究所所长骆君骕先生。他自己介绍自己是留美的博士，也是中国第一个甘蔗专家。我当时听见后，对他这种狂妄的态度，替他觉得难为情。但是回台北后，他亦在台北公干，恳请我再南下到屏东帮公司忙，从事甘蔗细胞研究。骆的估计，甘蔗 11 月开始开花，可即刻从事细胞研究工作。我意思是要先回上海看看小麦种下后的发芽情形后再到台湾帮忙。因沈先生的盛情难却，同时自己对于新的甘蔗工作也发生了新奇感，因此回上海后，12 月初偕李正理君又来台湾，跟着就到犹如盛夏的屏东从事甘蔗细胞的研究工作。似乎那一次与第一次一样，骆先生都以贵宾招待我们，在骆公馆内，三天一小宴，五天一大宴，工作进行得很顺利。正理是一个制片的熟手，他在清华大学所受的训练亦高，因之我们第一个研究题目用的日本人留下的甘

**第一篇甘蔗细**
**胞学论文**　　蔗与鬼芒的杂交种，也是我同正理具名发表的第一篇甘蔗及其亲属细胞的研究。因为这篇论文的发表引起了世界糖业界人的注意，尤其是 Dr. E. W. Brandes（他曾同 Dr. Rumke——Java 的植物学家，在第一次大战完结后同 Brandes 一同到新几内亚，在吃人的野人村落中采了几百种甘蔗原种）在日本投降后来屏东小住。骆君常常告诉我他怎样的虐待他们。Dr. Brandes 是 Cornell 大学植物病理系的硕士，

Michigan 州立大学的博士，在农部主持糖业有年，他们来台，是看看日本人到底对于甘蔗的改良做了什么工作，同时也想收集一些材料带去美国及爪哇做改良品种的材料。骆君口口声声谈他对于人们的虐待，当时不太明白他的心里在想些什么。

在 1 月初，因为有很多材料带回上海研究，同时台糖公司又派了两位年青人，一同到上海共同研究甘蔗细胞学。一位是甘蔗育种场的梁君子超，是岭南大学毕业。一是石君锁钊，是台南糖业试验所（原属总督府，接收后属省政府育种系）的工作者，国立浙江大学毕业。一行四人坐船到上海时是 1948 年 1 月底。我当时对于气候的变化不太熟悉。原以为 12 月及 1 月是冬天，在亚热带的屏东渡过严寒，自鸣得意。哪知到上海后，2 月还是隆冬天气，冻得我手足都生了冻疮。回上海后，夏振澳君亦参加了这个繁重的工作。他们四人做片子，我一人仔细的观察。我每天与显微镜为伍，差不多有十个小时左右，礼拜天也在内。记得有一次 3 月中某个礼拜天，沈镇南及刘淦芝两先生来上海接洽要公，当天中午请客。沈想要我参加，于是他同刘十时许到中央研究院来。刘是我家常来的座上客，一进院就提议到我家中去找我。沈先生说："我们先到研究室去看一看。"那天我们五人恰好都在研究室正努力工作。沈看了后，不禁感慨地对刘说："台糖公司的工作人员要都像李先生他们这样努力的话，公司也不会要那么多人了。"沈同我在清华虽是同学，但他是一位沉默型人，而我是活动型人，加之以所学的不同，见了面都有陌生感。这次他才发现了不受报酬的真正工作者。本来台糖公司同植物所签订一个合作的条约，好像最初是二

*整天与显微镜为伍*

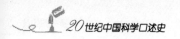

百几十万法币。以物价日高，沈先生当时很慷慨地答应，今后两个机构的合作不要做预算，只要我有需要，在上海购买的仪器药品，由我在发票上签字后，驻沪的台糖办事处就可开支。这大有美国业务机构与学术机构合作的派头，我方便多了。那时物价日高，政府发行金元券，我们把家中剩下的美金都换成金圆券。

李竞雄 4 月返国，我到码头上去接他。见面后知李在康大得博士后转 CIT 研究原子弹爆炸后玉米所发生的突变。这一篇论文是他同他的业师 Dr. L. F. Randolf 一同发表的，也是这类工作的先驱者，因此竞雄的名声大噪。此次受清华大学的礼聘，先把路费寄去的。李回国先到我处，然后乘机回川接怀瑾母子三人回上海，转乘轮船北上。那时上海的物质缺乏，食米、青菜及肉食品皆缺，我们一家大小十口正无计可施。川农所的张建松君与他的太太严淑莹女士都是南通大学毕业，都在川农所训练班受过训。张是印尼人，家中富有。严是四川人。抗战胜利后，他们在松江附近办农场。有一天，来看我们，知道我们每天以罐头度日，当天晚上他用卡车装载了食米、青菜、马铃薯等一满车送给我们，晚上才可偷偷运来，否则白天在路上就被饥民抢走，不能运到我们那里了。最近知道淑莹去世，张先生在台的生意又失败，唯一的爱子在台大读书还没有毕业。他们此刻正饱受痛苦，建松个性是那么倔强，我真不知道如何去帮他的忙，如何去安慰他们。

竞雄那年到上海不久就携眷北上，我送他们上轮船的。我本来想约他留在上海，再共同工作，但他是信义人，守信是做人的根本，我亦无法留他下来，从此音信两无。去年我

李竞雄名声大噪

到美国，知道他在沈阳东北大学任教①，也许不久还可重逢，那是说不定的事。

1948 年 4 月，我们那时正在从事小米的交配工作，我在院中植物生理研究室对面找了一个房间作为夏振澳、王××晚上住处，以便一清早就可以从事小米的去雄交配工作。因为小米是种在院中的农地里，李正理那时已去美国，王××经俞大绂先生推荐来的，他是北大农学院毕业生中的高材生，山东人，块头大。

有一天，我到办公室，夏振澳在门口看见我，请我到他们卧室去看一看，说有人要会我。我不明究竟，随他前往，到他们卧室，推门进去的时候，见有两个陌生人，一人赶快把门关起来，一人拿手枪比着我，命令我坐下。这人好像是头子，很有礼貌的对我说：他们是警备司令部的工作人员，在这房内查出很多红色的小册子，并查获一名共［产］党潜伏在内。那个共［产］党早被捕，已送部办理中，又查明夏、王都不是共［产］党，而是糊里糊涂的留那个人的，又查明我是正派人。但是他们要求我同意他们住在这房间中作留守去钓更大的鱼。问我同意不同意。我仔细地想一想，虽然是惊惶，但不恐惧，就向这个陌生人说："我不是所长，是不是他可以同我去见所长，去征求他的同意。"于是他们一人中同我去见宗洛。宗洛当然答应，我才被释放。听说两三天后一个上海区的头目亦在该房被捕，后来警备司令部的人员才离去。

上海警备司令部在中研院抓中共地下党

---

① 李竞雄没有在沈阳任教的经历，当时亦无东北大学。

## 第一届院士的选举

国民政府自日本投降还都后，戎马倥偬之际，第一届院士选举恰在这种紧张的环境下举行。

1947 年春，中央研究院奉政府命邀请各研究机构、各大学推荐院士，好像各方推荐的人选有五百多人。经第二届评议会第四次大会依法选定第一次院士候选人：数理组四十九人，生物组四十六人，人文组五十五人，这个公告 1947 年 11 月 15 日在各大报纸公布。半年后第二届评议会第五次会议决选院士八十一人，计数理组二十八，生物组二十五，人文组二十八，这个公告是 1948 年 4 月 1 日发表的，但是报纸的披露是在 7 月底。当时我在上海，在床上看报纸，偶然看见我的名字。我以为我的眼光模糊不清，用手巾擦了几次后，的确我的名字是在报上当选为生物组二十五人之一，孩子们知道，就乱哄哄大声嚷："爸爸高中了，要请客。"我心中很兴奋也很惭愧！兴奋的是，回国后将近二十年的努力，终于得到社会人士的推崇，以国士待我。自问学识不足，同时，落选的学人有好多位是我平时钦佩与赞美的。既然选出来了，今后更要自勉，自奋，以不负国人的期望。8 月初第一届院士会议在南京总办事处举行，院士分别从各地前来。蒋先生训话后，以戎马匆匆，立即退席。翁文灏先生是行政院院长亦早退席。那一次又选第三届评议会，都是院士本身的事。会中发言最多的似乎是胡适之与傅斯年两位院士。最老的一位院士是张院士元济，他那时八十二岁高龄，是满清

光绪的老师，是在会中演讲者。晚上在总统官邸总统请院
士。这第一次的选举的确把全国的学人精华推选出来。

## 第一届院士名单

**数理组　二十八人**

姜立夫　许宝𫘪　陈省身　华罗庚　苏步青

吴大猷　吴有训　李书华　叶企孙　赵忠尧　严济慈
饶毓泰

吴　宪　吴学周　庄长恭　曾昭抡

朱家骅　李四光　翁文灏　黄汲清　杨钟健　谢家荣
竺可桢

周　仁　侯德榜　茅以升　凌鸿勋　萨本栋

**生物组　二十五人**

王家楫　伍献文　贝时璋　秉　志　陈　桢　童第周

胡先骕　殷宏章　张景钺　钱崇澍　戴芳澜　罗宗洛

李宗恩　袁贻瑾　张孝骞

陈克恢

吴定良

汪敬熙

林可胜　汤佩松　冯德培　蔡　翘

李先闻　俞大绂　邓叔群

**人文组　二十八人**

吴敬恒　金岳霖　汤用彤　冯友兰

俞嘉锡　胡　适　张元济　杨树达

柳诒徵　陈　垣　陈寅恪　傅斯年　顾颉刚

李方桂　赵元任

李　济　梁思永　郭沫若　董作宾

梁思成

王世杰　王宠惠

周鲠生　钱端升　萧公权

马寅初

陈　达　陶孟和

到现在，常常被人问的几个问题：

1. 院士一个月拿多少钱？

2. 几年一任？

3. 是不是有退休金？

中央研究院第一次院士会议合影（1948 年 9 月于南京）

　　一方面只怪中央研究院对于这个国家的大典宣传不够或不切实，一方面在内战期间，人心惶惶，逃难惟恐不及，哪有闲情逸致来研究这桩民国以来兴办的一件大事。来台后，学术界的人们，恐只占来台者的一小部分，加以中央研究院对于国家，来台后实在没有尽最大的努力，以致世人对于中央研究院不明究竟。萨院士本栋曾对我说："中央研究院是战时的废物；平时的花瓶。"我默默地遥想萨先生的高论，的确是一针见血的话。不然的话，人们那些问题，都是多余的了。

萨本栋论中研院

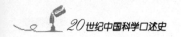

# 12
## CHAPTER TWELVE
# 来台后最初十四年

## 转来台湾

1948 年 10 月，徐蚌战事正在激烈进行中。有一天，沈先生来上海接家眷去台，打电话给我，劝我也把家眷搬到台湾。我告诉他说，我去台没有事可做，自己也没有钱搬家，他说台糖公司需要人，去后，再设法安插，我记在心头，但是还没有搬家的企图。一直到 11 月底，徐蚌战事的结束声中，人心惶惶，迁台者日众，我自己恐慌得不得了，去见三叔岳郑华博士，向他借了金圆券一千元做路费，又弄到几张四等招商局的船票，把行李打好，偕王××及妻子共七人到码头上海天轮货船去台。离境时，向同事们告别，差不多每位同事都异口同声地劝我不要走，说这不过是"换朝代"而已。我回答他们是，各人有各人的想法。遗传学是李森科那一套，哪能不走。于是上了黄浦江边的海天轮，等了三天三

借金圆券 1000 元做路费

夜，因装货关系，船不开，以致没有伙食供应。我们拿的四等票，又没舱位床铺，仅在走廊角上把油布撑起来挡风雨，打地铺，弄得全身尽湿。王××上船的当天告诉我要回院去看看，那就是不愿离乡背井的表示。人各有志，也不便勉强。那时是年底，黄浦滩头，正是严寒时节。我们饱受风吹雨打，饥则吃烧饼，渴则喝开水，露宿了三夜。第四天才开船，船上供给白饭和开水。我们住在船尾，震荡很烈，加以风浪又大，所以家人全都大吐大呕。我是唯一能走动的，于是我一盆一盆的将呕吐的狼藉物往海里倒。沿途看见舟山群岛，想它孤悬在海外，一时还不会骚扰这个海外的仙地吧。第二天下午船上的办事人，以我们行李多为借口，还勒索了一百多金元券。

晚上约十时许，大小平安地到了基隆这个雨港，大雨滂沱。在上海曾打了一个电报给沈先生，请他派车子来接我们。上岸后冒着雨去找车子（接我们的车子），遍寻无着。偶然地看见一辆卡车，司机告诉我，是省政府派来接人的。我于是把言语拿顺，说我是秘书长的同学好友（的确到现在浦荻生和我还在通信），是不是可以载我们到台北。那时人地生疏，以为台北是政府所在地，当然以到台北为上策。不知道基隆亦有旅馆，电话也方便，尽管第二天再走，何必急于当夜。司机同意后，我们把行李放在车上，如玲和二女坐在司机台，豫、楚二儿与我站在车上。光着头，全身尽湿，加以风大雨大，在船上三天以来的痛苦，到台北新公园旁一家旅馆内，晚上大咳。与 1937 年底逃到宜昌时的情形相仿，已转为轻微的肺炎了，一个多月后才痊愈。

后来刘博士淦芝告诉我，他那时已在台糖公司正式做

到基隆

到台北

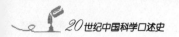

事。沈先生把电报给他，他心里想想我们只认识沈先生，于是他自己就不来接，也不派车子来。这是我认识刘博士以来他真正为人的作风。

因为好多天没有真正吃过饱饭，刘博士以"好友"的身份，请我们去台糖招待所为我们"接风"，惠女那时只有八足岁，吃饭时，泫然泪下，吃不下，也许小孩心里有数，我们不知道而已。

沈先生请我们到屏东育种场去帮忙，那时似乎中研院来台的人很多。听说历史语言研究所已辗转来台，该所所长傅院士斯年已来台，因为没有同他接头，薪金亦无处支取。我只得暂时以中央研究院植物研究所研究员的身份前往台糖公司为他们帮忙，希望有一个栖身地心愿就了。于是乘屏东派来的客车，一行六人，浩浩荡荡，经桃园、新竹、台中、嘉义、台南，然后到温暖如初夏的屏东，这是 1948 年 12 月月中的事。

在上海中央研究院，虽说只有两年半，从乡下人出身的我，进入这个全国最高的学府，是我个人无限的光荣，在戎马倥偬的时期，中研院又举行了民国以来第一次院士选举，我又当选，好像以前科举时代点翰林一样。那时还不满四十六足岁，进入壮年，前途好像无限光明似的。名气有了，来到这个小岛，前途茫茫，想起来只有悲观。虽说沈先生想帮忙，但是屏东，以前是去过两次的，一切的一切我了解得很清楚。在无可奈何中，来到这"绝"地，今后作如何打算，真不知道，也想不到那么远。是不是天真无绝人的路，或是前途尚有光明，心中闷闷然到了屏东。

## 屏东甘蔗育种场

到了屏东以后，骆先生把我们六人引到他自己设计建造的单人宿舍（取名"役馆"）内，拨了下一层进门的两小间，估计有十个榻榻米大，只有公共厕所与浴室，也没有厨房，给了四个小床，每个只有二尺五寸宽，五尺长，上有薄薄的几片小木板，四围尚有三寸高的边。床只四个，但人是大小六口，于是把两个床放在我们睡房，靠在一起。如玲及小妹我们三人共一床，我则睡在中间坎坎上。那时心事虽多，但因有适当的运动，每晚倒下就可以酣睡。恩泽较大，独自占一床，豫、楚二儿则抵足而眠，在另一小间内。我们刚从上海鸽子笼式的房屋中住久了，到此宝岛，又是逃难的时期，就委曲一点能有一枝之栖，为愿已足，因此不同骆先生诉苦。

栖身之所

既无厨房，如玲每天就在走廊下煮饭烧菜，大厨房有位简厨子是客家人，很同情他的落难的"自家人"。我们吃饭，一定要等到伙食团同仁开饭后，早上吃点酱菜、花生及酸菜等四小碟，因为实在没有钱。记得有一天，骆先生一早就来了。看见我们吃早饭那样简单，是不是他有同情心，他问如玲说："你们早上为什么不吃木瓜、鸡蛋、果子酱、面包、牛油哩？"天晓得！假若公司供给我们也像供给骆先生全家一样的话，当然我们也可以那样地享受了。

工作方面，骆先生说，四川人不懂甘蔗，甘蔗的育种更谈不上。我每天就同助手梁子超君做细胞的研究。子超从上

梁子超

205

海逃出来时曾先回广东,娶了太太,然后同新婚的太太一同到屏东来工作。梁君年青有干劲,极端聪明、用功,有意到美国深造未果。在我离开屏东前,梁君重返广东,至今音问毫无。可惜了这个良璞,不知他尚在人间否,是不是也变成了一块美玉①。我梦中尚常念到他。

当时我们每天的工作是从事细胞的研究。简单地说,就是与骆先生数数甘蔗及甘蔗近亲作物的染色体,毫无学术性的探讨,每天只作机械式的显微镜工作。育种场中贫乏得很,又无书籍杂志可看。虽说是吃得坏一点,但每日还有三餐,精神还很充沛,于是下午四时就与同事们踢踢足球。屏东由广东来的同事特别多,因此一经提倡,就变成一个风气。我们一批四五十岁的人,也同刚从大学毕业的同事二三十岁的青年们在一起踢球。

1949年春季,南部发起了足球比赛,台糖组织了一个球队,我当教练、总领队、球员,比赛结果,台糖得了冠军。记得复赛是同空军驻屏的十一大队,该队不乏以往的国脚和名将。我踢左锋,独进二球。决赛是同师范学校。1959年有一天在一个宴会中遇见了一位空军上校和一位故宫博物院的专家,他们仿佛还记得那一次球赛,也记得有一个矮小而球艺精、满场飞的猛将。现在已过了二十年,病的病了,发胖的已胖了,往事哪堪回首。

---

① 梁子超,后在岭南大学、华南农学院任教,植物病理学家。

# 重回上海

1949 年春，中研院负责无人，所以薪金好几个月都没有发。我又无积蓄，记得那年的春节，过年时，我一文不名，只得向孩子们道歉，不过年。因此同沈先生商量，我的薪金是不是可以在糖业公司发。沈先生当然求之不得，问我要以什么名义。几番磋商的结果，还是以顾问为最适合，那时老台币因通货膨胀，购买力不强，但比没有一文时强多了。

过年一文不名

读书人，还是读书人，幼稚乎？人情世故不明白乎？那时徐蚌会战已结束，中央军退到江南。已经好几个月了，和和打打，打打和和。我幼稚的想法，以为长江是天堑，古时多划江而治的朝代，即使再打的话，也要费一些时候，于是计划回上海工作两个月。主要的是去收小麦种，虽然有一批已经带来了，但是有好多还在上海的试验地上。同台糖公司几番交涉，他们对于我重回上海不感兴趣。我自己亦无能力购票，于是辗转拜托，最后还是因空军军官学校校长胡伟克将军自己有事到上海，邀我同行。胡将军一早就派车来屏东接我到冈山。记得胡将军是自己驾驶的教练机，下午二时许到上海江湾飞机场，下机时有空军副总司令王叔铭将军一人在机场等。这是 1949 年 4 月 18 日。

胡伟克

我坐人力车到友人家，那时物价涨得很高，一块袁大头可换二十几万金圆券。街上战壕随处皆是，一片战时景色。19 日一早到院，夏、王两助手皆在，小麦的材料，早经他们事先固定好了。我那天忙了一天，从事显微镜工作。心中怡

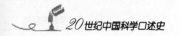

袁大头100余
元

然自得，宗洛兄还发给我袁大头一百余元。这是我走后，所中补发给我的。在大炮飞机的时代，那时我好像是一只"丧家犬"似的，坐卧都不安，晚上也睡不着。我想自己还可以生活下去，妻、子谁去抚养？越想全身好像起了疙瘩似的，坐也不是，站也不是，恨不得自己立刻长出翅膀，冲天飞去。每天都去找交通工具，街上搬家的人好像过江之鲫一般，形形色色，尤其是从苏北来的难民更多。街上做"大头"买卖的多得很，"大头"的身价见风涨。这个街头是二十三万，到那头就是二十四万，第一次世界大战结束后希腊的通货膨胀的景象，又在这儿看见。思之不觉泣下。

25日早上十时正在无可奈何中，电话声响，是上海警备司令部打来的。是司令陈将军大庆，是胡将军的至亲，胡将军在笕桥公毕，又回上海来，托他找我，终于在我住处把我找着。我在电话中，听到胡将军的声音，当时喜悦的情形，比听到贝多芬的交响乐还美得多。他说："你赶快来汇中旅馆，我在××号房等你。"我立刻雇一辆人力车，从人丛中挤到汇中，花了一个小时。在平时只不过十分钟就可到达的，可见那时候人潮拥挤的情形。到了汇中，看见伟克，好像他乡遇故知似的，其实分别不过一个礼拜而已。室中有前

周象贤

杭州市长周象贤同学（1915级清华同学）。正是大雨，上海滩头，大雾满天，视线只能及五十码外。

伟克决定冒险起飞。于是我们一行四人，开专车到江湾，其实当时所有的航线都停开，上海高楼很多，飞机又是一个教练机，相当危险。伟克亲自驾驶，他同他的副驾驶坐在前面，象贤兄和我坐在后面我们行李包上。飞机发动时，我思潮纷起。今后还能回来吗？江津的亲友们还可能看见

吗？今后前途如何？如玲他们是不是也焦急得像我一样？
"人生终有一死"，既然上了飞机，那撞在高楼的际遇也不过
是万一而已。正在想得出神时，伟克面带笑容把头上耳机取
下来，回头向我招手，要我到驾驶台去。一看，前面阳光普
照，下面就是松江，城郭依旧，人来人往，不像是暴风雨即
将来临的前夕。看了以后，内心的恐惧已消失殆尽了，亦跟
着他们笑。复原座后，再过二十分钟，忽然伟克惊呼一声，
听他与笕桥留守的人在通电话，已知昨晚杭州兵变，伟克又
问："目前你是不是自由人？"因为他恐怕变兵那时已占据了
笕桥，我们降落后必定遭凶手。反复的将地下的情形弄清楚
后，我们才徐徐地降落在笕桥的机场上。有几个守卫的来
接。据报，变兵已四散，伟克当时指点防卫笕桥的办法。当
晚我睡的床，据说不久以前是蒋先生复职前在笕桥开会时曾
睡过的。26 日，在笕桥休息，27 日早晨，一行七人，驾黄
色教练机直飞冈山，在空军官校机场降落。伟克没有回来，
他又返回上海，另有其他任务。我到伟克公馆去，胡夫人
（李慕兰是如玲高中的同学）亲自陪我到屏东，到役馆时已
下午四时左右，原来如玲见报上登载上海紧急后坐卧不宁，
正在设法谋救的焦急中，我平安回来，她惊喜万分。书生可
以救国，亦可以误国，那一次的估计错误，差一点自坠陷
阱。幸好是有惊无险，所谓吉人天相，全家得再团聚。

到笕桥

## 台南糖业试验所

原来在台南的糖业试验所是省政府所管辖的，与糖业公

**两所各行其是**

司自己在屏东所设置的甘蔗研究所，同是改进糖业业务的两大机构。性质相同，而主持两个机构的人意见不一，以致分道扬镳，各行其是。省政府的经费既然困难，不如把糖业试验所交给糖业公司自己办理。我从上海回来，正碰着这桩事在进行中。沈先生到屏东来，约我一同到台南去参观后，又一同到总爷①第三分公司的糖厂吴卓（1923级清华同班同学）那里去谈谈。他们两人异口同声地劝我做所长，综理两所业务。本来我回来后以屏东的环境太不适宜，已公开表示要离开糖业公司，北去台北任教。沈先生知道后，劝我不要走，想我若就所长职就不会走了。我在抗战期间，为国家着想，牺牲小我，从事行政工作，当一名管家人，油盐柴米都要管，实在烦不胜烦，对于行政工作久已厌恶，加以行政工作也非我所长，台南、屏东，派别已形成同行相忌，毋庸讳

**坚辞所长职务**

言。这次蒙沈、吴看得起，以所长职务给我，我坚辞不干，一直谈到早上三时，最后我还是不干。鹄飞（吴卓号）表示说："你是天下最自私的人。"我微微笑一笑，这个三人会议就此散场。沈先生希望我仍留在公司到台南去帮忙，我答应

**离开屏东**

他的希望。1949年8月初，台南的住宅整理好，他们派卡车来，我们就搬到台南大林住宅区一号去住。那是一所日本式的房子，有四五十坪，前后院在内有一分亩大。一直住到1962年才离开。

到台南后，认识国家安危的情势，把从前古书上的话翻来覆去地向自己提示："天下兴亡，匹夫有责。"不要再做"洋八股"了，要做些对国对民有意义的事。换句话说，此

---

① 地名，位于台南。因清康熙年间在此设台湾总镇署而得名。

刻要从事实用的研究，以报效国家为前提，既然是学育种的，当然以改良品种为对象。在台南与屏东合并后，区域试验的主持人，沈先生要我担任，我推给骆君骕，他坚辞。我在不得已的情形下，自度手中无兵无卒可派，只好一人去担当这个重任，尽心力而为之。幸好台糖公司的主持人们都支持这件事。既然后台有人撑腰，胆也大了，心也雄了。于是悉心规划，虽说事事都有瓶颈挡着阻着，但三数年以后，制度创立了，的确对于台糖公司的品种改良，是一个大大的贡献。

担任区域试验主持人，悉心规划品种改良

试验所设在台南乡下大林，占地一百余甲（一甲等于一公顷弱，不到十五市亩）。又在万丹（屏东南）设立甘蔗交配场，占地三十余甲。所长是卢守耕博士。卢博士也是康奈尔大学的先后同学，他比我大七八岁，但去康校比我迟，是一个谨守、讷言的忠厚长者。来台湾后，带了一批"学生子"，满口的浙江余姚话，连英语都有余姚口音。

卢守耕

糖试所在省政府管辖时代，因经费较少，以致做事碍手碍脚，不能发挥作用。到了改隶糖业公司后，经费大增，因之所有的该所各部门的工作都在积极进行中。我在1950年春天又兼任该所评议会主席，虽然是顾问职务，我的权责也相当的大，就是不管行政而已。

所评议会主席

责任既大，那时有一辆吉普车，可供代步。于是同同仁们天天下农场，跑农场。台糖那时有三十五六个糖厂，最北的一个是设在新竹，自营农场遍全省，将近二百。我的雄心是要看过全省的农场，知道全省的山川土地的情形，然后再来谈品种改良的问题。最后的统计是确实到过的是一百八十几个，仅有十来个没有我的足迹。兵法云"知己知彼"，自

天天下农场

知明了台湾的山川土地的情形后，心中比较有把握，这是到台南以后头两年辛辛苦苦的代价所换来的学问。

到台南以后，看到各项试验，好像一切的工作，都是技工在代劳。读过书的人，好像都过着"役人"的生活。日据时代，糖试所雇了若干技工，各糖厂亦然。各项工作的负责人，也都是过着"监工"生活，一切田间的操作，都是妇女办理。一来工价比较便宜，又因那时工厂太少，工人多，容易找。妇女们下田，怕晒着，因此都蒙着面，戴草笠，俗名"蒙面女郎"。到过台湾南部的人们，当都见到这个台湾的一大景色。于是我自己经常下田去看品种，把每个品种或实生苗的特征及个性摸清楚，以便选种时，可作最后判断。最初，同事们都在观望，我也不叫他们，慢慢地他们发觉我是诚心实地，而不是表演。一看见我要下田，都争先跟去，这样下田看甘蔗，变为台南糖业试验所同仁的真精神，兴趣与希望的寄托都靠这精神。同时，在试验室中的同仁，亦大多数自己亲自动手了。自身的"作则"，是可以收到莫大的效果的。

糖试所有很多日据时代遗留下来的图书杂志，但是大战期间及接收时期没有继续订阅，不完全，在当时已算是最好的图书馆了。于是自己利用这些图书，来充实自己。育种系郑仲孚博士是美国 U. Minnesota Dr. Hayes 的高足，是个年轻有为的学者（1955 年转业中国农村复兴委员会，派赴非洲，车祸罹难，可惜得很），浙大毕业的有朱德琳、石锁钊、杨德忠、项公权等，是年轻、有为、才高、身体又结实的一伙同志，常常在室内自己开讨论会，鼓励大家读书，各人充实自己。我亦因兴趣所在，每天抽空以业余的态度来从事甘

**"蒙面女郎"**

**亲自动手，以身作则**

**糖业试验所的同事**

蔗的细胞研究。当然是去观察每个品种的染色体数目，这样可以帮忙甘蔗育种的计划的进行。甘蔗的染色体又小又多，把它数清楚要费很多的时日。有的时候，一个品种的染色体数目，要花我好几天的工夫，还是觉得不满意，简直好像用肉眼去数满天的星星似的。因此眼力受损，到现在年龄六十八时，才知道以往目力用得过度，累积下来的后果是有损眼睛的。

观察甘蔗染色体，像用肉眼数星星

那时已发行新台币，一元新台币可换约三万元旧台币，一元美金可换五元新台币。我在台糖公司当顾问，薪金约估一百余元新台币，南部物价比北部较低三分之一，因此过了一个短暂时期的比较宽裕的生活。家中还是不用佣人，一切都是如玲亲自操作。当然孩子们也帮忙洗碗，整理房间，训练得他们后来到美国都可以过独立的生活。家中经济因人多，还是不算怎么样宽裕，最近（1968 年）如玲才告诉我那时我每天早上可吃一个鸡蛋，四个孩子共吃两个蛋，她自己就不吃。中饭，我因下田的关系，小菜虽不好，也能每顿吃三碗堆得尖尖的饭，否则下午在田中就走不动了。

家中生活

我的工作上衣与裤子，因甘蔗叶子有锯齿，形同锯刀，看甘蔗时看右边的，所以右臂膀及右腿都划破了补了又补，皮肉每天划破是常事，也是小事。甘蔗田中，经常有马蜂窝，马蜂常常飞来叮人，一不小心脸上被叮了一口，大家都说，恭喜中了头彩了。有时下大雨，跑农场时，还是要下田，甘蔗假使已在成熟期，都一律倒下，我们都得匍匐在地下，在水浆中爬行前进。这些都是肉体上所受的痛苦，不是曾经下过田的人，是不会明白，也不会了解的。但我们精神很愉快，深感前途有光明引导我们，所以把这些

下甘蔗田工作的艰苦

213

痛苦都忍受着，以它来磨炼我们自己，来坚强我们自己的意志。大家都这么想，后来我们对田间工作就越发感觉轻松愉快了。

## 澳洲的国际糖协会

1950 年 8 月第七届 ISSTC 世界糖业技术协会开会，我在当年春天接到该协会当届的会长 Dr. Honig 的邀请书，请我到澳洲去参加。那年春天，杨继曾（君毅先生）适被任命为糖业公司总经理。我接到邀请书后，因同杨先生不熟，恰好我的好友刘协理淦芝来台南我家，我当面请他在杨那边代为关说。哪知刘高低不答应帮忙，是不是另有怀抱，我不明白。没有办法，只好请另一位同事去说，杨当然答应。我的被邀请，原出于 Dr. E. W. Brandes 的好意，是他事后告诉我的。当他看见我的甘蔗与鬼芒杂种的细胞的论文以后，他就与 Dr. Honig 建议请我去参加，事前我一点也不晓得内幕，也没见过大场面，并且一个人也不认识。

8 月初飞香港转到南半球的"脚底下的世界"（World Down Under）去，一切都与北半球相反。以时间言，我们是初秋，他们是初春，以空间言，澳洲的地形与台湾恰好是一个镜影。台北到高雄，中央山脉在左，由温带进入亚热带。在澳洲由最南角的 Melbourne 往北走到北角的 Carns 是由温带进入亚热带，山脉也在左边，不过澳洲比台湾大一百倍左右而已。那时那里的人口还不到一千二百万，真所谓地广人稀，物产又丰富。澳洲中心地区，都是沙漠，全年无滴雨，

Brandes 好意相请

当然是另一幅景色。

开会地点在澳洲东南部的雪梨 Sydney，台湾第一次派代表赴会，代表只有我一人。相反的，夏威夷的代表有二十余人。在会中发言的似乎尽为夏威夷代表群所包办，这个站起来说：我们在夏威夷如何如何，那个站起来又说从夏威夷来的，如何如何，好像甘蔗圈虽大，那时只有一个夏威夷似的。的确，夏威夷自第二次大战以后，已渐渐代替了爪哇甘蔗"王国"的地位，无论在技术的进步上，或在单位面积的产量上，都可以自豪的。我初出茅庐，就看见这个大场面，一面羡慕，一面心中自己在想，今后我们要格外努力，希望有一天，台湾的糖业，可以能赶上人家。大会是 8 月 25 日开始，27 日全体乘专车（火车）北上，参观昆士兰的蔗业，一直到最北角 Carns 往返两个礼拜，全程计长三千英里。我参观后的印象是：（1）当时澳洲因人工日益缺乏，逐渐走向机械化。（2）在最南部大气比较冷，土壤比较薄，栽培的品种是细茎种 C. P. 29－116，这是 Dr. Brandes 他们在美国所育成的。当时 Dr. Brandes 在该地风头很健。中部用的是中大茎种。北部用的是大茎或用原始的红甘蔗（Badila）。在台湾是作食用的。（3）在澳洲糖厂收买甘蔗时，注意甘蔗的糖分，因此糖厂与蔗农在分糖时，谁也不吃亏。（4）澳洲都是大农场，人工又缺乏，所以栽培方面很粗放，不像台湾细腻的栽培法，好像种菜似的，因之有深刻的印象。

回雪梨时，大会作学术性的会议。我代表宣读骆君骕先生的论文，读到甘蔗有性连锁遗传的存在问题后，大受会中专家们的批评和攻击，说：甘蔗既没有雌雄性的分别，哪有性连锁的遗传的存在？我羞得满脸通红，无地自容。做国家

甘蔗"王国"
的地位

澳洲甘蔗业

的代表，受那样窘，哪能再有说话的余地，只得默默地归回。希望出国做代表的人们，事先要准备好，不要再在国际的学术会议上替国家丢人。

## 新品种的推广

那时在台湾各处栽培的甘蔗品种，平地多半是 F108，是日本人在万丹交配圃育成的，中大茎，糖分中上。山区种的多是 POJ2883，是从爪哇直接引进来的，产量多与 F108 等。1951 年，推广了 F134，这也是日本人所育成的，糖分、产量都较 F108 好。在区域试验中，发现了一个 COX 品种，这是印度育成的细茎种，日本的商人前往印度时，顺便偷了带回来的。因为没有原名，所以以 COX 名之。在试验期中，产量都是名列第一，虽说糖分比较 F108 还低，但每公斤产糖量（产量和糖分的乘积）仍高。因此我在各糖厂劝他们在瘦薄的蔗田（如海边的沙土区或山地的红土区，没有灌溉的）去种 COX 试试看。最初的试种很成功，于是糖厂及蔗农都乐于种植，而且争先去种它。1950 年发现了叶烧病以后，COX 这种特别地容易感染，COX 种得越多，叶烧病亦跟着蔓延越广。差不多所有的品种，连最能抵抗的 F108 也遭受了严重的病害，好像台湾的糖业，要从此中辍似的。"火"是我放的，自己要在这个地方承认自己认识不够，经验不足。

1952 年，台南的车路墘糖厂因沙地特别的多，COX 的栽种亦多，当年全厂的"步留"（日本话，糖分）只到 7%，

경验不足，深刻的教训

推广 COX，蔓延叶烧病

作者与夏雨人视察 N:CO310 幼苗生长情形（1952 年）

这与推广 F108 的时代"步留"10%，不可同日语。我知道闯了滔天大祸，岌岌不可终日，每晚都不能成眠。叶烧病那时的研究不够，我心中惶惶。正无计可施时，忽然来了一个"救星"，是碰着的，也是偶然的奇迹发生，就是 N:CO310 这个品种的来临。在〔1945 年〕接收后，虎尾糖厂（第一分公司）的农务处汪阶民副处长，曾请他的四川大学同学朱载炎先生写信向各个糖业国家要甘蔗品种，1947 年 9 月南非糖业试验所寄来了十八个 N:CO310 蔗苗，当即送到虎尾的试验场交夏雨人先生繁殖及做试验，1950 年加入台糖公司的区域试验。雨人是我在四川大学兼课时的学生，因此自 1949 年起，我常常到虎尾去帮雨人的忙。虎尾地区风沙多，海边冬季的季节风强，许多的农场，都是沙土，碱土。那时 F108 在那些区域内的生长太差，每公顷的产糖量仅三四公吨而已，有时还会全军覆没。N:CO310 的生长很健壮，产量与

启用
N:CO310

217

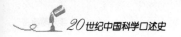

COX 相仿佛，而且糖分特高，因此每公顷的产糖量亦特优。兼以它又抗风、抗盐，总括起来，在环境极端不良的地区，越显出它的优良特性。雨人同我有了这个认识以后，一面继续大量繁殖，一面介绍 N:CO310 加入全省区域试验，当然也在虎尾各区繁殖中。1952 年春，区域试验收获后，成绩在各糖厂都是第一名，比 F108 要高 70% 的糖产量，仅在总爷与屏东的成绩与 F134 相伯仲。

台糖头两年因糖价低落，农民不愿种蔗，以致从前每年六十万吨左右的产量，到 1951 年降为三十五万吨，1952 年五十万吨。我对于细茎种有 COX 的经验后，推断 N:CO310 的适应性可能也与 COX 差不多，加以糖分高是它的一大特点。1951 年的冬季，花了三个月的长时间鼓吹推广 N:CO310，与公司农务主任刘协理说了再说，讲了又讲了若干次，最后他要我打"包票"。我看他这位河南老乡无理可讲，因而换了一条努力的方向，趁到各糖厂看区域试验的便，与各糖厂的主管们谈到这个问题。那时许多糖厂的厂长们都常下田看甘蔗，差不多每个人都赞成早点推广这个种。**直接到各糖厂宣扬新品种** 尤其到蒜头，看见那时的厂长陈宗仁先生（现在台肥的总经理）同他的同事们在 N:CO310 繁殖田中采苗，一个一个弯起腰在乱叶堆中捡拾剩余的蔗苗，像一群拾荒者一样。看了这一幕爱 N:CO310 的场面后，心中更感受到莫大的鼓励与兴奋，于是再往北走，一厂接一厂去看。最后到台中，到了水掘头的农场区域试验地。那时 COX 在大肚山上已生了根，满山遍野都是 COX 的白花在随风飘动。但那时叶烧病很猖獗，无涯的蔗园都是枯叶，好像是曾经被火烧过似的。在区域试验区中的各品种差不多都遭受同样的命运，全部感染了叶烧病。本来在叶烧病较轻的区域，叶烧病感染的程度，COX 是第一位，其次是 POJ2883、F134、N:CO310 等，而 F108 是会有抵抗性的，在叶烧病猖獗的地区却遭受同样的命运。心中当时就下了最后的决定：（1）COX 要全面禁种，（2）N:CO310 的糖分高，适应力强，可以推广。

看完农场以后，回到台中糖厂的招待所，适逢君毅总经理及雷宝华先生在座。我当时向君毅先生保证，并拍拍胸保证，每年假若有十万公顷蔗田栽种 N:CO310 的话，每年可收六十万吨的糖。君毅先生是一位敢作敢为的人，台糖公司正是计穷力竭的时候，有这种兴奋剂，也许可以死里逃生，当时频频地点头，决定当年就大量推广。1952 年 4 月，在糖试所的一项会议中，君毅总经理主持，当时决定推广 N:CO310 并全面禁种 COX。当年 5 月糖业公司在总爷开推广委员会时，赵连芳博士以育种的立场坚决反对一个品种只有一年全省性区域经验的结果就行推广，说的全是真理，假使那年推广的话，的确是一冒险的尝试。我默默地不作声。后经在场的同仁们的力争，赵先生在这种气氛下，最后的断语是："为挽救台糖公司的命运计，姑准予推广。"

那时叶烧病正在猖獗，不久以前屏东骆先生又以容易感染露菌病的 P. T. 43－52 来大量推广，那时 P. T. 43－52 虽不再推广了，但各地皆有露菌病的余踪，稍一不慎，露菌病可以再行猖獗。在虎尾的四五年种植的经验中，雨人告诉我，没有看见过一株罹露菌病的 N:CO310 病株，但 N:CO310 没有经过大规模的种植的话，情形又当别论。推广既然决定了，我的隐忧有谁晓得。

当年 6 月初我忽然接到公司的一件聘书，聘我为

拍胸保证，冒险推广

被聘为执委主任

N:CO310执行委员会的主任委员。委员是农务室主任刘淦芝，铁道室主任袁梦鸿，企划处主任陈器。我是顾问，本不负行政责任的，事前也没有同我商量过，这是霸王硬上弓的作风。后来想，我只建议不行，执行的事也要我负责，成功没有份，失败恐怕我一辈子就完了。但我已拍过胸脯，当然要去担当这个重任，于是与育种系的一个青年人林任图君（福建人，极有干才）到虎尾去开会。台北农务室黄端如兄（现任溪湖糖厂厂长）也被派来帮忙。

杨君毅、雷宝华的鼎力协助

记得最初开会时，是考察虎尾这一区到底有多少蔗苗可供采运，那时每一分公司派一位联络员，每天上午开会，下午到现场去视察。最初是有计划，但没有经费。那时正当君毅先生到阳明山受训，代理的是雷宝华先生。我写一封长信给雷，请他立刻拨经费以供急用。雷先生相当帮忙，请虎尾总厂厂长朱有宣先生先行在当地银行借款，以供委员会的各项开支。我对于雷、朱两位的鼎力协助，到现在想起来，他们的确帮了一个大忙，否则任何事都推不动，必定是一盘输棋。

自1950年从澳洲开会回来，看到在台的耕作方法，与澳洲所见的迥然不同，于是在各糖厂讨论这个问题。糖厂农务同仁泰半是本省籍，我又不懂闽南语，于是请同事厦门籍

不懂闽南语，请人翻译

的刘锡彬君作通译。这是1951年作的一件大事。目的是想把我们的蔗园（大的是一二百公顷，小的也是几十公顷）的劳力减少，就可减低成本，与增加生产同等的重要。爪哇的耕作制度是培土：一培、二培、三培，最后培到离地面一尺多高，台湾当时也是如此。我的建议，在最初是中耕除草，

动员改进培土方法

不去兴师动众的培土，假使真要使甘蔗不要倒伏的话，在最

后一次中耕时，可以用牛犁培代替培一点土。在那时候要在两个糖厂开两次会讨论，上午一次，下午一次，听众每次都有两三百人，又没有扩音器，那时我的嗓门还大，是不是那个时候抽香烟太多，或者就是大声嚷嚷太多，以致喉头常常发痛。台糖的农业人员，死硬派太多，新介绍来的方法，不敢考虑接受，一直到后来台糖全部机械化时，由于 N:CO310 也不一定要培土，我的建议才得实行，在最后中耕时只作一次简约的培土。

在虎尾开执行委员会，最初我的喉头老是在痛，还不在意，到了 8 月初，最后一次开会时，我已不能发声。刘委员看见情形不妙，劝我回家休息。一切都请端如兄来代劳继续以后的工作。事后的报告是："在虎尾共采运了蔗苗两亿一千万支，运往全省二十二个糖厂。使 N:CO310 栽培的总面积，由不到 1% 一下子增到 42%。"这是一件农业推广史上罕有的大事，参加工作的人们的辛苦勤劳是值得称道的。苗是运到各地了，生长的情形，我因在病中，只能常常在病床上问及、梦及，但不能亲自去看，是一件恨事。1953 年初夏，我病好从美国回来在车上远远地看见 N:CO310 的生育情形，心中很感到安慰。后来结果是这样的：

台湾农业推广史上的罕有大事

1. 单位面积产糖量之增加及总产糖量之激增。

| 年期 | 种蔗总面积 | N:CO 310 占收获面积(%) | 产糖率(%) | 蔗糖量（公吨） |
|---|---|---|---|---|
| 1945/46 | 28,489.25 | | 9.63 | 86,074 |
| 1946/47 | 32,936.62 | | 10.45 | 30,883 |
| 1947/48 | 85,054.99 | | 11.30 | 163,597 |
| 1948/49 | 120,288.71 | | 11.81 | 631,346 |

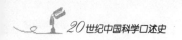

续表

| 年期 | 种蔗总面积 | N:CO310 占<br>收获面积(%) | 产糖<br>率(%) | 蔗糖量<br>(公吨) |
|---|---|---|---|---|
| 1949/50 | 118,452.00 | | 11.81 | 612,332 |
| 1950/51 | 78,811.99 | | 12.34 | 350,761 |
| 1951/52 | 95,203.14 | | 12.33 | 520,453 |
| 1952/53 | 108,522.30 | 0.5 | 11.46 | 882,141 |
| 1953/54 | 93,150.69 | 42.0 | 11.59 | 701,155 |
| 1954/55 | 76,311.57 | 68.7 | 11.84 | 733,160 |
| 1955/56 | 87,642.32 | 81.1 | 13.14 | 767,327 |
| 1956/57 | 91,109.60 | 91.4 | 12.41 | 832,749 |
| 1957/58 | 97,929.68 | 93.9 | 12.56 | 892,987 |
| 1958/59 | 96,262.06 | 94.4 | 12.16 | 939,862 |
| 1959/60 | 93,555.17 | 91.6 | 12.25 | 774,396 |
| 1960/61 | 97,408.67 | 91.2 | 12.24 | 924,313 |
| 1961/62 | 90,132.82 | 89.7 | 12.43 | 710,543 |
| 1962/63 | 91,096.10 | 80.0 | 12.42 | 752,341 |
| 1963/64 | 93,007.58 | 73.0 | 12.47 | 779,890 |
| 1964/65 | 106,475.15 | 59.0 | 11.25 | 1,005,547 |
| 1965/66 | 100,881.59 | 49.0 | 11.78 | 980.444 |
| 1966/67 | 86,819.30 | 42.0 | 11.77 | 751,720 |
| 1967/68 | 92,930.93 | 26.0 | 10.94 | 846,635 |
| 1968/69 | 90,311.93 | 19.0 | 11.37 | 735,641 |
| | | | | 估计:600,000<br>(实收590,000公吨) |

N:CO310 推广以后，当年所占的种植面积，从 1953 年的 1.30% 增至 42.80%。推广以后，糖业公司的农场当然栽培的很多，但蔗农们还存观望的态度，1955 年仅增加到 68.25%。1956 年自动地增加，变为 81.62%，从那年以后，一直保持在 90% 以上，至最近的前几年开始减少。

2. 因 COX 的全面禁种以后，N:CO310 的抗病能力得以显出，从前的萎靡的枯枯的蔗园，现在都是呈深绿色，活生生有欣欣向荣的气概。

3. 显然地，有了 N:CO310 以后，甘蔗和水稻可分区去种，不再有竞争的现象存在。N:CO310 不需要灌溉，许多瘦薄的地区，皆可种植，而且有相当的收获。

4. 糖分高为 N:CO310 最特有的性状。

5. 宿根制度的创立。N:CO310 以前，都是两年一熟。有了 N:CO310 以后，可以宿根，因此可四年三熟。缩短了甘蔗栽培期，从十八个月降到十四个月。稳定了台糖公司，并稳定了台湾那时的经济。那时百分之七十外汇全靠糖的外销。

占外汇收入的 70%

N:CO310 推广以后，本省人有叫我是"半仙"的，有说我是"甘蔗之神"的，外国人给我外号为 Sugar Li。我哪里配有这些夸奖和赞誉，N:CO310 推广的成功是被我误打误撞，侥幸看准的，还是靠台糖同仁们同心合力的帮忙，才有这个成功。

"甘蔗之神"的由来

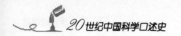

## 宿根制度的建立

1952年8月，我虽被病魔所扰，喉头不能发声，最后一次到虎尾，还请了虎尾区各糖厂的农务同仁开了一个小型的会议（四五十人），讨论宿根的问题。那时虎尾农场的蔗田也有一千多公顷的N:CO310，但都在采苗中，这是一个最好的机会来观察宿根在台湾是不是可以留。当时计划是一百多公顷。同时夏雨人兄在试验田中，只有一次的尝试，宿根（十二个月）的产量比新植的甘蔗（十八个月）还要高。我在台北养病时，王博士世中那时已被任命为糖业试验所屏东分所的所长，问我今后糖业改进的方向。我虽不能说话，好像给了他一个书面的建议，其中的第一条就是"台湾甘蔗宿根制度的建立"。1953年春末，我从美国扶病回台，5月初，在糖试所开农业会议，似乎那时是君毅总经理主持，希望那一年在糖公司的蔗田内留宿根一万公顷，请我为小组的召集人。这又是一个冒险的尝试，因为君毅先生来台糖前，已有一次大规模的尝试，用的是那时的品种如F108、POJ2883，全军覆没，以致全面废耕。N:CO310的推广，是一个冒险的尝试，成功与否还不知道。再来这第二次冒险，也许是我病后胆小，所以最后的议决及分派是五千公顷，只能达到君毅先生的一半。后来新植的成绩好，宿根第二年也好，在区域试验中，都是N:CO310这一个品种为最好。宿根制度在台之得以建立，N:CO310功不可没，君毅先生的大刀阔斧式的冒险尝试，也是成功条件的重要因素之一。这是N:CO310的推广前前后后的经过，看来平平淡淡，毫无惊奇的镜头。但这种冒险的尝试，只可作一次，我深深地体会出来这个大道理的存在。

N:CO310 推广成功后，论功行赏，我推荐：1. 夏雨人是首功，做试验勤劳，希望派他出国深造。2. 朱载炎写信索得 N:CO310 的苗有功。3. 汪楷民副处长繁殖 N:CO310 有功。都给他们奖金的。4. 潘毓成君援夏雨人例作区域试验，F134 得以推广，也被派出国深造。此外铁道处出力有功的两位同事，也得着奖金。

**论功行赏**

后来君毅先生晋升经济部长，刘协理淦芝得到政府的勋章，都与 N:CO310 的推广有关。

## 赴美就医

那时台湾物价已慢慢地在涨，我的薪金每月只八百余元，要供给三个孩子上大学，一个上初中，实有捉襟见肘的窘况。1951 年春偶然在图书馆看见英国 Dr. Huxley 的一本新出版的书，讨论苏联那个不学无术的李森科遗传学的那一套。那时人们逃难来台，喘息未定，不知道是人们的心理不健全呢，还是另有其他用心，谈吐间不知不觉地流露出李森科那一套邪说也对。我为维持学术的尊严，主持正义计，花了三个月工夫写了一篇《遗传学在民主与极权国家》的文章，登在朱骝先先生主编的《大陆杂志》内，约十余万言。每天花十一小时写，如玲极贤惠，每晚都陪我写作到十点以后，这是我第一次中文写作的尝试。那时的中文似乎写得不

**李森科遗传学**

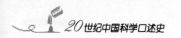

大流利，许多话，都是"中腔英调"，不通不顺的地方太多。我这篇文章发表出来以后，人们就不再在我耳边絮聒李森科的学说还是好的了。我每月拿到一二百元稿费，可贴补子女的教育费，也算是过着一段笔耕的生活。

1952年6月，在各糖厂讨论台湾甘蔗栽培法后，喉部常常在痛，到台南空军总医院耳鼻喉科姚主任那里去看。他说我喉头发炎，劝我少抽烟，吃一种抗生素药，还用吸入器加药熏喉头。这样地维持到八月初，身体日益萎靡，喉头越觉得不舒服。虎尾的推广工作虽然是摆脱了，但这几年来，劳心又劳力，皮肉造成的身体透支过甚，当时已宣告"破产"，Break down。姚大夫老说是喉炎喉炎，于是建议"陆海空"三军总动员来医治这个顽强的喉炎，开了三样抗生素药，每六个钟头吃三粒。那时没有公保，所有的医药费全是自理。每天要花六十四元新台币买药，实在可观。我以为有稿费，还满不在乎，好像稿费就够贴补一切的开支似的。直到1967年有位很要好的美国朋友来看我们，那位朋友喜欢收集各种古物，我请如玲拿一块袁大头送他。如玲说："我们在台南时，已把你从上海带来的一百多块袁大头陆陆续续变卖了去买抗生素药了，现在哪里还有剩余的。"若不是那位美国朋友来，我到现在还以为我那些袁大头还原封不动地好好地保存在家中呢。如玲当时又告诉我，她辛辛苦苦储蓄起来的金戒指也一个一个变卖完，都做了我的医药费去了。

自从进了清华以后，我对于中医常存着鄙视的看法。9月半左右，西医用科学方法医治我的喉炎，药丸吃了三个月毫不见效，病情反有加重的趋势。或许是反常心理在作祟，一位公司朋友一再劝说："公司有位儒医陈××，原是桥子头糖厂的副厂长，医道及医德都好。何不请来看看？"我就答应了。那位陈××来家看我病后，开了一个"单方"，只有一味黄连（要甘肃产的）。如玲卖了好多袁大头去买了一大块甘肃黄连，煎熬以后，要我把那种浓黄的苦水漱口来"清火"。袁大头花掉了，"火"还是没有清掉。

当年 11 月 5 日，贝斯台风从恒春登陆，台湾南部受损害相当严重。我因喉头不舒服，就冒着疾风大雨到空总去找姚大夫。谁知"天有不测风云，人有旦夕祸福，"却降临到我的主治医师身上。护士对我说："你不晓得吗？昨天晚上，姚大夫的房子被吹倒，姚大夫全家被压死。"那一天高雄一共有六人丧生，姚大夫一家就占了三分之二。我听到护士说的不幸消息，当时差一点就要昏倒。我的主治医师已过世，今后怎么办？我一面替姚大夫悲伤，一面替自己的病发愁，今后怎么办？

回家连忙写信给台糖公司雷代总经理宝华先生，说明经过。他回信劝我到台北就医，说台北医生多，又好，并说一切费用公司可以设法。于是如玲与我 11 月中旬乘火车北上，住刘协理淦芝家中。本来打算到中心诊所医治，但那时中心诊所正不收病人也不挂号的时候。无法可想，只得住在友人家中等。

**到台北求医**

等候中的我，心中惶惶！喉头更不舒服。经友人介绍，请了一位台北名医朱××来诊治。他每天到刘公馆来一次，因我血压高，给我药吃，叫我好好休息，血压高及喉病自然就会好。公司又大包小包的买东西来送我，精神上得到无限的慰藉。12 月初，中心诊所恢复收病人。如玲先去接头，想检查后就回台南。因为来时如玲告诉孩子们，十天八天我们

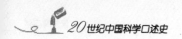

就回去的，而且北上时，行色匆匆，什么也没有带。家中的事向来都是如玲经管，当初离家时什么也没有安排，如玲实在放心不下。

中心诊所那时设备比较简单，挂号后，用担架抬我到二楼。在上楼的刹那，我心中想：人还没有到五十岁，生了病就得用担架抬，是不是今后就不能做事了呢？越想越为自己可怜，于是眼泪像珠子一样一粒一粒的从眼里滚出来。护士来量血压，不得了！主治的内科丁医生，是台北负有盛名**病危通知**的，他给如玲一张红色通知单，表示病危。病人随时都有不测的危险，家属要随时照料，不能离开，同时不准我走动，大小便都在病床上办理。我的伙食是中心诊所有名的西厨预备的，很讲究。如玲每餐都在外面小馆子里吃一碗面，过她简单清苦的生活。我的喉病经耳鼻喉科主任王××用一具手电筒似的工具随便照看了一看，不像姚大夫用很强的电光反射到我的喉头，又把我舌头用纱布包着拉出来，用火光小镜放在声带上，叫我说"咿……"那样检查，看后只说喉头发炎，休息休息就好了。他不知道我已经休息好几个月都没有好，我又不能说话，无法让他了解我的真实情形，自己干着急，因此血压一直保持很高的纪录。

台北住久了，才知道气候的坏，坏得骇人。1952 年 12**台北气候**月差不多每天都在下雨，不下雨也是阴天，全月只有三天出太阳。我是川人，蜀谚有"蜀犬吠日"的一句话，在台北也可以用得上。我本来有轻微的风湿病，在席梦思的软床上睡久了，觉得左肋下隐隐作痛，后来胸部亦阵阵作痛。医生说要照 X 光看看究竟是什么病。于是照全身骨骼，最后判断是我已有 Bone deterioration 的象征，胸部及头部的骨中有骨骼败坏的阴影。以现代医学的看法，这是癌症的 Metastasis，是癌症已行扩散的第二期了，从原来发源处扩散到骨头了。于是把我这个病人，从内科转到外科。科主任是张××大夫，他是台湾那时名医，在他手中好多外科的病人都手到病除，的确是今日"华佗"。我亦庆幸有这位名医来为我治病。当天晚上，中等身材、胖胖的邓大夫来检查我的摄护腺。邓大夫的手短，把他的短短的中指伸到我的肛门悉心的研究了约十分钟左右，这个难受的滋味，真不好受，真难形容。接连着有三位实习医生来研究摄护腺，各位实习医生研究的时间不等。最后一天是张××大夫亲自出马，他用的时间比较少。他们众口一词说我的摄护腺已涨大了。当然是一加一是二，摄护腺已涨大是癌症的发源地，第二期的扩散是骨骼败坏，加以我每天喊胸口痛、头痛，更证明他们的判断是百分之一百的正确。

于是 1953 年 1 月初我又被转回内科。这种科别的转换，当然给一个略懂医学常识的病人一种强烈的暗示。同时张大夫亲自告诉如玲，说我的癌症已到第二期了，生命最多可维持四五个月，如玲问他：到外国去医治有没有办法？也许他短暂的生命可以延长少许。如玲又问他：去日本好不好？他的建议是美国纽约的 Memorial Hospital 癌病医院。如玲请他可否等二十分钟，让她去台糖公司请负责人来同他讨论（这些交涉及经过，都是事后如玲告诉我的）。不一会，雷代总经理孝实和如玲来诊所，最后的决定是：由台糖设法送我到美国就医。有这样的决定后，孝实先生立刻上阳明山征得君毅先生同意后，一方面签呈陈辞修院长取得政府的同意，一方面又请台糖驻纽约的代表包新第兄向 Memorial Hospital 接

*被诊断为癌症*

*陈诚批准到美国就医*

头是不是有床位。我的运气还算好，骝先院长有一天在某宴会中碰到辞修院长，当时辞修院长在皮包中找到签呈立刻批准。

我在床上睡了两个月，好像患了瘫痪病，全身无力，喉头痛，全身都在痛，焦思若焚，血压仍然在 200 度左右。有一天，公司的同仁杨余庆先生找如玲，正值如玲外出，他手上拿着英文电报稿，我接过来看，是打给纽约 Memorial Hospital 的，把我这个患癌症嫌疑犯的病历寄给他们，看这个医院收不收这种病人。我有一个科学头脑，凡事都很细心的研究，口虽不能说话，头脑还是很清楚，尤其最近一切的遭遇，都是神秘性的。如玲愁容满面，事事都在支吾我，我心中已有数了。看见这个电报稿，好像晴天打了一个大雷，全身颤抖，如同被宣判死刑一样，想此生完了！完了!! 如玲回来已知道天机被泄漏，不能再瞒我。于是设法请同班同学芝加哥大学医学博士（外科）周思信同学从阳明山下来（他在山上受训），为我分析分析病情。他百般地设法安慰我，说："就是已得癌症的话，到美国去医，还是有救的。"他又悉心地看了我的 X 光照片，的确在胸骨及脑部都有阴影的存在。可惜 X 光专家吴静博士那时在国外考察，之后我已去美国，他回来把这些阴影发生［的原因］找出来了，原来在脑部的这些阴影是底片发霉所致。

底片发霉导致误诊

不久，美国纽约 Memorial Hospital 的回电来了，说"可以"。出国手续向来很繁杂，如玲就托好友孙××去办，两天后全部办完。记得那次台北的报纸还说："三小时内就把出国手续办完哩！"最后一关是到美国领事馆签证，担架抬我到汽车上，由台糖公司顾问 Mr. Arms 陪如玲及我到领事馆,领事(女的)出来,我睡在车后座上作宣誓等等手续。那位矮胖中年妇人,好像很同情我似的,说:"那么远的路程,你这个衰弱的身体,吃得消这个长途的跋涉吗?"并祝福我顺风及平安地到达目的地。

我已两个多月瘫在床上,事事都离不开如玲,自己绝对无法一个人前往纽约。于是与孝实代总经理商量,孝实先生是一位慈善为怀的长者,知道如玲曾学过护士,于是请如玲照料我到美国,她的费用,也由台糖公司负担。当然孝实先生又去辞修院长处一次才办妥。辞修、孝实两位先生的同情心及对学人的爱护,实在伟大。一切手续办好后,如玲希望回台南一次,把家中事办妥,再来台北陪我到美国去"治病"或"收尸"。不知是我心理反常还是自私心太重,高低不让如玲回家。在台南的四个孩子,每个月只有八百余元的收入及一些配给做生活费用。长女恩泽,就读台中农学院二年级,我病后已休学在家半年了。长子泽豫那时读台南工学院三年级,是一个十八岁的大孩子,我们走后就要他"当家"。次子泽楚是台南一中三年级生,小妹惠泽才读光华女中一年级。经孙××的安排,他们坐夜车来看我,我一见他们就悲伤不已,暗想他们今后的生活及教育,都只有靠如玲了。当天晚上他们又回台南去,临行时,我更悲哀,以为这是永诀了。

1月21日,担架抬我下楼坐汽车到松山机场。送行的人很多,我眼泪汪汪,不敢看他们,似乎朱骝先院长也到车门旁来望我一眼。在抗战胜利后,总干事萨本栋院士患胃癌,骝先院长亲自送他上飞机,本栋当时还自己能提行李,不料竟成永诀。所以骝先院长见我软弱狼狈情形,连看都不忍多

朱家骅送行

看。担架抬我上飞机，那时还是螺旋桨的发动机，从台北到东京，足足要飞八小时。上机后，空中小姐已经把两列座位放平，好像一张床，让我睡在上面，外面还张一个布帘。到东京后，台糖驻东京的代表是清华同学赵璋兄，来机场照应，送我们到医院去检查，是不是我还可以继续前行。第二天坐 Pan Am（泛美）的飞机经阿留申的一个小岛（十小时）再飞西雅图（十小时），接我们的是包新第兄约的杨××君，他是从旧金山飞来的。办入境手续后，把我们送到飞机场附近一家医院。担架抬进去，一个护士带我们进一间病房，把我放在床上后，我抬头一望，对面的门牌是十三号。我有入境从俗的迷信，请护士把这个门牌盖起。院长是一位白发、五十岁左右的矮子（约五尺六七寸）。他说美国治癌病的医院，著名的有六七处，何必去纽约那样贵的医院，还是治不好的，算了罢。才到美国就被浇了一瓢冷水，心中不禁愀然。第二天，又换了一架飞机，十小时到纽约（纽约时间是下午三时许），除新第兄嫂外，尚有江杓先生等来接我。担架抬我上救护车，新第兄驾车，如玲坐在他旁边。过联合国大厦时，听到新第兄告诉如玲左边就是联合国大厦。我也偏偏头想看看这个像火柴匣的高建筑，当然没有看见，因为睡着的姿势之故。新第兄对如玲说："先闻凡心未净，死不了。"

到医院后，他送我到七楼的二等房。本来在台北时，预备我住一等病房，因我是台糖的"大员"，要显一显阔绰的身份。但是那种医院，进去后，出来的很少，多半是从后门太平间出来。头等病房，是留给病危的病人们住的。我住的房间已有三人，我的病床是靠窗的。我向窗外一看，摩天大

（侧栏）

抵达纽约

"凡心未净，死不了"

楼林立，那时最高的两座是 Empire State 及 Chrysler。我心中在盘算，这是花花世界。离台北时，至友孙××劝我说："只要您想活下去，不治的病也可以好。"我记着这句话，把脸转向室内好好地养病，不再东想西想了。室内虽有四人，但很宽敞，还有一个盥漱间，约十二叠榻榻米大。如玲则被新第兄送到纽约西城的一个旅馆内，孤孤单单的一个人住在十五层楼上一个小房间内，每天坐计程车来医院看我。医院的规矩，下午一点到三点，晚上七点到八点，是探望病人的时间。大家都知道医院这个规定，执行甚严，奉行无误。

我的主治医生是 Dr. W. F. Whitmore，是泌尿科的名医之一（癌症），那时南下密雅密去开刀，不在医院中。当晚就有助手来检查我的摄护腺，好像很轻松似的。费时只有半分钟，病人亦不觉得难受。其他的全部身体检查，陆续在进行中。第二天早上到 Dr. Charles Harrold 医疗室检查我的喉头。他有六尺以上身材，约三十五岁左右，是美国耳鼻喉科名医之一。他用的方法与姚大夫所用的一样，但是让我说"咿……"外，还让我咳一咳。他立刻说："你的声带座上长了一个瘤，小事体，等到你的摄护腺开刀时，再一并解决。"

三天后 Dr. Whitmore 回纽约，到医院后即来病室，替我检查摄护腺。他约四十岁左右，有五尺八九寸高。好像随随便便似的，不一会儿，检查手续就办完了。再过两天，下午来告诉我，从头到脚趾，都是健全的，并无癌症的现象。我听了以后，坐起来抱着他的络腮胡子的脸亲了一下，同时护士们都来向我道喜。下午如玲来看我，我告诉她，她叹了一口大气说："有句话我藏在心里好久了不敢对你说，张××大夫说你的生命只有四五个月，陪你来是看看有没有办法医

*从头到脚趾都是健康的*

治，假使没有的话，还是陪你回台湾……"她走后，我就反复地想："谁在骗我？"当天及第二天晚上都没有闭过眼，经住院医生打了一针可让骡子睡倒分量的安眠剂后，还是睡不着。之后，我才了解一个神经失常的病原之一，那就是："想不通。"

当我住在医院时，头三天如玲都住在西城的旅馆中，举目无亲，的确是相当的苦。她有远亲，也是中学同学，她三婶的侄女应惜阴。她先生是 Dr 游维义（Horace Yu），曾在美国西北大学学医（外科），后又在北平协和大学任教，抗战后游家全家迁美，那时住在长岛。经联络后，维义兄他们来看我，并在他们住处楼梯侧代如玲租了一间小房（好像上海的亭子间）。从此如玲有亲戚照料，来时虽然是麻烦（公共汽车，地下电车，转车），但我心中安适多了。

**做喉头瘤手术**　摄护腺既然没有病，喉头的瘤，还是要割去。同 Dr. Harrold 约到他的诊疗室去开刀。第一次，只用局部麻醉，他把一具约一尺长的开喉器，塞进我喉头时，我咳，打噎，呛，非常难过。他看局部麻醉不行，于是另约一天去开刀房，施全身麻醉，来割掉这个声带座上的 Polyp 或 Singer's node。2 月初早上八时许，护士来推我上十二层楼（最高层）去开刀，全身麻醉后人事不省，初尝 Ether 的经验，在开刀房约一个半小时。下午一时许醒来，第三天接到报告，说是良性瘤。于是我心中千钧的重担一扫而空。

开刀后第三天 Dr. Harrold 到病房来检查我的瘤，发现还有火柴头大小的一块（原来是黄豆大小的）尚未拿完。2 月 7 日出院住在维义兄嫂家中，隔一天到 Madison Ave. Dr. Harrold 的私人诊所去上药。去了两三次后，Dr. Harrold

找了一位男医生来帮忙，想用局部麻醉，把剩下的那小块瘤拿掉。当然是旧戏重演，长筒伸进我喉部，咳、呛不停，手术只得停止。Dr. Harrold 要我再进医院，等到 2 月 19 日，又搬进医院。第二天，一清早八时就推我到开刀房，全身麻醉后开刀，醒来也是下午五时左右，左臂在打盐水针中，右臂被胶布绑得牢牢地，不要我去抓。而脖子上似乎贴了许多胶布，很不舒服。后来发现颈上还悬有一只长的橡皮管。

想到上次在医院时，有一个患癌症的病人，声带完全被割去了，脖子上有只弯弯的铜管五寸长，带橡皮管插在他的气管中作呼吸用。他常常把铜管拿出来，把管内的黏液吸掉。鼻中还有橡皮管通到胃。用餐时，把液质的食物灌进胃中。那个病人，已三进医院了，自己还不能说话。每天早上一早就有两人来教他说话，教授人的发音，通通是低音，嘴先动，声音随后发出。据说是用丹田（胃隔膜）把空气逼出来，用唇舌等去调节它，就可以有不同的音调。当然这种语言，又是一种。病人要学习三五个月，才能彼此了解。我一想到那个病人，就害怕得不得了。莫非是我也害了癌吗？

失声患者学发音

事后才知道，我的脖子短，开喉器很长，为想把那一块剩余的瘤完全除去，免得以后再长，Dr. Harrold 及他的助手们细心割除，费时约三小时，怕我伤得厉害，出血太多，在我的气管中，穿了一个洞，安置一支铜管（四寸长）以作透气用，免得喉头阻塞，呼吸困难。用意太好了。不料一波未平，一波又起。

细心的大夫

脸浮肿假充胖子　医院中室内设备很考究，窗都是避风窗，两层，严不透风。窗的下部还另有一块玻璃，约一尺高，以备在隆冬开窗时，冷的空气不直接吹进屋来。屋中温

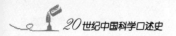

度经常保持在摄氏二十二度左右，因此我们盖的是一条被单，再加一床薄薄的线毯。开刀的那一天晚上，半夜我咳得很厉害。醒来，见窗半开，迎头风吹得我打抖，窗外雪花乱飞，特别看护又不在。他来后，赶快替我们把窗关好，对我道歉又道歉说：他因室内太热，才把窗打开。我自认倒霉，遇见这么一个不懂事的特别看护。他白天还在哥伦比亚大学念书，晚上出来做特别看护。

我咳嗽时，辛苦得不得了，咳声一半是从颈上的洞洞出来。记得我在小时候，见家中养的肥猪，过年被杀死后，在它的后腿上割一个小口，就从那个小口中用嘴吹气，猪就全身鼓起，气都吹进表皮、里皮的中间，然后去毛。这个记忆犹新，不料自己已变成了一个活猪，咳嗽时，气由颈上洞中吹进表皮、里皮中间。天亮后，我的脸浮肿到耳根，俗语说"打肿脸充胖子"，这次我是"吹肿了脸充大胖子"了。Dr. Harrold 上班时，看见我那个狼狈的情形，也骇了一跳。检查后知我声带上瘤已完全割掉了，创伤还算不太厉害，于是就把我气管上的铜管拔出，洞口塞纱布，外面加纱布、胶布包好。检查时，我的颈项全肿了，胸的上半部亦发肿。假使迟一天的话，我将成为待拔毛的小猪了。

医院闻名全世界，四方的癌症病人全在等候住进去，所以我的伤口还未收口，2 月 24 日就出院到维义兄家。因 Dr. Yu 是外科医生，换纱布的事 Dr. Yu 就可代劳，这两进医院，两次都是前门进，前门出。

三进医院　在台湾病理的诊断容或有错误，以经验不足、设备简陋。在 Memorial Hospital 情形以为可以两样，但出院时，医院给我一个通知单，说：（1）恐怕有胆石。（2）

"吹肿了脸充大胖子"

注意高血压。（3）脊椎骨有七节有锯齿的生长。经与维义兄商量，还是设法把胆石割掉为上策。于是到维义兄工作的医院哥伦比亚大学附设的医院去检查，经医生费时两天悉心的检查后，没有胆石的征象。自此以后，凡是一切使我日夜焦虑的病根都去掉，如喉炎、癌症等等。心中自然宁静了，加以二十余天的休息，在哥伦比亚中心量我的血压时，很正常。医生就奇怪了，要研究我血压高的原因，把我的手放在冰水中浸了一分钟后血压就陡然增加了三十多度，原来我的血压高，是神经质的，而不是机能有问题。3月14日就出院，我常以此自傲，三进三出，都是从医院前门。的确是死神还没有来临，不是我有特别的本事。反过来，假使政府不把我送到医药发达的国家去的话，已被宣布"死刑"的我，恐怕早已是"历史上的人物"了。

医治风湿病　床上睡久了，风湿病越来越严重。既不能走路，脖子亦不能转动。维义兄建议到 Columbia Center 的理疗科去治疗。吊颈摆动，深热灯的照射，然后高大的瑞典人一只手的按摩。约十次后，病情减轻，痛苦情形亦好了不少。在维义兄家休养，经如玲扶着重新学习走路，约二十阶的楼梯，最初上下每次各需十分钟。走五十米远的路约半个钟头。到4月初，自己可以慢慢走上街理发了。4月中旬，糖业试验所的王世中博士来信说台糖公司那时财政很困难，恐怕薪水都要发不出来了。我本想到美国西南部干燥的地方去休养一些时候再回国的，知道台糖经济困难后，想到台南的气候也很干燥。加以如玲想儿思女的情绪，一天比一天的在增加，最后决定4月底启程回国返家。

5月1日到夏威夷，以衰弱的病躯，由如玲扶助着勉强

*三进三出*

*神经性高血压*

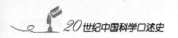

考察夏威夷糖业

参观了该地久负盛名的糖业试验所及糖厂。与世界有名的甘蔗育种学专家 Dr. A. J. Mangelsdorf 畅谈，奠定了以后的友谊。并与曾到过澳洲去参加世界糖业协会的各方人士重晤面，此行为时虽然很短，但收获甚丰。

回到台南时，已 5 月 15 日了。到台北在飞机场接我的友好们都热情的欢迎，我也自庆能更生，活着回来见到他们，不由得欣喜的眼泪要出来，又被我咽下去。这些往事，现在想起来还感激国家贤达的当局们爱才热情，使我得能生还。在此我向他们致无限的敬意和至诚的感谢。到家见子女都平安无恙，虽说曾有时吃稀饭，顿顿吃炒白菜，但都健康，一家又团聚了。

病中的几件小事：

美国医生医德可敬

1. 人们都以为美国医生是爱财的，我的看法却不同。美国医生是看病后再送账单（Bill）给病人，由病家付钱。Dr. Whitmore 看了我十几次，先是不肯收费，经维义兄劝告后，开了一个七十五美元账单来。Dr. Harrold 为我开刀四次，看我病至少有二十次以上，只开二百元。通常在 Madison Ave. 看病的医生们，病人去看一次或他来医院看病人，就只说"今天你觉得好一点吗"都要五十元，但看我胆石的医生，［只］开了二百元，Dr. Horace Yu（维义）七十五元。这些医生们都是年轻力壮，毫无架子，和蔼可亲，有高度的同情心。医德都是世界上第一流的，不只是有华美的建筑，精确的设备而已。我后来去美，这些医生们都是免费为我检查，认为我的寿命可活得长。他们都成为我的好朋友，常常通信，我很感激他们，佩服他们。

2. 同情心。在癌病医院中，许多的病人都在等死神的来临，医院中似乎有一片消沉的景色。不管是病人、医生、看护，甚至于探望病人的戚友们，好像都具有高度的同情心，都忧戚相关，把世界上的纷争、妒忌、斗争，都抛到脑后去了。我在医院中，前后差不多有一个月，生活在人类自己造成的天堂中，美满快活得很。相反的，在 Columbia Center，我住在一座楼，这是供给纽约区有钱的人们来检查身体的场所。那儿的人们还生活在妒忌、抢夺、纷争的气氛中，人与人相处，只有利害，而无同情。病人与病人间不相闻问，看护懒洋洋的似理非理。看见这个强烈的对照后，对于人生观，似乎更了解，更明白一点儿。

3. 到美国去医病这一趟，一切的用费共计花了美金六千三百元左右，这是包括住医院，药，特别看护，医生费用，我和如玲的"出洋差"费（每天九元六角）及我们的来回飞机票。返国后，听说有些人向有关机关告了君毅先生一状，说他用了十万美金送我去美国医病，我要在这里为君毅先生作证明，并申冤。

4. 抗战期间，我把吸烟的恶习染在身上，在开会时，每天可以抽两包。后来自己讨厌自己吸烟，当然全家都讨厌我有这个恶习。到台湾后，设法戒烟四次，都因立志不坚，随戒随吸，戒不掉。病愈后，发誓不再吸，到现在已十八年，从没有再吸过。本来吸烟是一个习惯，而不是真的有瘾。自从把烟戒掉，将节省下的钱，为家中多订阅几份报纸，如玲很欢喜的赞成这样做。

戒烟

5. 住在刘协理淦芝家中的时期，得刘协理太太周慕文女史的鼎力协助，热心照应，我衷心感激。在此向她道谢，并希望她永远保持健康。

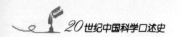

这一次的生病，是积劳所致，但是一幕一幕的展开，又都是被动的。自 1952 年 6 月初开始到 1953 年 4 月底止，都是在惊风骇浪中度过，随时都有遭受暴风雨的危险，虽然是吉人天相，事事都逢凶化吉，但精神上的打击，是极严重的。每天晚上非安眠药不能入睡（九个月），加以从前是好动的个性，病时每天睡在床上那么久，吃又吃得那么多，从前不到六十公斤的我，一变而为七十三公斤的矮小胖子，这

**体胖致病**

种肉体上的改变，对于以后高血压不降低，继续保持那么高有关。我当时以为体重的继续增加，表示我不是癌症的患者（癌病的病人，体重总是日益下减），自觉庆幸，还不知道病根从此潜伏在我身上。加重是容易，减肥实在困难，没有人告诉我保生的道理，吃亏的还是我自己。以致今后的一生中，经常与病魔为伍，这一幕的虚惊，不过是开始而已。

1953 年回国后，说话仍不方便。晚上愁肠百结，东想西想。以致借助于安眠药，才能入睡。这样生活，经过九个月，才安静下来，晚上能自己入睡。

N:CO310 当年丰收，既无叶烧病，复无露菌病，从前 F108 时期为害甚烈的 Mosaic 及赤腐病，好像已绝迹似的，心中很安慰。本来最不安的是公司为我医病用去一笔外汇，那年既然甘蔗的各病都没有了，所增产的糖就不少（如前表所列），若以每公吨 N:CO310 所产生的糖价，[治病费用只]是总增产中的小部分，因此我才稍稍觉得心安些，觉得对得起国家的爱护。

## 参加马尼拉太平洋科学会议

从美国回来后，中研院李济博士是代表团的团长，约我前去马尼拉参加第八届太平洋科学会议。

1953年10月去马尼拉，战后菲列宾的首都正重新在建设中。街道上用吉普车改装的 Jeepsie 犹如上海的电车一样，随时随地皆可上下，不论远近，都是一角菲币。开会期间，有一天晚上李济博士被大会邀请讲中国铜器，材料丰富，英语清晰，的确是个好的讲演。听了以后，我也为中国有这么好的人才而庆幸。

开会期间抽空与沈宗瀚博士（团员之一）到菲列宾大学农学院去拜望 Dr. H. K. Hayes。菲大与美国 Cornell Univ.（康大）合作，每年由康大农学院派几位教授去菲授课或指导研究。Dr. Hayes 曾在康大做过访问教授，所以被康校邀请到菲大作访问教授，指导该国玉米的育种工作，贡献甚多。Dr. Hayes 曾被中国政府邀请到过中国一年，住在南京孝陵卫中央农业实验所。沈博士与他是旧识，有时晤谈，沈曾谦虚地称 Dr. Hayes 为"干老师"。这个妙语，使那位明尼苏达农艺系主任矮胖的秃顶大师，笑得前俯后仰，连说"不敢当，不敢当，不配，不配。"当晚我们就住在 Los Boneous（在马尼拉东南五十英里），在铁丝网围着并有卫兵严密守卫下的美国教授们的住宅区住一宿。那时菲的虎克党横行，警卫不得不森严。

"干老师"

从菲返国后，N:CO310 开始在收获，以蒜头厂的成绩看

来，从前 F108 时期，这种中上的土地每公顷仅产七万公斤弱的甘蔗，糖不过平均八公吨多。现在每公顷产蔗量是十二万多公斤，而产糖量可高达十五公吨。每到一厂，大家都兴

**"摇钱树"**

高采烈，笑容满面的来招待我这个"摇钱树"。同时 N:CO310的宿根的产量也很好，可达新植产量的七成以上。我曾拍胸答应君毅总经理每年台糖可行六十万吨糖的保证，幸不辱使命，心中坦然。


## 赴法国参加第八届国际植物学会

**住在大使馆**

1954 年 7 月到巴黎参加第八届国际植物学会，蒙段公使茂澜博士的邀请，我就住在大使馆内。茂澜博士的弟弟是茂瀚，是我清华的同班同学，段公使是清华 1920 年的校友。公使短小精干，曾在美专攻语言学，可讲又可写许多欧洲语

**段茂澜**

言及文字，如英、法、德、西等等，实在是一位博学之士，严肃而方正，不苟言笑。大使馆是以前顾维钧博士所置的产

**顾维钧的产业**

业，入内，镜子很多，很考究。惜乎我去时因经费短绌，以致失修。战后法国对于我国很冷淡，使节始终没有升格。

这次去开会太匆忙，事前没有寄论文摘要给他们。开会报到时，在巴黎大学（会址）才与当事人接洽，并安排一个报告的时间。论文宣读时，尚称满意。

巴黎的生活习惯，跟我这个生长乡间的人迥然不同。我是日出而作，日入而息。在巴黎，人们的习惯就不同，大使馆办公是早上十一时，早餐是九时许，午饭是下午四五点，晚饭是晚上九时。植物学会开会是早上九时，所以一大早我

就起来，七时一个人吃早饭，八时搭计程车到巴黎大学去赴会。

7月的巴黎，晚上还很冷，盖的是鸭绒被，恰到好处。这个花都的风景很美。Seine 河上的桥上雕刻甚多。凡尔赛宫，律佛宫，Notre Dame 大教堂是雄伟古老的教堂。凡是到过巴黎的，都有详尽的记载与描述。没有生花笔的我，只得从略。跟着到瑞士的 Geneva 是我毕生难忘的一个风景区。当时有这么一个心愿，假使有一天，生活无虞，而又可以购置产业的话，退休的场所当以 Geneva 为首选。惜乎现在已届退休时而两手仍空空，当时的心愿，现在还是个幻想而已。

塞纳河

之后，北去丹麦的首都 Copenhagen。大学中的著名的生物学家们，因事前没有接头，都去"避暑"了。该地那时是十四五度，是台北冬季1、2月的气候。过海到瑞典的 Lund，到国立遗传学研究所，会见不少的旧识与新知。中午在学生饭厅吃完冷食，我以为已吃完了，但同行的人说还有热食，有汤，有肉，有菜，又吃了很多。桌上供给的饮料，不是清水，而是大罐的鲜牛奶，随便斟饮，不计值。一餐所费共计美金七角五分。若以现在的美国通货的情形算来，这顿饭非破费十元美金不可。瑞典地广人稀，产量丰富，食物充足。所以这一带的人，都是彪形大汉，男人六尺开外的身材，女的都美如天仙化人一样。跟着再到 Svalof，参观了 Dr. A Gustaffssen 的研究。他用 X 光照射大麦，引起矮生种的突变，引起了我无限的兴趣与深思。

瑞典饮食

之后转到伦敦，短短的五天，看了牛津，又看剑桥，及其他的研究机构，使我日夜的奔波应酬。与陈源（通

陈源

伯）教授重晤，又与陈尧圣博士认识，这是额外的收获。

## 三到夏威夷

从英伦转到美国，在纽约会见那些老朋友及医生们后，南去 Florida Palm Beach Dr. E. W. Brandes 的试验所及住宅。Dr. Brandes 约六尺二寸高，比较胖，和善可亲。他的个性很特别，对于他佩服的人们，他五体投地的佩服；相反的，他是不屑一顾的。他是学植物病理的，但他的工作及成功的杰作都是在甘蔗育种方面。第一次世界大战以后，1914 到 1918 年，他捐了二三万美金，买了第一次大战用过的一架水上飞机（一个发动机）。约了在爪哇工作的荷兰植物学专家 Dr. Rumke 及退伍的飞行员一行三人，到新几内亚 New Guinea 吃人的土人区中去采集原始的甘蔗品种来作育种材料。事前他们设法把油料运到该岛的港口，然后坐船到该岛的东部港口。那时既无雷达，亦无加油站，一切都是凭自己的机智与十二分的运气。历时数十日，最后收集了原始的甘蔗品种几百种。Dr. Brandes 为我讲这个故事时，就费了两整天。他这种冒险精神，我听了以后，亦为之神往。Dr. Brandes 讲故事时，只准我有发问权，而没有发言权。他的太太常常在楼下催我们吃饭时，他一定要把故事一段的高潮讲完后才肯下楼去吃饭。夜以继日地讲，的确我上了整整二十小时课以后，深深地感觉到欧美的科学家们实事求是的冒险精神。为了一个玄想与目的，不辞千辛万苦，冒生命的危险去找原始的甘蔗种，带到这个文明世界来。

听 Brandes 讲

故事

因 Dr. Brandes 的介绍，我为糖业试验所也索到三百余种寄回台南，还同美国农部糖业组合作做细胞的研究。最后发表的一篇文章，是 1967 年做的。自此以后，Dr. Brandes 与我变为莫逆之交，差不多每两年我都去 Florida 看看他，一直到 1967 年，他以七十多岁的高龄得心脏病弃世。到现在我有时梦中还看见这个高个子、白发的大胖子，有魄力、有计划的伟大科学家。

从 Florida 转到 CIT 拜望 Dr. G. W. Beadle 以后，就到夏威夷，这是第三次了。第一次是 1929 年留学回国时在那里住了一宵，第二次是 1953 年 3 月 5 日生病后住了十天。对于夏威夷的风景及气候，一向想慕，这次是第三次到该地。台糖公司的意思，希望我在那里仔细地考察三个月。我用了一个礼拜时间看糖业试验所，每天看一部门。所长主任们都是白种人，干部是中日的侨民，待遇当然差得很远，以致常有愤愤不平的言论，有时也说给我听。夏威夷一向都被称为世界各色人种熔炉，种族的不平等尚如此。我的结论是：哪色人种是主持人或当家的话，当然或自然地是奴役其他人的主人，这是必然的公例，不独夏威夷如此，不独这个小小的岛如此而已。好像当地的土人，原来是马来西亚一带（高山族同族）乘独木舟在若干年前来到这个岛生聚繁殖的。他们的酋长一家人，似乎那时被尊敬得比白人还要高一级。男士们都是大块头，六尺以上的身材。女的肥硕无比，有的重逾一百五十公斤以外，腰大十围，土人们还称赞她们美丽无比呢！

我想凡是到过西方国家去访问的人们都有这个经验，就是一个礼拜七天工夫，只能排上五天半的节目。参观试验所

考察糖业试验所

时，也是只排上五天半。好在我有一位至好的华侨好友 Mr. Q. H. Yuen，他身高五尺八九寸，胖胖的圆脸，和蔼可亲。他是夏大毕业的，对于台湾去夏的人们有所偏爱，招待殷勤，有真正友情的流露，到现在我们还一直通信，保持友谊，这是值得一提的事。他毕业后就在糖业试验所从事杀草剂的研究，很有成绩。家中有两辆汽车，于是我们利用这个机会到 Oahu 岛各种地方去游玩，因此我对于该岛的每一个角落及风俗人情，都摸得很清楚。

**草裙舞**　　礼拜天下午，照例有一个草裙舞，说是为观光游客举办的，Mr. Yuen 同他的家人们（共五人）也到公园去观光。舞女们是各岛选派来的少女，穿得五颜六色，有俊的，有丑的，有的是杂种。就是身黑如漆，一律都是身材适中，黑里带俏，面带笑容。有的是十四五岁的少女，有的是十七八岁的大姑娘，似乎每一位都是受过严格训练的，步伐整齐，举动一致，却把腰向左右前后扭动，转动得圆圆的，胜过埃及的肚皮舞多多。无怪乎每一个节目表演完毕后，掌声如雷动，吹口哨的声音四起，观众都在狂喊 Alohoa（夏威夷称"好"的口语，包括甚广）。历时久而不衰，一直嚷到第二个节目开始才停止。有时年纪稍大的也来表演，这些"徐娘"舞艺已到炉火纯青的地步，比小的一代技术高明多了。有时表演是男生装扮的，扭腰的本领令人作三日呕。

我从在清华园开始，就喜欢钓鱼。在成都时因一天到晚都在谈公事，有时到礼拜天，还有人找到家中来谈。于是我去河边钓鱼，实在是逃避现实，去休息一番。好像学姜子牙在渭水河边钓鱼一样，有的时候，浮子整天都没有动一下，我还守到天黑才回家。因此钓了四五十年的鱼，我的钓鱼技术还是幼稚得可怜。有一个礼拜天，Mr. Yuen 带我到火鲁奴奴的另一边，在傍晚时，看见一个钓鱼的，他把他的车竿四五只插在岸上，人走到另一边，不一会，车竿发出"叽叽"的声音，他听到以后，慢慢地走回来，把那一只车竿收起，钓上来的是一条七八斤重的大鱼。他用的鱼饵是两三寸长的小鱼，这是他唯一的本钱，市上买，或自己动手去网。当时他把钓鱼的成绩给我看，在极短的时间内，那样大的大鱼，已钓了二三十尾，我看了以后为之咋舌。钓鱼都那么轻而易举的话，也用不着技术了。

夏威夷的人们，尤其是土著，很喜欢吃 Poa，这是一种发酵过的芋头泥，当然淀粉很多。中年以后的土著，尤其是娘儿们，除开他们有美食以外，Poa 是催肥的真正好材料。

Poa 催肥

提到夏威夷，人们向往的，都是 Waikiki 海滩及 Diamond Head。我从前在美国加州时，碰见一群女生，被日头晒得黑黑的。她们告诉我："这个 Tan（黑），是花了几千美金到夏威夷才得到的。"夏威夷的美，是它有蔚蓝的天空，春夏秋冬都是一样的气候，十七八到二十二度（摄氏）。晚上凉风习习。有高山，又有平原。我在参观农场时，不小心把我的右臂露在日头里，时间很短，因为太阳太强烈，我的胳膊由红而变黑，后来脱了一层皮才了事。无怪乎夏威夷的太阳那么值钱。

那时夏威夷的经济有三个来源：一是甘蔗，二是凤梨，三是观光旅客。税的收入，是少而又少，微不足道。

经糖业试验所的帮忙安排，第二个礼拜到糖厂的农场去参观。夏威夷有五家美国公司，经营了若干糖厂，那时每年产糖一百三十余万吨。除留供自己食用（一百万不足）外，

参观农场

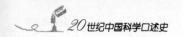

其余全运去美国销售，那时每吨的价格（麦惠区）是美金一百三十余元。台湾外销的糖价，要比着纽约的糖价而定，最近几年，低到每吨只卖三四十美元，不过是夏威夷那时糖价的零头而已。这种价值是大大亏本的价格，多出多亏。国家的损失太大了。我每天到糖业试验所等糖厂派来的人来接我。每天的节目不同，倒很紧凑，下午三时回来。

　　夏威夷糖厂蔗田因在坡地的缘故，所以全年都是灌溉，全年都在压榨，因为控制得好（灌溉），所以步留（糖分）很高，在13%以上，是世界产糖地区糖分最高的。每公顷的产糖量占世界第一位。二十四个月的甘蔗，每公顷可产糖二十三四吨，天气好，管理好（科学研究的所得），甘蔗在收获时可长达五米以外。因受人口缺乏的压迫，所以一切田间的操作都是机械化，施肥及杀草利用小型飞机。与台湾的情形比比看就大不同，到现在还是人工操作，收获时，一块蔗田内，就有一二百人在操作。夏威夷呢？收获前一月，蔗田就停止灌溉，收获的那一天早上，先放火把蔗叶烧掉，然后用机械去抓甘蔗放在卡车上，运回场中，洗净泥土，有时连大石块也一起抓起来的。压榨的手续，和台湾略同。他们全年都在压榨，栽新蔗，但是去参观的人们却看不见有人在工作，大多数是机械化的缘故。所有打白领结的工作者都是美国大陆去的，监工们是日侨，工人是从菲列宾引进些文盲做粗工，但懒得出奇。据说以前是勤劳的华侨或日侨在田间工作。后来华侨却到都市去开馆子，卖杂货；日侨又一个个的升为工头。阶级分得那么清楚，报酬差别又很大，这对于美国提倡 Civil Rights（种族平等）是个大大的讽刺。

　　Oahu 岛上的农场看完后，其他的各岛与 Oahu 岛的环境差不多，因此放弃不看，而把第三个礼拜的时间专门到夏威夷岛去看糖厂。夏威夷岛是夏威夷群岛中最大的一个岛，顶上还有两个活的火山，观光的旅客们都要去看看的。这个岛又名兰花岛，但是我在岛上花了五天的工夫，也不曾看见一棵野生的兰花。当我们乘飞机接近这个岛时，岛上的半山都被浓雾笼罩着。该岛那时每天早上十时许下一场大雨，一直到中午才停，蔗田差不多全在斜坡地上，但完全是机械化。有一个糖厂的蔗田是火山流出来的溶液冷却后的地，田中看不见土壤，但仍种甘蔗，据说每公顷还有十五、六万公斤的收获。天晓得！这真是得天独厚的仙地，无怪乎，一个小小的白人领工，在澳洲开会时有那么大的口气，好像不可一世的样子。

夏威夷的糖业得天独厚是一件事，但糖业试验所科学家们的努力又是一件事。以甘蔗育种来谈，的确 Dr. Mangelsdorf 及他的伙伴为甘蔗的品种的改良创下了奇迹，农业机械组的科学家们为夏岛设计创造机械化的另一个新页，都是值得佩服的。最近台湾的糖业的人们到那边去参观后，回来动辄就要下令把台湾一切的甘蔗操作都仿效夏威夷的办法做。要晓得我们既无他们那样得天独厚的背景，又无试验研究作后盾，东施效颦，徒增加自己的狼狈与多花冤枉钱罢了。

糖业发达的原因

返国后，在各处讲演夏威夷的糖业，尤其强调他们的不中耕而用杀草剂，深耕，普遍的施行灌溉，灌溉沟就在"陵"顶，不培土，用 Crop Log 制度来控制施肥与灌溉，听众都耳目一新。我虽然仍是哑嗓门，但口若悬河地乐为他们道，自己也感到高兴。

## 第二次生病（1955 年）

糖试所育种系主任郑中孚博士 1954 年离开公司，改就农村复兴委员会高薪职。他是我的老搭档，坚决要走，我挽留不住，只得在年青一代中找一位朱××推荐给公司当局来代替他。郑博士随后在 1962 年到非洲去考察时遭车祸罹难。可惜！

自从绕了全球一周回台后，觉得身体已复原，于是重操"旧业"：跑农场，下蔗田，看显微镜，念书，晚上打打桥牌，又自得其乐了。

那年夏天，我到欧美去时，糖试所卢所长守耕博士辞职，改就台大农艺系的教职。新所长吴卓先生，是我们清华 1923 年级的同学，曾在 Ohio State 学化工，后在 Louisiana State 学制糖。来台后在总爷第三公司当经理，很有声誉，当时我为糖业试验所庆幸得人。

我每年要考查在各厂举行的甘蔗区域试验。以在台湾的交通情形来看，那时还是石子路，虽说有一辆吉普车代步，但每小时只能走二十公里左右。因为有二十七个糖厂的关系，走一圈，转得快一点的话，要一个月以上的时间。每年大概看三次或四次，这是最少的估计，是去每一个厂去看。若要看特别的品种或某一个作业的操作，又不算在内。春天甘蔗收获后，看宿根的发芽情形，尤其要紧的去看各品系（自己育成种子繁殖的）宿根发芽情形。5、6 月间看品系中间生长的情形，9、10 月看甘蔗长大的情形。过此以后，甘

吴卓

蔗就"封林",进不去蔗田了。

1955年春天,大儿泽豫已在成功大学化工系毕业。入伍到凤山受训。我则跑农场(各厂),目的在选种,同时带育种系新被任命主任朱××到各厂与主管人员碰头,介绍礼貌一番。一行四人坐吉普车由南一个一个的糖厂看了又北行,一直到台中总厂。适逢台糖开农务会议,我们也被邀请参加。开会时,与主席刘协理淦芝略有争执。芝麻大那么一点事,我就沉不住气,当时就气愤满胸,在回程中考查区域试验时,总觉得左眼前面有一个影子在晃来晃去。

回台南后,到空军总医院去看大夫们,医生们发现我的左眼底小动脉充血并且破了。有两处在出血,同时血压很高,劝我到台北好好去医治。于是约定同如玲在6月28日坐卧车到台北。27日那一天晚上心中烦躁,在床上辗转反侧睡不着。第二天一大早,小儿泽楚在未到校以前照例到后院爬上芒果树去摇芒果下来。平常我如在家,总去帮忙拾芒果。我们家里的芒果,是台湾那时最好的一种,每天有一二十斤芒果的收获,自食或送人。那天如玲问我去不去拾芒果,我睡在小孩们的榻榻米上,摇摇头,不要去。自己觉得不舒服得很,九点多钟,我到西边那个便所去小便,觉得恶心,就到东边的盥漱室去吐(日式房屋的便所建筑)。如玲听到我有呕吐的声音,赶来拍拍我背,我先吐了一些黑的东西(后来知道是积血),随着就吐鲜血好多,发晕,腿软,慢慢地就倒了下去。如玲忙喊恩泽帮忙,她正放暑假在家,母女二人把我拖到走廊上,替我解开胸前的扣子,并差恩泽去空总请医生。来回约一小时以上,我一直不省人事。章医生来后,看我还没有死,已慢慢地清醒过来,跟着去解大

气大伤身

胃出血

便，解出来的都是黑的积血。章医生要我睡在客厅打盐水针，据章医生说我已失掉了三分之二的血。当晚就做恶梦。据医生讲是缺水所致。第二天把我左眼蒙上，大小便都在客厅办理。四十天后，医生才许我出客厅，才准我看报。九月初泽豫去美进修，我勉强同如玲到台北送他。我遵医生的劝告，在家休养到年底。每天看着日历上日子，一天一天过得很慢。俗语说"人怕病来磨"，每天无事可做，也不能做事，无聊得很，因此看了不少武侠小说，以资消遣。

看武侠小说消遣

荣民医院的李有柄大夫（四川人）是位心脏专家，最近他对我说，那次我的胃出血，是自然的放血，运气好从胃里放，假若由头上放的话，我已作了古人了。

后来在空军总医院经 X 光专家徐大夫的细心检查，前后照了几十张 X 光照像，既无溃疡，又无其他毛病。徐大夫说，也许是一支小动脉破了的缘故。真算是大难不死，又是幸运神的降临。这次生病，来势惊险，但后来安然度过，不过五十三岁的一年时光，又被它扰得虚度过去了。

1957 年，病后身体衰弱。虽说血压已平复，但腿上无力，不能多走路，于是在后院提水浇花，由北到南，反复地走，以期恢复腿劲。

我们大林住宅区前面，不久以前盖了很多建筑是荣民之家。有一天我同糖业试验所育种系的一位同事到蔗田去看看新的品系。十时许，我们坐在田埂上休息，看见远远的有一个人弯着腰在摘草，渐渐地从北到南，一路摘，一路走。走到我们休息的所在，看见我们，说："老乡，你们都是替糖厂做工的吗？你们赚多少钱一天？"我说："很苦，每个月不过百十来元。"他几乎对我们表示高度的同情，停下来和我们聊，自己介绍自己说他也是一个退伍军人，就住在北面荣民之家内。但是很诧异地问我们说："为什么我从前没有看见你们呢？"我说："我们是刚从别处调过来的。"于是这位山东老乡给我们做了至少有半个钟头的养兔学讲演，这样也值钱，那样也可以卖，并且占地少，并不臭。末了还请我们随时到他那里去学习。当他转身说再见时又问道："老乡，你们是哪一个队伍退下来的？"哎呀！糟糕！戏法要拆穿了。于是我一转念说："好汉不提当年勇。"于是他就唯唯北去。我想，他为甚认为我真是"退伍军人"呢？大概我身体结实，又晒得黑黑的缘故。此后，在别的场合也有几次被人们误认为"退伍军人"。

疑似"退伍军人"

## 参加国际遗传学会讨论

　　1956 年去日本参加国际遗传学会讨论会，我以前到过日本好几次。因为不会说日本话，所以入境问不了"俗"，对于日本一切的一切还很陌生。这次有机会去，（1）跟世界上的遗传学家碰头，看看他们作些什么研究；（2）看看日本的研究水准及教育方法；（3）日本战后的一切及复兴的方法。这次到日本，遗传学大会中还有一点津贴。同时我的日本好友冈彦一博士那时在三岛市的国立遗传学研究所做研究员。冈博士是日本北海道大学毕业的，毕业后，来台湾台中农学院的前身高等农业专科教书。光复后，仍留校，但后来只让他教日文。我因见他在中华农学会发表的论文有独到处，亲到台中，希望他仍留校为我们教下一代。但他去志已决，留

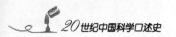

不住。这次到日本，心里的愿望，还想请他的所长木原钧①博士放他回到台湾来。到东京后第一件事就与木原均博士商量，木原博士唯唯不置答。之后，冈博士就留在三岛市从事水稻起源的研究，足迹到全球，采取世界的稻种 Species，是世界上真正懂得稻米的起源唯一的人。冈先生有一个冷静的头脑，对于数学的运用有独到的地方，的确是一个世界的人才。他对于教育台湾的农业界的后一代，也费了很大的苦心，差不多每年秋季都来台一次。我能交上这个朋友，受益匪浅。

在旅馆中，偶然地发现了 Dr. G. W. Beadle 夫妇也来了，同时还晓得从前在 Carnell 的同窗们如 Dr. G. F. Sprague 及 Dr. M. M. Rhoades 都来参加这个讨论会。这些学者都是先后在美国国家科学院被选为院士的。当时看见他们，除话旧外，还请他们到台一游。以事前没有接洽，一个个都有事，会后都要赶回原地去。

大会开会时，主要的讲员是 Dr. G. W. Beadle，很得听众热烈的欢迎。我报告我的论文时，事前紧张，骇怕得不得了。恐怕老同学都来听，我报告不好的话，替他们丢人。果然在我报告时，他们一个个都来了。假若那时我知道镇静剂的效用的话，我上去时，也不会那么慌张了。似乎报告后，还没有替他们丢太多的人。

在页面左侧边栏：冈彦一博士从事水稻起源研究

老友重逢

---

① 应为木原均，后文径改不注。
木原均（1893—1986），植物遗传学家。1942 年创办木原生物研究所。1955 年任日本遗传研究所所长。最早建立染色体组分析方法，证明普通小麦起源于二粒小麦与山羊草杂交后染色体的自然加倍。1951 年培育出无籽三倍体西瓜。

会中还有展览，有长尾的公鸡，我第一次看见，最长的尾足足有三十多尺长。又看到有能吃枸叶为生的家蚕，及奇奇怪怪的各种金鱼。这都是日本育种家们的杰作，他们引以为荣的。

大会开会分两段，头一段在东京，第二段在京都。参加大会的人不太多，七八百人左右。所以都坐游览车，经Honaka住一夜，第二天绕富士山的山脚。在中途我便急，请司机在路边稍停，好下去方便。到便所时，看见一个六尺开外的大汉，长寿眉全都白了，头上白发也很稀少。交谈之下，知道他是赵连芳博士的导师 Dr. R. A. Brink。赵博士比我大八岁，推算起来，那时已六十有二了，据 Dr. Brink 告诉我，他比赵博士还小好几岁。那就不过五十多岁年纪了，怎么白眉白发好像很老呢！他说他 1956 年才辞去系主任的职务。我们两个因有"同好"（便急），在偶然间认识，就交上了朋友，真是人生何处不相逢呢！1958 年 Dr. Brink 来台参加我办的小型遗传学讨论会。1959 年我再到 Madison 去拜访这位老友。他的白发更稀了，但精神焕发，有如青年一般。他也列名在 1958 年世界的科学名人录内。

包车下山后，到 Kihara Institute，这是一个小得可怜的机构。Dr. Kihara 研究小麦遗传有名望后，离开京都的遗传学讲座教授职，而就国立遗传学的所长高位。他从东京、京都各大公司捐募了一批经费来建立这个不三不四的研究所，把自己的大名冠在所的头上，从这些小地方看来，日本人的眼光似乎并不远大。他们招待我们吃无子西瓜，说是所中人员的研究成果呢，天晓得！

再到三岛市，市长用酒席来盛大招待我们，还有年轻的

相逢"便急"时

木原均所长与日本遗传研究

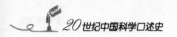

日本艺伎们歌舞助兴。这种作风似乎眼光远大些，所以游客们都愿意到古色古香的日本去与醇酒妇人角逐，花点钱算什么？这是争取外汇的方法之一，也是帮助他们战后复兴的很大助力。

国立遗传学研究所，顾名思义，必是个上好像样的研究机构。我们来到日本人办的遗传学的核心所在地开遗传学讨论会，研究所又冠以遗传学的名称，想来一定建筑宏伟，设备完善。但到那里才知道它仅是第二次大战后的产物。在美国，纽约附近有一个 Carnegie Research Institute，这个研究机构是 Carnegie Foundation 资助的，完全以研究遗传学为对象。欧洲的瑞典，在南部的 Lund 也有一个 Institute of Genetics。美国与瑞典的遗传研究所我都去参观与考察过，似乎都限于经费及人才罗致的困难，好像设备及人才都不太好，当然在纽约的像样得多了。到三岛，该所是一个破旧的军营改装的，只有空空的研究室。但所长木原博士把全国研究遗传的精英似乎都罗致在这所克难式的建筑物及设备内，不能不佩服他们眼光的远大。最近我也常去看看，他们人才大增，设备亦广事添置，欧美留学的纷纷回日本服务。工作方面，逐渐走向现代遗传学那一方面。1968 年在东京举行的国际遗传学会（第十一届），主持该会的分组讨论会的主席，日本人很多，大都是该所研究人员。我是以遗传学起家的人，在台湾一混二十二年了，现代遗传学都不能介绍给本国，更不能谈遗传学会与研究所了。写到这里，不禁为自己汗颜，有置身无地的感觉。

在瑞典与三岛，对于 Classical 遗传学很在行，而且很强调，但对于现代的遗传学，那时都有隔膜的感觉。我的看法

代际隔膜

是老一代的还当朝，新一代的还没有起来的缘故。这是世界的通病，不独只是这两个遗传机构而已。

把该所每年刊行的年报拿来看看，差不多每一个研究员，或助理研究员，都是博士。日本在第二次大战以后把博士的制度改向美国的制度看齐。那就是一位候选的博士在大学毕业后，再在一个大学就读一二年后，先考预考，及格后才开始作论文。作论文期间，还要考两个不同的外国语（德、法），满了三年以后，论文通过，然后给以学位。把从前只凭一篇论文而授予博士学位的终南捷径的办法除去了。

日本的博士制度

但是好像这种"论文博士"，在有些公私立大学到现在还存在，与台湾"私酒私烟"一样地禁而不绝。所以在台湾的人们要做"论文博士"的话，只要门槛精，孝敬某一个私立大学若干红包，"论文博士"的文凭自然会寄来。我虽然把"论文博士"比作私烟私酒一样，但现在日本从前的"论文博士"还在当家，因此日人由欧美得了博士回来，还不算数，还要有土博士的头衔，方才是货真价实的博士。

在三岛看完后，跟着到京都。京都是日本古时的京城，好像我们的北平，古色古香，与东京的西化，完全不同。我随同大伙儿到古的皇宫、古庙去看看，对于日本人保存古物的好习惯，佩服之至，即使一座古庙，不慎被毁的话，新建的，还是要与原来的一模一样。

佩服京都古物保存制度

在美国，大家爱惜鸟类与小动物，没有看见人们玩鸟遛鸟。日本也没有人玩鸟，对于天然的森林完整亦加保护，不像我们砍伐林木不计后果，也不像我们北平与成都有遛鸟玩鸟的恶习。他们修盖那些老建筑物时，都采用本国自己生产的材料。我想，我们的祖先也不是像现在的人把自然环境糟

中国人伐林、玩鸟的恶习

蹋得那么厉害，以致许多地方童山濯濯，草木不生，飞鸟及走兽都无存。为什么提倡复古的人们，都还没有注意到这些地方！

50年代的京都大学

我到京都的真正目的是去看那一个久负盛名的京都大学。日本的国立大学，好像都是清一色似的。每一座大楼每层的两边都是研究室。走廊本来是走路的，但是破旧的仪器，瓶瓶罐罐，堆积如山，差不多堆到屋顶，以致黑沉沉的，走路都很困难。我那天去拜望的是西山博士，是继任木原均教授职务的。一进门的那一间，有几位助手及下女，再进去是助理教授及两位助教的办公室。有一位助教××是刚刚从美国明尼苏达大学得博士回来的。那时在替他的教授剥燕麦的种子，以备播种。据我所晓得，这位从美国回来的"洋博士"，所学的比他的教授所知道的新知识多得多了。但是西山教授还是从事他作了二三十年的燕麦，还是用他在木原教授那里学习得的那一套。那一天助理教授不在，没有会到，大概他还是在搞燕麦。再进去，场面就大了。西山教授的办公桌很大，有一个小小的会客室。西山博士藏书很丰富。他那时对于红苕的来源有兴趣，对我讲了一些红苕的来源。并且带我到他的温室（甚小）及农场，只有大小三块田，加起来，不到台湾的一分地。还没有我在南港住宅的前后院及菜园加起来那么大。木原均博士及他的大弟子西山博士，还有好多有名的土博士们都在这三块田上栽种过他们的小麦、燕麦等作物。我得了一个结论，田不在大，有研究的成就就成，亦就是刘禹锡的《陋室铭》"山不在高，水不在深"那一套。西山教授研究室内那么简陋，但是他们有日本人的干劲和聪明及一师相传的大道理，补充了这个缺陷。无怪乎日本人的遗传学到现在是世界第一流的，我看了以后才心折服。

日本的教育制度，在第二次世界大战以前，是师承德国的。以木原博士来做个例子，他从国立北海道这大学毕业后从事小麦的研究若干年，最后把论文交与母校而得着农学博士 D. A. G，后来到德国去留学。因此他在大战以前发表的论文，一律是用德文写的，后来加入国立京都大学，又升至遗传学研究室的讲座教授。出于他门下的弟子们，在日本的遗传学界甚多，所谓桃李满天下，木原博士当之无愧。台湾大学的名教授于景让博士，也是出于他的门下。但是一个大学规定设立的研究室有限，以遗传学而论，从 Classical Genetics（古典）发展到 Modern Genetics（现代），师徒的传授，变化似乎有限。在从前科学尚未发达到现在的地步时，研究生物的人们，只要师徒相传"学徒制"，就行得通，但是现在要根据基本科学的原理，如数、理、化，尤其是生物化学等，然后才能将生物的奥妙加以解释。其中变化甚多，牛角尖越钻越深，因此牛角尖也增加得特多。师徒相传，跟着领头的人走的话，是永远在一个圈子里打转转，变不出花样来的。我在 1965 年到德国参观后，就发现这种制度毛病之所在了。

在美国，国家特设的研究经费充足，著名的大学的一个系中，原来设置的教授席次，最初只有那么多，但为引进新的学人计，随时都可以增加教授的席次。拿康奈尔大学农学院植物病理系来言，1926—1929 年我在该校当研究生时，教授只不过五六人而已。但是到 1967 年，我重去那里参观时，教授的名额已增加到三十几位了。以木原博士主持的国立遗传研究所来谈，1956 年研究室只有几个，到 1969 年研究室

**日本的教育制度**

**从学习德国转向学习美国**

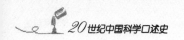

的数目大增，性质亦个个不同。"老式"的教授们慢慢地落伍，也不再吃香了。似乎都在等退休，目前活跃的是新进的少壮派，好多都是在欧美的有名大学如 CIT、MIT、哈佛、牛津，受过"现代生物学"洗礼的，他们慢慢把前人留下"师徒相传"古老的办法取消了。"论文博士"是不是还是像以往的那样被人注重，不晓得。在台湾我想我们的教育制度当自我检讨，自我改进，是罢？

京都考察完毕后，大会的人们，好像都作鸟兽散，各奔前程。因为国立遗传学研究所还邀请我到那里公开演讲一次，于是就商同冈博士回三岛。我细细地翻阅他们在该所曾经讲演过的学人名字，好像都是世界上有地位的科学家。我讲的当然是甘蔗方面的染色体的研究，自己觉得枯燥无味。但是 1958 年日本出版的《遗传学》后面附印世界有史以来各国遗传学的名人录，我的名字及照片也被列入。直到 1968 年，有人告诉我，我才知道，当然吃惊地深深感觉我不配。

之后，我同冈博士在东京及附近参观，考察日本的农事及研究机构。冈博士事前同那些机构接洽过，因此在短短的十几天中，考察了好些机构。冈博士不只是当向导，也做通译，否则我一个人去作同样的考察的话，也许要花好几倍时间和精神而不得要领。在此，我还要向我的好友冈彦一博士致崇高的谢意。

冈彦一博士陪同考察

战后十一年的日本，断壁残垣，历历在目。读书人只有老年人及青年人而缺乏中年人。受战争的影响很大，各项的研究，似乎都保持战前的水准。日本人的干劲，恐怕是可算得各国之冠了。对于学人的爱护，尊师重道的精神，似乎在欧美之上。回三岛后，住在市内的一个旅馆中，这个旅馆是

日本人尊崇科学家

以鳟鱼闻名的。晚上池内饲养的红鲤鱼噗噗地跳，一晚被吵得不能成眠。一大清早起来，正在观鱼时，左边房间的旅客也出来了，大家用夹生的英语聊聊。当这位中年的生意人听见我是来日本开科学会议的，立刻向我行了一个九十度的鞠躬敬礼，口称"教授教授"不已。有了这个遭遇，证明日本人对于科学家的尊敬是诚心诚意的。当然，这些科学家们的确有值得受人们尊敬的理由。美国就不同，我1969年重到美国时见邻居进出坐的是 Cadila 名牌车，住的是高楼大厦，后院还有游泳池，豪华得很。打听后才知道，这家主人原来是一个收垃圾出身的。美国人只要有钱，就是大亨，赚钱也比较多，读书人并不怎样受人重视。

1950年韩战发生，日本以协约的关系，一方面供给小型的军用品，一方面供应前方的军粮。那时美国大兵们从前方到后方休息的，都在日本的大街小巷内，熙熙攘攘，昂然走来走去，日本因此收入大量外汇，渐渐趋于繁荣。到现在（1970年）短短的二十五年时间，战败国的日本，又可列为世界最富国之一了。它的经济财富，仅次于美苏而已。1969年我到东京，见一般景色，已非从前的"吴下阿蒙"了。科学方面，他们前后有两位物理学家，是土生土长的"论文博士"，得着诺贝尔奖金。写到这里，我想，我仔细地想，为什么？为什么!？我找不出答案，请读者也想想看。


## 1958年又到美国参加科学会议

这次到美国是7月初，台南正是一阵一阵热浪由热带送

来的时候，室内温度总是在 35 度左右。这次远行，差不多
要在国外呆两个多月，要参加四个不同的会，还要到寒冷的
加拿大去。带衣服要带寒热都用得着的衣服还是小事，身体
吃得消吃不消，是我日夜担心的事。

第一个会，是在母校普渡大学召开的全美国农艺学会
议。我是被邀请的客籍学人讲演者，当然还是讲甘蔗的细胞
学。先到美国北部的明尼苏达圣保罗城，与 Prof. H. K. Hayes
及他新婚的太太（不是从前 1945 年与我一同洗碗的那位），
乘汽车南下。本来我已有飞机票，[决定退掉了。]圣保罗到
印第安那州的普渡大学，全程计六百多英里。这是美国的
"谷仓"，亦称玉米区，土地肥沃，乡村繁荣，农人极富庶。

**威斯康辛州农**

**村影象**

途中经过的威斯康辛州，大多是日尔曼民族的后裔，早先都
是从德国移民过来的。美国的牛乳业集中在这一州内。从前
我当学生时，学的是农，但是没有到那边乡村去看过。这次
Dr. Hayes 邀请我，就立刻答应，车上只三人。矮胖秃顶的老
教授开车，白发满头，一脸皱纹的夫人坐在他旁边，我坐在
后座。我们早上起程，慢慢地前进。这一带都是平原，黑色
的土壤，潜伏着无限的生产能力。沿途风景优美，一片乡村
景色，是可圈可点的。农家的铁丝篱笆依旧，但是每个人家
的农具，似乎可作一展览，显得农家已企业化。二十几年
前，当我留学时，每个农家平均不过六十余英亩地，全国人

**农民从 20%**

**减少到 8%**

口百分之二十是农民。现在那一带的农家，平均已两百多英
亩，全国的农民只占人口百分之八而已。农场中栽的都是杂
种较矮的玉米、大豆及牧草。

还有许多空闲地没有种植任何作物，习惯于台湾寸土必
争的人很诧异！后来打听出来，美国因农产品过剩，为避免

谷贱伤农计，多余的，政府收买储藏起来。农人每年限定种若干英亩的玉米、大豆等。不种的土地，政府按英亩计算现钱给农民。他们杂种玉米已改良了，因此比较的矮生，可以多施化学肥料，既不倒伏，产量就可以大增。轮种小麦，亦是矮生种，因此产量也很高。从前两倍的田地所生产的农作物，目前减一半的面积就可生产了。政府一方面花钱收买过剩的农产品来储藏，一方面还要给农人一笔相当大的费用来限制农人栽培太多的面积。而农人呢？少栽一半田地，少费用，又得政府的津贴。栽种的那一半田地，又可收获差不多整个农场土地的产量。因此农民都发了财，使我这个土包子羡煞。农民有了钱，都投下很大的资本去购买农具，沿途看见许多农家都有两辆轿车及运货车，住宅也电气化了，放牧在外面的牛群很少。因怕老教授笑我土包子，不敢问。一直到 1969 年我再到美国，才发现他们饲养的方法改善了。牧草都是用割草机割下，自动打包运回家中的"红仓"（Red Barn）储藏。牛群都在"红仓"中，室内饲养着，只在附近散散步而已。这样饲养的牛，品种改良后，后天又被优待，当然产量大增。我这个土包子，还憧憬着富有诗意的黑地白花牛群，自然更不知自己已是落伍若干年的农学士了。

当天只走了三百多英里，老教授很早就"打烊"，找了一个 Motal。这是我留学以后，汽车发达以来的一个新兴的企业，既可停车，又可住人，兼有餐厅设备。我们分住两间房，房费当然各人自理。晚餐时，老教授很慷慨，晚饭是他请的客，也是唯一的一次请客，除开汽油外。美国人不假客套，很独立，你是你，我是我。假使在我国的话，外国来的客人，一概招待无误，美其名曰中国人有人情味。

政府收购过剩农产品，给闲置地以补贴，农民发财

新行当：汽车旅馆

中美待客之别

Dr. Brandes 曾告诉过我，当他战后到屏东时，受了三天一小宴，五天一大宴的招待，还以为主管人贪污呢?! 人家公私分得很清楚，当然不明白究竟。

第二天，因时间很充裕，我们出发得迟，下午到了印第安那州的乡下马路上继续前进。车子少了，老教授才把开车的重责交给他的太太。以我的看法，太太的开车技术，比老教授还略胜一筹呢。但是离普渡大学不远的地方，老教授就叫停车，说："天热，到普渡后因赴会的人多，只有到教室去住宿，并无冷气设备。住 Motel 舒服得多了。"当天晚上，我又花了八元美金，陪他们舒服一晚。这是十二年以前的话了。老教授在这段时间里，写了不少的书，还在中研院植物研究所《植物学汇刊》上投过一篇稿，又将他的老书捐赠给我们植物研究所的图书馆。1969 年我重到美国，本想再到明尼苏达去拜访这位一代宗师的育种学大师，后因时间关系，只打了一个长途电话去问候他们。老教授已八十好几岁了，在电话中听到他声音还是那么洪亮，自说身体很好，已减肥了若干磅，人还是很健康，夫人也很好。我虔诚希望这一对老伴健康永保，等我再到美国时，还能看见他们。

到了普大以后，我同这一对老夫妇就分手了。从前我在普渡大学学的是园艺学，此次回校，讲的是甘蔗细胞学。到会的人士，有二三千人，本来学校是在放暑假的时候。此刻开会，顿形热闹，又是一番景色。从前教我园艺学的教授们，那时只剩下一位。转瞬间，我自己迟早也要步他们的后尘。后浪推前浪，这是一个铁的事实。

后来我乘飞机去加拿大的 Manitoba 省的 Winnipeg 城。我是第一次到加。抵达温城后，所有的美国人，移民局的人员，只看看护照就放行。但是一个赴会的印度人和我却被扣留在一间斗室内，详细询问，并且叫我们保证在离开加的那一天，一定要离开。当我们在 Montreal 开会后离加时，移民局人员说："你的限期还有五天呢。"种族的不平等，白人显得是世界上的统治者。无怪乎最近美国的黑人有"黑豹"Black Panther 的组织，要打倒白人历代相传在美国的统治权。我又回想，第二次世界大战时，我们也是世界上五强之一，曾几何时，就沦落到现在那种狼狈地步。我在那间斗室内与那一个印度人相对无言，悲愤的情形，可想得到了。

加拿大的种族歧视

看地图，加拿大的 Winnipeg 城的纬度是五十多，和东半球我国东三省的黑龙江差不多。那时才 8 月初，我觉得那里已有秋意。Manitoba 省是一大平原，一年只种一季的小麦。沿途看看这个地区地广人稀，土地都是黑色的，与邻近的美国北部明尼苏达省相似。

这是第一次国际〔小麦〕会议，到会的不过五十余人，都是世界上研究小麦的有名人们。回想二十五年前，我在河南大学从事小麦研究以来，这次是被国际小麦的科学家们正式邀请参加的。这么多年来所费精力与汗水，我感觉倒是没有白费。到 Winnipeg 知道中国的小麦专家沈博士宗瀚也到此，相见时甚欢。似乎那时沈博士已早在"中国农村复兴联合委员会"当委员，这个委员会是受美国资助的，经费充裕。以前我在台糖公司时，曾屡次问他，是不是该会可以帮忙我们一点经费作研究，他总是说："台糖经费充裕，用不着。"此次相见，有他乡遇故知之感。因而每天老是两人在一起吃饭，一起开会，对于发展中国的科学等问题，无所不谈。沈先生比我大七岁，早就"青云得志"了。而我回国的

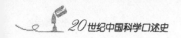

早期，因所学的不是那时国内所可能派得了用场的，因此困在"沙滩"，求个生活都不容易。当初在沈博士面前，自己总有点自卑感。这次我的胆好像也大了，看见中国的 VIP（要人），一点也不觉得自卑。相反的，我还把二十几年来研究科学的经验，及心中的抱负，要使科学在中国能生根的大道理与沈先生反复的报告及讨论。沈博士素来沉默，我的意见好像被接受了，点头再再，并未多说话。但是当我提到我最近要到台北去从事水稻的研究时，沈博士即以兴奋及肯定的口吻说："老李，只要你能有具体的计划，我会设法由农复会帮你忙的。每年几十万不成问题。"第二年在南港有人请客，沈先生当适之先生的面，也曾亲口向我说：农复会每年可以帮植物研究所一百万元的研究经费。后来胡先生去世了，沈博士又是个大忙人，这些小事，当然记不起了。假若那时沈先生真为国家科学的发展着想，照允诺的资助我们筹备植物研究所，有这一百万元基金做后盾的话，也不会事事都捉襟见肘了，也许植物研究所早就开花结果了。可惜这美丽的诺言没有兑现。

那时我与小麦睽别已好几年了，但小麦方面的研究成果，我经常在各国杂志上熟读深知。会中所报告的，也没有特别出奇的地方。可是在田内展览区中，加拿大的研究者用美国 Dr. E. R. Sears 的方法，把他们那里栽培很广的有名的两个品种，细心的作了十年的育种，把那两个品种的染色体都变成四十个。每一种缺了不同的一对，原来正常的小麦有 21 对染色体，这样一来，那一对的染色体在正常 21 对情形下的供给开花适期穗的大小、植株的形状、高矮等性状，假如缺少了一对染色体的话，就个个不同。以人来做一个例子

沈宗瀚的美丽
诺言

加拿大小麦研
究者的成果

说，某人假使缺了第21对的一个的话（23对）那个人就是一个半疯（Mogoloid），小麦没有神经，不明白究竟。

在盛夏的加拿大，温度常在十四五度左右，晚上更冷，但心情愉快，尤其是与沈博士似乎攀上了"交情"，更是意外的收获。

跟着就到东部的Montreal城参加世界第九届遗传学会，会址是在McGill大学。


## 协助创办长期科学发展

1959年初，经吴大猷博士的建议，适之先生就同梅贻琦（月涵）校长（那时梅先生当教育部部长）、王世杰、李济之、钱思亮、杨树人及我等七八人组织了一个委员会，来发展台湾的科学。本来适之先生的构想是借美援的经援中每年由政府拨出一部分经费，来购买图书仪器，建造研究室及学人宿舍等。主任及副主任由中研院院长及教育部部长分别担任。好像第一次经费的分配是教育部的部长及美援会的主管在台北指派后在委员会中由李委员熙谋报告的。我在台南，不会知道内情，熙谋先生报告后，适之先生很诧异，我更惊奇的是：以一百万元来为中研院建造一栋"动"物馆。这样的决定，好像分派这次美援的当事人，"植""动"都不分，以为我是动物所筹备主任，用意很好。在洋人面前似乎已定了案。任何变动都不可能。复经树人先生巧妙地把"动"字修改为"生"字。当然动物、植物都是生物，这个修改由委员会通过，再由洋人点头。因此中研院，所有其他的所，都

美援滥用

"动物馆"巧变"生物馆"

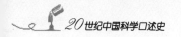

是独门独院，只有"生物馆"是植、动物两所共用。这个小小的错误，引起了以后无限的麻烦与纠纷。记得第一次委员会开会完后，适之先生约我一同到南港去他的寓所便饭。在会中我"冷眼"在旁看他，见他苍白的脸当时变得更青白，以激动的心情但很镇静的态度，用肯定的口气把这个分配好了的预算记录下来。但是在车中半个多钟头的行程中，先生心中的愤慨绝不表露在面上。一到南港下车后进门时，先生就连说几声"岂有此理!""我人在台北，家中又有电话，为什么这样大的事，刚刚一开始，就不让我晓得呢?"那时美援会主管人之一好像是一位 Schmid，此人是"中国通"，官场的恶习更通。这种经费的分派，是他同他的好友决定下来的，连月涵部长都被瞒着，不知道。我是在美国留学的，我的师友们给我的印象是："天真"及"认真"。像这位 Mr. Schmid 这样鬼头鬼脑来中国骗骗人的美国人，实不多见。当时我以同情心去安慰适之先生。但"动""植"不分的展开，是我回中研院处境恶劣的序幕。

幸好 Schmid 不久就调职。继任的是 Dr. Paul Byerly，他是在加州大学攻读物理的，年青认真。因为他做事太认真，长期科学发展委员会的委员们私心重的就不喜欢这种认真的美国人。Paul Byerly 与我是陌生的，在这个紧要关头，好像很器重我这个朴实认真的乡下人。因此生物馆盖好了，盖的是中研院中最华丽的大楼，花的钱亦特别多。重要的仪器、书籍在不久的岁月中就充实起来了。动物所也因与植物所都是研究生物的关系，也接受了同等的待遇。Dr. Paul Byerly 因攻讦的人太多，愤而去美任教职，现在他在哪里都不明白。现在的植物所，大体可算完备了。适之先生及 Dr. Paul

Byerly 及各位委员们的爱护及帮忙，我献给他们至诚的谢意。

1958 年 12 月 18 日胡先生在台中中华农学会做专题演讲"基本科学研究与农业"。我有事，没有去参加。后来在报章上，看到适之先生讲演的全文。在演讲中，推崇 N：CO310 大量推广的成绩，他以"农学的一个逃兵"的资格，来叙述这个冒险尝试所得的成就，目的是强调基本科学的研究。适之先生是学哲学的，对于这个问题，构想很多，同时引证了那时农复会主任委员蒋梦麟博士（教育学）的看法，基本科学的例子是数、理、化、生物及遗传等学，又引用了赵连芳博士"现代农业"书中的几句话，生物科学、机械工程学、有机化学、生物化学等，最后还提到放射学。末了胡先生提到的是三个梦："我的第一个甜梦，是梦见蒋梦麟先生、沈宗瀚先生、钱天鹤先生三位主持农复会，毅然决然地把台大农学院三个研究所包办了去，用农复会的大力量，在五年之内，把这三个研究所造成三个第一流的科学研究机构。""我第二个甜梦是主持糖业公司的雷宝华先生，毅然决然地把李先闻先生多年来想的植物研究所包办了去。用台糖的大力量在五年之内把这个植物研究所造成一个第一流的植物学基本研究机构。""我的第三个甜梦，是梦见台湾省主席周至柔先生毅然决然地请本省公卖局把中研院的化学研究所包办了去，用公卖局的大力量和台湾省的大力量，在五年内，把这个化学研究所造成一个第一流的化学基本研究机构。"

事后，批评者说，适之先生是外行，不应当说内行话。"内行"与"外行"的区别在哪里？那时还不太了解，他所犯的错误，就像前面所提到的梦麟先生及赵先生一样。我

胡适的三个梦

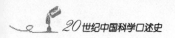

数理化是遗传
学的基本科
学，遗传学
是育种学的基
本科学

呢？一直糊涂到 1962 年学到了现代生物学以后才明白生物学似是而非的理论科学。基本科学还是数、理、化三门。遗传学是育种学的基本科学，但数、理、化是遗传学的基本科学。时代的不同，科学的基本不分野，显然的是受科学的进步而定。适之先生的甜梦，似乎一个一个都在实现中，或已实现了。

最近农业研究中心是由农复会大力包办性的支持。中研院的化学研究所，这多年来受烟酒公卖局的大力支持。植物所，本来雷宝华先生有意在台南设分所，协助糖业试验所的研究工作，但因人事的不协调，未成事实。后经适之先生举办长期科学发展委员会，接受美援大力支持，及 Dr. Paul Byerly 的帮忙。现在的植物所，无论在图书仪器及人才各方面，尤其是研究气氛，研究的同事们，都以数理化为基础，从事生物的研究，向第一流的植物学基本研究机构迈进。假使适之先生还在世上的话，一定会说好几声："好！好！年青人可教也。"我有时还梦见适之先生，希望他在地下还是不断支持我，帮忙我，让植物所继续长大，以期与世界第一流的学术机构相伯仲，使黄脸的中国人，能在自己国土内放一异彩。

植物研究所的
发展

## 中美科学会议

胡适为团长

1961 年美国西岸西雅图华盛顿大学的 Dr. George Taylor 教授发起召开中美科学会议。Dr. George Taylor 教授是该校文学院的历史教授，对于展开中美科学合作，双方互派学人讲学，倡导中国的科学研究等，用意很好。美方参加的代表是学人及各种基金会的代表们，如福特、洛克菲勒等。我方是适之先生为团长，团员有杨联升、蒋廷黻、沈宗瀚、邓昌黎、毛子水、李方桂、萧公权、李济之、郭廷以、钱思亮、魏火曜及我等三十余人，大会共计一百多人。会场设在华盛顿大学。我是 7 月 9 日会期前一天到达西雅图，住在西雅图的 Mineong 旅馆。那时是西雅图最豪华的旅馆，像塔形，每一间客房的窗都临街。那是 7 月，从亚热带去的我，习惯了三十五度左右的高温，忽然到寒带的西雅图，白天只有二十度左右，晚上仅十四五度，与台南最冷时差不多。晚上上床时，只看见薄薄的线毯一条，因为太冷，于是把自己的毛线衣、雨衣、薄线毯及床单一齐盖上，并加上肚兜。半夜醒来，肚子太痛，因而不能成眠。土包子出身的我，五斗橱柜的抽屉，只开了上三格，下面两格根本没有动。还以为西雅图过惯了这种生活，人们都不怕冷呢！找不到毛毡毯，又不敢问帐房有没有替客人准备没有，是怕他笑我太"土包"。想打电话，没有敢打。只得哑子吃黄连，有苦说不出的受了一夜冻。第二天早上开会，把热水袋放在肚子上，像有五六个月身孕似的去参加大会。开会的人们，看见我这种怪样，都以为我一晚上肚子就大起来了，引为怪事，会中又添了一则花边新闻。第二天还大吐。惊动了华大名教授李方桂院士（清华同班同学，是世界语言学权威之一）的嫂夫人徐樱女士，她有古道热肠的作风，请了当地医生来旅馆替我诊治，但未见好，每天照样抱着大肚子去会场。最后一天，7 月 17日，全体去旅行，乘巴士到 Mount Rainier，离西雅图七十英里，绕山盘旋爬上去，直到山顶积雪处招待所（九千尺）。

西雅图

受了一夜冻

271

此山海拔一万三千余尺。我在冰天雪地中，冻得发抖。两小时，什么也没有看见，每二十分钟左右，要上厕所去"办公"一次，每次要花一毛钱，共花了五毛之多。胃病已变为长期性的腹泻了。幸好下山的两小时内，肚子很争气，没有"革命"。这个腹泻，一直到纽约，经游维义大夫用抗生素才治好。离开西雅图该旅馆时，Boy上来为我提箱子，我顺便问他，旅馆中是不是为客人预备有毛毯？"是，先生，很多。""在哪儿？""在五斗柜最下一格。"开开一看，果然有厚厚的毛毯好几条，真是冤枉受冻。入境问俗的大道理，在什么地方都可适用。用不着自己不好意思，对吗？

7月10日（星期日）下午二时开会，有极短的开会仪式。主要的讲员适之先生，他用极清晰的英语演讲，每一句都很长，但文法一点儿都不错，有点像中国老夫子在用英文朗诵中国的诗词一样，极尽抑扬顿挫的能事。讲的题目是："中国的传统及其将来"（Chinese Tradition and Her Future），演讲了一个小时左右。讲演完后，听众鼓掌声大起，随着大家站起来为先生致最高的敬意与尊崇。约十几分钟后，掌声渐息，大家才坐下。无怪乎适之先生名闻国际间，除他的母校哥伦比亚大学给他的哲学博士外，世界各国许多有名的大学（三十四所）都授以LLD文学博士（名誉）头衔。我之所以决定从台南搬到台北，这个讲演给我以莫大的启示。

会中有自然科学、人文科学的报导，都是我国遴选的代表们担任的，还有小组讨论。之后，因经费的筹措困难，所有的方案，只听到"雷声"，没有下文。

胡适演讲

# 13

CHAPTER THIRTEEN

## 重返中研院

## 重与中研院取得联络的经过

1948 年我带家人们来台，与中央研究院失去联络，好像
失群的孤雁，彷徨，
伤怀，幸好在台糖公
司谋了一个栖身地，
在国家需要我的时候
来发展我的抱负。上
海的往事，渐渐淡忘
了。有时因公到台
北，住在台糖公司武
昌街的招待所里，每
每看见一位老同学李
济院士（济之，清华

朱家骅与李先闻（左）(1955 年)

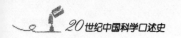

1918 级校友）。他是一位秃头的学者，穿的老是那一件蓝布长袍，笑容满面，用他浓重的湖北乡音来同我聊天，我好像他乡遇故知似的快乐。当年我加入中研院不久，只有一次在南京召开的院士会议时，同济之兄打过招呼。以农出身的我，一向在国内奔走衣食，而且在穷乡僻壤时多，所以对于那时在大陆久负盛名的济之兄陌生得很。在台遇见后才逐渐熟识。

1952 年在台北就医，骝先院长常来医院看我，并帮大忙，使我在 1953 年能赴美就医。那段时间，在中研院创办人第一任院长蔡元培先生纪念日，先后被骝先先生邀请到台北讲演过两次。1954 年在马尼拉举行的第八届太平洋科学会议，济之兄那时当代表团的团长，邀我参加，会议完毕，回台后，他辞去团长任务，向骝先先生推荐我去担当这个任务。他的理由是："今后的太平洋科学会议要偏重于自然科学。"筹备处在和平东路，因为我是唯一的研究人员从上海祁齐路的植物研究所逃出来的，所以派我为该所筹备主任。那时候的我，简直是在云里雾里一般，不知道怎么办，也不能推辞。心中总在问：（1）是不是在台准备工作要我做？（2）中研院那时没有足够的经费，赤手空拳，办得成什么事？聘书跟着就寄到台南，我这筹备主任就当成了。

*中研院植物所*
*筹备主任*

## 第九届太平洋科学会议

1957 年 12 月参加第九届太平洋科学会议，这次是在泰国的京城曼谷举行的。因为住在台南，接洽经费及团员事，常常往返于南北的火车上。最后经骝先先生的同意，团员是：沈宗瀚、马保之、刘廷蔚、郝履成、马廷英、卫惠林、石璋如、戈福江等十一人。代表团的人选是相当整齐的。但是那年年初，报上登载曼谷的华侨左倾，有位从台湾去的音乐教师，被左倾者放火，烧死在寓所。我任团长，交付这个重责给我，自应设法使全体团员一个个平安回台，这样才对得起国家。那时驻泰"大使"是杭立武先生，是旧相识。12月初，我同大多数团员一同到曼谷，住在大使馆指定的太平洋饭店内。这样，我们的安全，可以随时受到大使馆的照料。同时与团员们约法三章，同进同出，常常开会。这样做，使得自由惯了的好多团员都感觉管理太严，很受拘束，烦言细语很多。饭店又是一个中国老式的两层楼房，设备不太好。有些出差费较多的团员更不满意，说为什么不让他们住在新式的豪华饭店去。我那时内心的痛苦，有伤心泪也只好向肚里吞。

会场设在国立大学内，建筑很华丽，一律是绿色的琉璃瓦，略带佛教色彩的高楼大厦。开会完毕后，我们到古色古香的庙宇去参观。以前在北京时，见到那些伟大的佛教建筑觉得庄严肃穆，令人敬仰。到泰国一看，才知道我们的是如何的粗，如何的"土"了。那时曼谷已经开始有新的市区，很洋化。但是在古老的"中国城"区内，还是弯弯曲曲的狭小街道。很多谈话处，是抽大烟的场所。那儿的华侨，祖先是潮汕一带迁移过去的，与台湾的闽南话极相近。惜乎我有一个天生的大舌头，没有语言天才，也听不懂。

大会中理事会开会时，我被举为理事，因此我比代表们多开很多次会。

曼谷见闻

会开完后，我设法到曼谷东南的糖业区去看看，那里离曼谷两百公里左右。又往曼谷的西南区去看他们种稻的情形。曼谷的天气比较热。一般的泰人，得天独厚，水果随地都有。下午睡一个大大的午睡，傍晚时，懒洋洋地到河边，张网捕鱼，来佐晚餐。生活似乎很自得。

回程时，团员们一个个都很满意此行了。在香港，全体团员为庆祝此行的成功及平安归来，全体到酒店去，每人吃了一只阳澄湖蟹，开了几瓶白兰地酒，有几位当场就现原形。团长的公费也花了一百三十几元。临时领得的五百元，返台后，剩余的款子通通缴还教育部去了。

## 适之先生与我①

适之先生是我有生以来了解我最深的知己。我要在此以至诚的心情来写我与他这位伟大人物结识的经过。

胡适与李先闻（左）（1959年）

适之先生是清华1910年的官费留学生。他回国后，不久就享大名，1928年他再去美国，回他母校康奈尔大学看看。有一天晚上，中国学生会请他列席演讲。那

---

① 此小标题为编者所加。

时我的身体很"棒",看见这位大人物,苍白的脸,弱不禁风的小个子,斯斯文文的,但说话的声音有力量,有劲头,而且发音很洪亮,满口都是安徽土音。我想,中国的读书人都是这个样子,国家怎能强盛起来呀!

我回国后,奔走找饭吃,又与适之先生所研究的不一样。他学哲学,我学农,隔行如隔山。适之先生的名望与日俱增,偶尔在报上看到我也略知一二。直到 1948 年第一次院士会议在南京开会时,才跟这位骨瘦如柴的"文学革命者"第二次见面。似乎在那一次会议中,发言最多的是傅斯年与适之先生两位。1952 年,适之先生第一次来台,12 月在三军球场向大专学生演讲,我那时卧病在中心诊所,在收音机旁,也饱享耳福。1954 年我生病后,重到美国纽约。有一个礼拜天早上,与好友汤博士元吉(现任台湾糖业公司董事长),及包新第兄(现任台湾糖业公司协理,驻美办事处主任),到适之先生公寓去拜望他。胡夫人不在家,适之先生亲自到厨房去烧水、泡茶。在他客厅及书房内(每间约有十个榻榻米大小)。都堆满了中西文书籍。当天中午适之先生还请我们到纽约的一个中国饭馆去吃中国饭。好像那年的年尾,适之先生第二次又来台,参加国民大会,我刚从欧美考察返国,回台南工作,没有碰过头。

1957 年中研院代理院长朱家骅先生因病辞职。11 月 3 日,中研院第三届评议会在南港开会选院长,结果:适之先生得十四票,李济及李书华各得十票,经蒋先生圈定适之先生继任,在适之先生回国前由历史语言研究所李所长济之代理。1958 年 4 月适之先生返国,我从台南赶到台北松山机场欢迎他。场面很伟大,来机场接他的有几千人。年高德勋的

欢迎胡适的场面

于髯老，以腿不方便，坐在机场进口处等他。我看见这个场面，为之心折。

之后，我跟适之先生办长期发展科学委员会，每两个礼拜都要来台北开常务委员会的常会。适之先生常常正式或非正式的向我说："先闻兄，您搬来台北罢。"最初我东推西推，总觉得中研院这样不好，那样不行。（1）台湾糖业公司偌大的企业，已经有一个好的开始，尚待努力的地方很多；（2）北来后，找研究人员不容易；（3）自己身体不好，血压仍很高，加以风湿病那时随时都在发，北来后，就是风湿病〔这〕一样，想到了头就大。但适之先生决不灰心，经常问我什么时候搬来。我自院中聘为植物研究所筹备主任后，有十个名额及十万元新台币经费。1955年就从台湾大学农艺系请了三位年轻人，分别放在糖业试验所各系协助研究工作。同时接洽几位台大的植物学家、农学院的农艺教授们作兼任工作者。

1962年2月24日，第五次院士会议，适之先生主持这次会议，选出了新院士六位。开完会后，适之先生对我说："我刚从医院出来不久，下午的酒会，请你主持。"我惊讶万分，知道到会的年高德劭的比我多的是，谦虚的告诉适之先生，请他另请他人。适之先生亦不再说了。下午五时，在蔡元培馆，客人到得很多。适之先生自己主持，开始时，适之先生仪态潇洒，轻松愉快，总以笑脸迎人。跟着请凌鸿勋、李济、吴大猷及吴健雄四位院士演讲。

讲演者都以科学在中国能不能生根的问题为主题，彼此间有不同的意见及看法，适之先生在这个兴奋的情绪下，脸上常露不安及过度疲倦态。散会后，大多数的客人已离去，当凌鸿勋先生伉俪和适之先生在蔡元培馆的中间道别，即将离去时，适之先生就向后一倒。我茫然不知所措，如玲究竟是学过护理的，赶快将先生领子解开。不久医生来，判定胡先生已断气。一代学人，与世长辞，中研院痛失领导人物，我更失去导师。以后的岁月将更艰苦了，需要自己去奋斗了。当时我徬徨无主，全身发抖，不能自制，后来晚上也睡不着，每天到先生灵前默祷，希望他福佑我们能完成他发展科学的遗志。九年半后的现在才写出以下的"哀思"。

八个月，朝夕相处，只想把科学在中国生根。

在您的领导下，短期间，顿使我平生抱负得以实行，怎样使科学生根，酒会中还在讨论；

突然间，殒落了巨星！

悲哀中，我的意志更坚定；

您发展科学的遗志，我当更加努力去完成，

培植年青的学人们，对国家、对科学有所贡献。

适之先生，请您安息吧！

希望你福佑这个生根科学的美丽远景，福佑这个美丽的前程。

谨以这番哀思，献给我生平唯一知已的

适之先生。

3 月 31 日评议会在南港开会，选出吴大猷、朱家骅及王世杰三位为院长候选人，蒋先生最后圈定王世杰先生为继任院长。

## 从事水稻的研究工作

早在美国康奈尔大学研究时，我从事玉米遗传的研究。回国后，因忙衣食，改做实用的工作，先后从事小麦、小米等作物的改良及理论的研究。亦曾经在武汉与成都尝试过水稻的育种工作。

1948 年到台湾来后，天天都与甘蔗为伍，作了中研院植物研究所筹备主任后，想迟早要北上的，到台北要干什么呢？1954 年那年，熟思了几个晚上后，终于作了最后的决定：水稻。理由是：（1）台湾南糖北米，由来已久。到台北假若还是从事作物研究的话，当然是水稻。（2）台北不能种甘蔗，加以甘蔗细胞学的研究吃力，伤眼，又做不出什么"名堂"，染色体又多（二百多根），又小，一个世代要很多年数才完成。这些都是从事遗传〔研究的〕人们选材料作研究的瓶颈。水稻是决定做了，但是要怎样去做呢？育种方面，以经费雄厚，工作人员遍台湾的每一个角落的"中国农村复兴联合委员会"来台后，已建立了很好的基础。我若再从事育种工作的话，不啻是"以卵击石"，"螳臂挡车"，前途不太乐观。记起了在瑞典 Svalof 育种场，Prof. A. Gustaffsson 的"突变"研究，是不是可做这个新的尝试？以中研院的立场来言，研究理论或是一个新的育种方法，只要不作纯粹的实用研究，是不违反任何原则的。于是就与台中的兼任研究工作者胡兆华及张文财两博士（日本的论文博士）研究，经再三地说明，他们似乎了解了，于是将十个在来稻种寄到美国

南糖北米

决计北上后改<br/>为研究水稻

Brookhaven National Laboratories 去作处理，1957 年开始播种。最初是胡兆华博士用他自己的想法去选种，最后也达到参加全省举办的水稻品种区域试验。1962 年左右，两年的成绩出来，我们所选的种，因秆子太高，都是列在前三、四名。一、二名都是矮生种，胡博士因此把方针改定，一律选矮生直立不倒的品系。

"突变"育种

1966 年设在奥国维也纳的国际原子能总署，请我们作东主国，邀请了东南亚七个国家来中研院，开了五天会。会中讨论水稻突变育种的方针。从我们的研究所得的经验，那次才算奠定了。1967 年在英国出版的世界放射生物学的名人录，我侥幸地亦被选入。

收入 《世界放射生物学名人录》

## 参加第九、十届国际遗传学大会

这些国际科学会议，差不多都是四年一次。上次是在罗马召开的，适值我生病的期间，我没有去。1956 年在东京召开的是国际遗传学讨论会。它的性质差不多，但是参加的人数少得多。那次在东京开会的那天上午有开会仪式，但是很短暂，日本首相致颂辞，会长跟着讲演一番，大概一个半钟头，仪式就完毕，以后都是学术讲演、学术报告等。这次在 McGill 大学召开的，参加的约有五六千人。开会的语言，当然是英语，但因这一区最初是法国占领的，法人的后裔多，他们传统用法语。后来英国占领了，语言相习用英、法两种，以英语为主。这次开会时，开幕的致词用法文，再译成英文。真是多余的举动，显示出法国民族的自尊性。开会时

讲演的、报告的，差不多都是古典式的遗传学，并没有把我送入"迷魂阵"，大体我都很了解，自己报告的那一篇甘蔗的细胞研究，还算过得去。

8月20几日，离开Montreal南飞到纽约。大儿泽豫已在1955年到美进我的母校康奈尔大学研究院继续攻读化工，利用暑假时间到Jersey City在发明大师Edison创办的工厂"打工"。父子重逢，看见儿子C. Y精神奕奕，稍微胖一点，满脸红润。心中喜悦，比吃了"琼浆玉液"还舒适。

之后，我去医生们那里检查身体，都很好。

国际科联

9月底赴美京华盛顿，我代表中研院参加开会——ICSU会，到现在我还不明白这种会议的性质。幸好用的是英文，我还能懂。参加的是从好多国家来的，有的是科学家，有的代表各种工会的，但是没有什么事要中国负责，也没有派我担任任何任务。尽责而无过失，平稳而已。

10月半，重返台湾，到南港与适之先生详细的报告各种开会情形后，适之先生连说几声"好! 好!"劝我立刻南下休息。

我在台南从事甘蔗的改良工作，身心全寄托在蔗业的盛衰问题上，有时插空从事于甘蔗细胞研究，亦继续地在攻读有关的书籍及杂志，但只限于自己的领域（细胞遗传）而自己又能了解的。换句话说，那时遗传学已从古典式的用孟德尔定律演变的科学，进入研究基因的产物，再进入什么是基因了。作为研究的对象的材料，最初是高等植物与小动物，进而为植物的病菌，再进而为小得非用显微镜放大两三万倍才看得见的寄生在微生物的Phage。这种小的生物的后代产生，每二十分钟就可以繁殖一代，一晚上就有若干亿。我那时还在做梦呢，自己自大自傲，幸好在 Montreal 的大会中，偶然的听见 DNA、RNA 等新名词，不懂，就是不懂。糊里糊涂地去开会，原封不动的回来。想起来，真对不起国家的厚爱，也对不起自己，失掉这些进修的机会。

1963 年第十届国际遗传学大会是在荷兰海牙举行的。我自大自傲地也去参加，好多讨论会的题目都不明白，当然我仍是去参加那些古典式的讨论会。有一次的专题演讲会，我去听听看。讲演者是一位年青的剑桥大学的研究员，讲的是分子生物学，一点钟的讲演，作弄得我迷迷糊糊，一知半解，似懂非懂。大会结束后，从美国返国。到芝加哥，访芝加哥大学校长 Dr. G. W. Beadle，我略略告诉他这个划时代性的讲演。他笑一笑，问："您懂不懂？"我羞容满面，无地自容，从此以后自己才知道那一套老玩意儿赶不上时代了。再不醒过来的话，时间错过，悔之晚了！

*赶不上时代了*

1964 年我年已过花甲，借办暑期讲演会的机会，请了美国的四位学人来授课。有数学遗传学，及三位年青的学者教现代遗传学、细胞生理学及生化遗传学，我是主持人，也是学生。有了这个开蒙的机会后，跟着，我办生物研究中心，有机会时就请客籍学人来长期的教书。名义是请来教年青的一辈人学的，但我自己想，我为什么不去认真的上课、听课、自修呢？所以也跟年青人一块儿听。请来的学人，都是国外大学的精华，十个好的挑出来的最好的。这样接着办了三四年，我也跟着自修了三四年，直到 1968 年我生病以后，才自己慢慢的松懈下来。1968 年第十一届国际遗传学会在东京举行，我扶病去参加。会中虽然还有一两个讨论会是讨论古典式的遗传学，但八成以上的讨论会，都是有关现代遗传

*请国外学人来讲学*

*自修三四年*

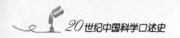

学的。我有了三五年日夜努力的进修，这次去开会，似乎有了很大很多的收获。惜乎年岁又高了，身心都不如以前，1968 年后高血压病稍可控制，医生劝我不要做这个，不要动那个。不能再继续作研究，不能再夜以继日地努力念书了。听李有柄大夫的忠告，就把研究工作暂时放下，自然念书也不那么起劲了。现在的研究工作，也转变了方向，用的是现代生物学方法，来解决老的及新的问题。可惜我所学的基本科学有限，事事都不能深入，自觉美中不足。

## 迁居台北，正式开始做水稻研究①

回台后，因决定搬台北，单人匹马来重整旧山河，所以正式开始作水稻的研究。最初是研究各种 Species 的染色体，

当时我的日本好友 Dr. H. I. Oka（水稻专家），对于这种幼稚的工作，曾嗤之以鼻。我的想法则不同，任何工作都有一个开头，于是我同我的同事们作种与种间的杂交。野生稻，有些是半夜开花，于是早上"去雄"，下午做染色体的研究，晚上半夜起来做杂交，这样辛苦做下去。有一个杂交种是以台中六十五号为母本，以非洲的野生稻为父本。从来世上的研究者，没有做成杂交过的。我们用了五千个左右的小花（每穗只能作十只小花），花了一个多月不眠不休的时间努力做。最后得着一个种子，可以发芽。发芽后，知道是真的杂种。我以"百万元植株"为它命名（Million Dollar Plante）。从此

**冈彦一嗤之以鼻**

**培育杂交水稻"百万元植株"**

————

① 此小标题为编者所加。

Dr. Oka 的嗤笑也变为尊敬了。日本的科学家们以刻苦耐劳闻名于世，我们的勤劳，这一次似乎超乎日本人的令名了。


## 植物研究所的发展

自 1926 年开始，跟着导师 Dr. R. A. Emerson 做玉米的遗传研究以来，满心想回到中国，就可创立一个研究的环境，从事理论的研究。但事与愿违。为时势、环境所迫，自己却改行从事做实用的农业工作。工作地点常随时局的变迁而变换，对于各种作物的育种工作，亦因为国家的需要，作了种种的尝试，希望以一个书生而能为国家尽力。1946 年到上海的中研院，以为中国从此可以太平若干年了，于是开始做理论的研究工作。但是昙花一现，不久就离开上海，1948 年来宝岛后，因为国家急迫的需要，又重操旧业做实用的研究，从事甘蔗的改良工作，但总念念不忘细胞学的研究，一有空，就在显微镜中找新的天地。1958 年适之先生回中研院当院长，并创办了"长期发展科学委员会"，运用美援作经费。有了适之先生卓越的领导、同情及鼓励，终于舍弃了来台后十四年辛辛苦苦创立的甘蔗改进事业，携家北上到南港中研院学人住宅中定居。这是 1961 年 6 月 23 日的事了。北来以前，还以顾问的身份，在糖业公司的公司会议中，以专家的身份，讲演了四个小时，谆谆地讲台湾栽培甘蔗的环境，反复告诉他们这些台糖的当家人们（一百余人）N:CO310 那时的缺点：不适于肥沃的地区。但这种地区是有灌溉，也是种水稻的禁地。假使推广新育成的蔗种豫 F146 那类比较抗倒

北上南港

离开糖业公司
时的担忧

285

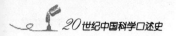

伏、产量高、糖分较高而又能宿根的话，这种品种最多是可种百分之三十（对总面积）。我对这些话记忆犹新，时期还不到十年，N: CO310 的代替种尽是像 F146 这样的中大茎种了，N: CO310 的栽培还不到百分之十了。今年（1970 年）的糖总产量还不到六十万公吨。每公顷的产糖量不过是六公吨左右。掌舵人走了（四川巫峡滩多，无论木船或轮船，都要靠一位掌舵者看水），顿使这只大船方向没有看准，随时都有触礁、沉船的可能。往事如烟，真不堪回首。

参加第一届阳明山会议主张计划生育

当时植物研究所已有年青的研究人员郭宗德等三四人，还有办事人员一二人。生物大楼尚未完全装修好，6 月 30 日才算完成，我们正式接收。7 月 1 日，陈"副总统"辞修召集第一届阳明山会议，邀我参加，会议七天。7 月 6 日分组讨论，分派我到经济发展组。我提出两点：（1）台湾人口增加太快，应及时实行计划家庭。（2）研究工作应多方做，以期提高生产，尤其对于农林的研究应加强，以期足食足兵。

那时我的观念，还是母校康奈尔大学植物系的那一套"古典式的植物学"。聘请的研究人员，虽然是年青的，还是脱离不了训练年青的分类学人、解剖学人、细胞学人、育种学人那一套。但是与适之先生每次谈话时，以一知半解的知识告诉他基本科学像数、理、化的重要性，应为基础，然后方能研究生物的奥秘。适之先生早先在康校也学农，随后才改学哲学，常自称是农界的"逃兵"。那时充"内行"骗"外行"的我，连自己也骗着了。一直到 1964 年已逾花甲之

重新学习现代生物学

年才重新学习现代生物学，四五年的努力后，对于以基本科学为本，以生物为研究工具的大道理，才算有点明白，在这里，应向适之先生告罪，恕我当时无知，不是有意骗您的。

# 赴檀香山参加第十届太平洋科学会议

　　1957 年第九届太平洋会议理事会开会时，我被选为该会常务理事后，一直就与该会檀香山总会联系。该会的总干事 Dr. Coolidge 常常来东南亚各国考查，他每次来台后，都要我设法送中国的学人至少五十名参加第十届的大会。1960 年初我们还在台南时候，适之先生就希望我当团长组织这一个庞大的中国的代表团去参加。当时黄季陆先生做教育部长，我到台北参加长科会时，副主席是教育部长，常常见面。黄先生亲笔写了一个条子，答应该部可送七位科学家赴会，有了这个允诺后，我的胆也大了。Dr. Coolidge 说可以送十人左右去，于是就物色赴会的人士。那时檀香山还是美国的属地，在台的学人争先恐后地都想去，借此可到美探亲。从 1945 年算起，我们已来台十五六年了，好多人家都有子女在美深造，或已学成成家了。有这个机会，当然都希望前去参加会议，顺便探亲。但是名额只有七名，连中研院及其他机构补助的不过十名。那时太平洋科学会补助的有多少还不知道。我办这件事的办法是：小事情我处理，大一点的事，都是自己花钱打长途电话向适之先生请示。至于人选的决定，就亲自到台北，以参谋的身份只负建议之责，由适之先生自行决定。适之先生的原则是人选不宜集中一个机构，科目不必集中一两门。最后的人选全由适之先生圈定。有位居女博士，因没有论文，不曾入选，我见办事有点棘手，建议居女博士圈上。果然，堵塞的瓶颈，忽然畅通，办事顺利，经费也很

一人堵塞瓶颈

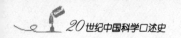

快拨下了，好像在先进国家办事一样。适之先生曾对我说："我比你大将近十岁，办事的经验也比您高明，这次我不如您了。"我极谦虚地说："缺牙巴咬蚤子，总会咬着一个的。"大家都哈哈笑。

1961 年 8 月 19 日同一部分团员到 Honolulu，这次开会是在自由国家属地的檀香山，因此我的办法也放松。我自己为省钱方便计，住在好友 Q. H. Yuen 家中。阮先生有两辆车，所以很方便，每天都是搭阮先生的车，他去糖业试验所办公，先送我到夏大大会场去开会，中午来接我到他家休息，下午再送我去开会，下班后又来接我回家。晚上我还要参加各种的酒会，宴会。因为我是理事，还要不时地参加理事会及宴会。因为我是团长，开会（6 月 21 日）及闭会（9 月 2 日）我都要坐在前台。还有照片为证。事后某一大报的总编辑，还隐隐约约地说我没有去参加开会，只去美国省亲呢！幸好我回台后把相片先给适之先生看过，否则人言可畏，一辈子做不得人了。9 月 2 日大会闭幕后，下午乘机到 Chicago。

5 日为大女恩泽与吕德璿在 Chicago 公证所参加他们公证结婚。然后东去纽约办签证去伦敦参加 Unescc 的年会，这也是适之先生派我的差事。但是在纽约，根本无法得到英领事的签证。游维义大夫看见我身体不好，过于紧张、忙碌，劝我回台休息。我因此打一个电报与适之先生，他回电让我到康奈尔母校去休息，然后再到西德去签证转伦敦。纽约的英领事馆去了两次，次次都碰大钉子，每次都要请我等一两个月让伦敦回电来后才签证。但是那一个会是 9 月底开。我想纽约那么大的领事馆都签不成证，挣扎着去西德也没有把握，加以太忙碌，游大夫恐怕我会病在路上，进退不得，劝我回台休息。于是又电适之先生："遵医嘱返台休息。"果然 9 月 12 日就启程回台北，到后与适之先生报告太平洋科学会议开会的情形及不能去英的经过后，回到家中睡了三日三夜，除开略进饮食外，都在床上酣睡。游大夫的诊断是没有错，否则可能已病在路上，结果就不堪设想了。

返台休息

## 赴日本京都参加日本的原子能科学会议

1961 年 10 月 10 日，在京都开会。中国的代表有几位，其中之一是台大医学院的黄淑贞小姐，她是 X 光的专家，认识以后，所中的照射线的处理，常常去麻烦她。大会中有五百人左右，进会场时，每个人都发给一具收音机，会中可用英、日、俄、法四种不同的语言发言，立刻便译成收音者常用的语言播出。这是在联合国所用的办法，不过缺了中文而已。日本人随时随地都在步人家的后尘，电气化的工业已发展到那个程度，进步之速，实在令人佩服。1969 年我到美国西岸的西雅图开国际植物学会，一切的一切，似乎比日本落后了若干年。无怪乎日本人野心又勃起，战败后廿五年的日本，经济的发展仅仅在美国苏俄两国之后。瞻望我国远景，似乎模糊不明白，10 月 14 日回国后，心情沉重，越想努力使我国的科学能生根了。

6 月到南港定居后，朝夕与适之先生在一起。中研院所长以上的人们，只有适之先生与我两人住在南港。适之先生常常要我去他家陪他吃晚饭。胡先生的刘厨子是台北名厨之一，胡先生过世后，他到日本去赚美金，现在已"腰缠万

与胡适在南港

289

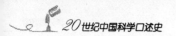

贯"了。我每次去吃饭，都嫌他厨子做的菜油放得太多，简简单单的几个小菜，油腻都太重。"动物油吃得太多的人们，到中年以后，血脂肪聚积太多，以致血管硬化，不太好。"我这一知半解的理论，似乎对胡先生并没有任何影响。有时，我已吃过饭，他还是要我去陪他喝酒。医生只准他每次喝二十西西酒。而我呢？因血压高，医生不准我喝酒。但是到胡先生那里，尊贤敬老的遗风，从小就灌输在我脑中。每次胡先生请王秘书志维为我配一杯 Martini（混合酒），是几种外国烈酒配合而成的。胡先生常同我说，王志维先生是他的"徒弟"，但似乎有"胜于蓝"的感慨。记得我第一次喝下了那一大杯烈酒后，脸红心跳。以后常常在胡先生那里练习，一杯下去，就不觉得怎么样了。适之先生和蔼可亲，与他相处，有沐春风之感，一点也不拘束。我们随便谈谈，互相交换意见。虽说所研究的异趣，但是他对于以科学救国的大道理，与我的见解不谋而合。加以又是康奈尔大学的先后同学，更感亲切。我自从和适之先生相处之后，觉得台湾的工作，实在做不完，于是我的心胸就开阔了，血压也慢慢地减低了。每天自己从事研究，并以训练下一代的学人为今后的大计。可惜适之先生不久就去世，否则他看见现在植物研究所，必定要说："好，好，顶好。"

与胡适相处如沐春风

## 未就总干事

1961 年 6 月 24 日，长科会在台北开会，钱思亮校长私下告诉我说，中研院代理总干事全汉升先生要去美国讲学，适之先生要我当总干事，我听到这个消息后，内心很着急。
（1）中研院对内对外事宜，急需整理以谋今后的发展。（2）
植物所刚刚建立起来，又不能分心。（3）自问一生待人太天
真，又认真，先天的条件及后来在美国所受的教育，都以此
为依据。做研究以植物为对象，不会引起不愉快的事情。至
于总干事的职务，全是对人的，动辄得罪人，反而误事。
（4）自己的血压太高，随时都可以成问题。7月4日，适之
先生正式对我说，请我当总干事，7月8日院务会议，适之
先生在会中宣布我可能考虑当这个兼职。我告诉他们两点：
（1）我对于行政工作不适宜；（2）身体不好不能胜任。第
二天，黄季陆及杨亮功两位先生来敦劝。16日，好友杨树人
教授来为适之先生作说客。19日，黄季陆及凌纯声两先生先
后来劝。28日已到最后关头，适之先生给我看一看他亲笔写
的"给本院同仁的信稿"。

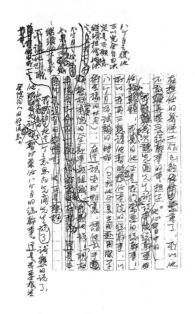

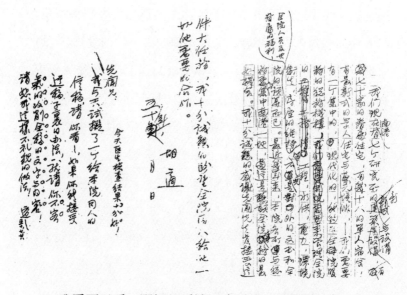

　　我看了以后，眼泪几乎淌下来，人生难得逢一知己。适
之先生为国家、为民族、为科学的发展，为爱护本院，就是
铁打的心肠，也早被软化了。我到医务室王大夫那里去量血
压，王大夫直摇头，说："太高，太高。"（到现在我还不晓
得当时的血压到底是多高）。当然适之先生听了王大夫的报
告后，也叹息摇头。我的血压是情绪型。那时刚从台南搬到
南港，家中还没有布置就绪；植物所的部署恰在开始，弄得
手脚忙乱；又在计划率领中国代表团三十余人到檀香山去参
加第十届太平洋科学会议；又在编列长科会的下年度预算及
研究计划。自己已分身乏术，适之先生还要再把中研院这个
大大的任务加在我的身上。于是惶恐紧张，一个月下来，夜
夜都不能安眠，结果血压当然增高到骇人的程度。一直到
1968 年住荣民医院，心脏科主任大夫李有柄及董玉京大夫的
细细解说，我才一知半解地了解自己的病情。

　　当时血压特高的情形，正是不能就总干事职的好理由。

于是请如玲去与适之先生反复陈述，半天，适之先生才暂时放弃给我这个兼职。等我到国外去参加会议后，身心好点时再谈，我这心事才暂时放下来。之后，适之先生心脏病常发，1962年1月初，又因心脏病第四次进医院。3月初还要到美国去开会。在病房中，我答应他说："先生从美国回来后，我就可帮忙。"不料一误再误，我没有能替这一代学人帮忙，分他的忧，真是抱恨终天。希望适之先生谅解。

## 院士会议

1948年第一次院士会议，兵荒马乱中在南京召开后，院士们各奔东西，有些留在大陆，有些到美国去讲学，只有几

1957年参加中研院会议。右起：李方桂、李济、董作宾、凌鸿勋、朱家骅、王世杰、李先闻、萧公权

位来台湾，彼此都失掉联络。那时代理院长骝先生苦心孤诣就数学所同仁及史语所同仁部分来台人员之便，恢复了中研院于南港，这是 1950 年的事。1954 年在台的院士王宠惠、王世杰、李济、凌鸿勋、朱家骅及我七人，在南港举行第二次院士谈话会。大家接受宠惠先生的提议："以公告院士限期报到之人数为今后的全体人数。（那时在台的院士有七人，在美有十二人。）假定报到的人数是十九人，那么三分之一以上，有七个人就可以开会。这不是法律，只是一个议事规则。只要总统批准就可以行的。评议会也可以照样办理。"之后，总统批准，院士会议以七八人到会就可以开会了。

王宠惠的提议

1957 年 4 月 2 日第二次院士会议在南港开会。国外回来的有李方桂及萧公权两位，连在台的院士，一共有九位。下午三时举行开幕式，蒋先生亲临主持。第二天正式会议，讨论：（1）今后扩充工作方案；（2）设置研究辅导委员会；（3）设法恢复原有的研究所；（4）筹设新研究所；（5）建议政府宽筹学术研究经费；（6）指定教育部与中研院拟订长期学术研究计划，提出下次院士会议讨论。通过：（1）1958年度院士选举；（2）加选了梅贻琦、钱思亮、董作宾、张其昀、赵连芳五位为第三届评议员，杨树人为评议会秘书。[①]

1957 年 4 月 3 日下午二时，开第一次会议，修正四种法规：（1）中研院院士会议规程；（2）评议会议事规程；（3）院士选举规程及院士候选人提名表；（4）评议会选举规程。同时追认已设立的植物、近代史、民族学、化学及动物五个研究所的筹备处。

---

① 此段与下段间，原文小标题"评论会与院士会议"删除。

1958 年 4 月 10 日在南港举行第三次院士会议，蒋先生亲临主持，适之先生在蒋先生的训辞后，强调中研院是以研究为主导的研究机构，科学研究对于国家是如何的可以救国。详述第一次普法战后，法国战败投降，赔款的数目很大。巴斯德的科学研究成功以后，以致法国的财富大为增加，就是以巴斯德个人科学方面研究所得对法国所增加的财富，足可偿还巨额的赔款而有余。同时还提到 N: CO310 的推广，为台湾增加了不少的外汇。目的希望蒋先生重视科学研究。从那时到现在蒋先生对于科学都很重视，是不是那一次接受了适之先生的建议？不晓得。

1959 年 7 月 1 日，在南港举行第四次院士会议。选出了九名新的院士。

# 14

CHAPTER FOURFEEN

# 我的家庭

李先闻夫妇（1969 年）

1970 年如玲和我仍住南港，儿女们纷纷都离去。大女儿恩泽在台中农学院毕业后到美国印第安那及普渡大学肄业，已婚。女婿吕德璿是台大物理系毕业后在普渡大学得博士学位的，习固体物理，现在纽约州 Rochester 的 Kodak 公司从事研究工作，有两女。

大儿泽豫（C. Y. Li）在台南工学院毕业后到美国康奈尔大学攻读化工，1960 年得博士后留校研究 Material Science。他是这项新学问青年学人中有成就者之一，前程远大，目前在母校任副教授。

1969 年被芝加哥 National Laboratories Argonne 借调两年，主持一个新原子炉的设计。长媳是美国人，Betty Cornell。孙女世珍 Michelle 七岁，孙子世杰 Mark 五岁。

二儿泽楚在台南工学院毕业后，留在国内建筑界学习几年后，1965 年到美进 Carnegie Institute（Pittsburgh）修得建筑师学位，在建筑界中是个杰出的人才。二媳 Sandy 是华侨。

次女惠泽在台中静宜文理学院毕业后赴美，在 Rochester 大学的图书馆工作，就读该校的夜校。

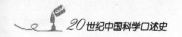

# 后 记

六十年来的奋斗生活，也算是长期的报道了。从一个平淡的农家子，进而为世界科学名人的我，自己对自己的得名亦感到惊讶。一生辛酸的汗泪，日夜的努力，为国家、为科学、为青年的一代，一幕一幕地显在眼前。借此勉人，也是自勉，成功不是侥幸得来的。

1969 年去美到 Philadelphia，泽楚陪我们到乡下去拾假金（Fool's gold），拐弯抹角，泽楚是识途者，还费了许多事。到一山边，远远地看见通是顽石，近前仔细一看，碎石中藏得有很多细金块，在太阳里闪闪的发光。于是同如玲、泽楚花了半天的功夫，拾得很多的假金块，一块一块地放在我的大衣口袋中带回台湾。现在还有许多"金"块放在我书架上。"假金"的拾得，尚且那样的不容易。识途者带路，努力，晒太阳，流那么多的汗，花了不少的代价，才能获得。"真金"的获得，也许更要费事、费时，更要努力。向一定的目标去奋斗，是不是可以得着，不敢说，也许就空手而回。人生若梦，六十年是一瞬间事。李白曾说过："少壮不努力，老大徒悲伤。"① 成功失败的断语是历史家的事。自己曾努力过么？要问问自己。否则历史家的批评，总是不大好受的。

"哀思"中我默许了适之先生的一句话，总是耿耿在心头："您发展科学的遗志，我当更加努力去完成。"

末了，我要把这一句话，送给青年的学人们，做个交代。发展科学的宏愿，科学要在中国生根的大计已做到哪里？应该如何努力去完成？这是我对接棒的年青学人们的交代，像适之先生对我的交代一样。

1970 年 4 月 2 日晨 7 时完稿于南港

① 诗句出自汉代乐府《长歌行》，作者不可考，不是李白。

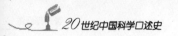

# 附录

APPENDIX

## 难忘的老同学比得尔
### ——1958 年诺贝尔奖金得主之一

    1926 年（民十五）我从普渡大学毕业后，就到东部的康奈尔大学进研究院。我在普大选修园艺系，那时的美国，学生到学校去学的是一点技术（实用），理论极少。学生毕业后，回到农田，务农而已。因此我后来到康大，想学点理论，经洛夫教授的推荐及洛夫的学生沈宗瀚的从旁极力赞助，劝我到育种系主任 R. A. Emerson〔处〕当研究生。他答应收我，因他本是 Nebraska 州立大学园艺系主任，三十多岁才到哈佛大学得到遗传学博士学位，跟着转到康奈尔当植物育种系主任。原来，我是清华官费生，只供给五年的官费（每月八十元）在普渡已费了三年，因此只想在这有名学校得一硕士而已。但是学校好，东西多，愈学愈趣味无穷。在康大一年后，才立定主意，去修博士学位，后因作论文的关系，在康大呆了三年半才把学业完成。

    在一个生地方，除清华同学外，一个洋人都不认得，记得我第一次到植物系选修 Dr. Eames 的解剖学时班上有十余人，其中就有比得尔（G. W. Beadle）及他后来的太太 Marion

Hill。比得尔约一米七八，相当帅，头大，一看是一副聪明伶俐相，一表人才，满幅笑容。那天见面，只互相道好而已。之后，因同在一系的关系，所选的课程大都相同。比得尔总是班中才能出众的高材生。原来他是 Nebraska 大学毕业，经他的老师 Dr. Keim 介绍到康大来的。他本来是 Lincoln 北部一个小城 Wahoo 中学的高材生。他的老师是一位"伯乐"，介绍他到 Nebraska 大学，随后她（老小姐）又介绍几位当今世界的遗传学家到 Nebraska 大学。Dr. Keim 自己并不是一个好的研究者，但亦是"伯乐"，好学生都一一介绍到康大深造，像 G. F. Sprague，Srb，及其他，都是后来美国的院士。这也是一种缘分，一种偶然机会的获得，但是得了学位以后，康大所培植的研究气氛，使人勇往直前。成功与否，事在人为。

因为同班上课的机会甚多，中午亦在餐厅共同进餐，友谊与日俱增，加以我们俩都是 Doc.（Prof. Emerson 的简称）的研究生，每天都在当时 Fowler Hall 的下面（俗称 garden）种玉米。该地约一公顷，每一人都分有一小幅地，种自己的试验材料。那时因为 Prof. T. H. Morgan 以果蝇为材料，找到果蝇有许多变种（果蝇只有四对染色体）。他们于 1910 年左右开始，最后发现了四个连锁遗传集团，被称为染色体遗传论。Prof. Morgan 于 1933 年获得诺贝尔奖。Doc. 开始作玉米遗传的研究比较晚，加以玉米一代普通要一年，有好的温室，一年可以有两代。玉米有十对染色体，Doc. 当时的意思，似乎以植物（玉米）作代表来证明动物（果蝇）染色体论是不是一样。于是广收学生从事此项大目标的研究，我因此亦列入门墙，为 Doc. 学生之一。

风干室前面玉米工作者留影

　　一般来讲，在康大的 Garden 内，我们是 5 月下种，7 月下旬开始杂交。9 月收获，在风干室风干后，第二年再种。记得第一年收获时，比得尔在我的玉米穗中发现一穗上的种子只有几粒，于是他以另一个变种交换，这几个种子就是他后来作为论文的材料。他亦因有这个大发现而成名。这就是他的 Asynapsis 的起源。

　　原来我们在玉米所发现的变种，不是玉米颜色的变异，〔就是〕植株的高低等形态，而他的这个变异是与染色体配对与否有关，是属于生理型的变种，与从前发现的大异其趣。立刻英国 Dr. Darlinton 及一班学人们都认为这是大发现。因此鼓舞比得尔对于科学的研究不断地去找新途径、新方法。

　　1927 年初，我们一同修 Dr. McClintock（女）的切片学。班上有十余人，头一次做洋葱的切片。比得尔就约 Dr. Sprague 及我，想把这个工作于最快的时间内把它完成。

因为做同一材料，用同一方法，组织起来可以把三份材料一个人去操作，因此每人要轮流去值班，每人是八小时。我的运气不好，抽的班次是晚上十二时至翌晨八时。记得我住所离植物系有一段的路。我很早就上床，闹钟十一时半将我闹醒，于是披星戴月到植物系去换酒精。结果，我们三人在第三天就把片子作出来了。比得尔之好强又能吃苦的性格可见一斑。

1927 年 5 月，我们把玉米下种后，比得尔问我要不要同他一块儿回他的家乡去一趟，因为那时课程也将教完，Nebraska 没有去过，我就首肯。于是我收拾一个小箱子，内中只有两三套换洗衣及一套便服。比得尔什么东西都没有带。我们乘火车到水牛城，到达后当即搭一电车至尼加拉瓜大瀑布。傍晚仍坐电车到水牛城，当即上往西开的一只小轮船。第二天四时许，比得尔就把我喊醒，我们两个"乡下人"身上都披着毛毡，往船后各自找到适当位置，向东看日出的美景。果然，日出前，的确美得很，为二十五年来所未见的奇观。那次，我们船行的目的地是底特律城，去参观福德工厂。下午乘火车到芝加哥。到芝城后，比得尔说我的箱子太累赘，我们于是到邮局把它寄回康大，跟着到林肯（Lincoln），它是 Nebraska 的首都，也是 Nebraska 大学的所在地，也是比得尔的母校。他回来的目的有三：一、回故乡省亲。二、回来考硕士。（他的老师，是 Prof. Keim，以前在康大拿过硕士，在我研究院读完时，他亦来康大读完他的博士学位。）三、比得尔的硕士论文，似乎在"内"省北部草原地带研究那一大幅草原草类的分布情形。他转移学校后，这次回来，还要带一 Nebraska 大学四年级的学生 James Rooney 前

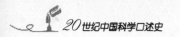

往该地学习，以便这个工作可以继续进行。这件事证明美国研究科学的有继续性，所以他们能够成功。那时我不太了解这个大道理的存在。

比得尔在大学把他的硕士考完后，他同 Rooney 就去办"行装"，都是吃的，睡的（每人两条毡子，外加一大幅帆布，以蔽风雨）。我们三人就离开林肯北上。由 Jim 同比得尔轮流当司机开车。当吃饭时，煮咖啡等事，三人合作办理。晚上则找到一个平坦的草地，把带来的帆布拴在福德车的上端，然后在地上拴在两只小棍上，有这个四十五度的倾斜面，就是下雨，我们也不怕。睡时以一毡子铺在地上，一只来盖。幸好是夏天气温尚高，晚上亦不冷。枕头则睡在一小包上。完完全全是半"原始人"的生活，愈往"内"省北部，人烟愈少，几乎没有镇集与农家及树林。能见的树木只有白杨而已，而且并不成林。往北约一百余英里，到了北部一大城，因为食物供应急待补充，当我们这衣着不整，差不多是囚头垢面的三个年青人在街上购物时，一位高大的警察过来，问我："你这个日本人到这个地方来干什么？"我的同伴立刻代我回答才没事。〔当时〕中国人在那边似乎不多见，而日本人则足迹满天下。

配备买齐后，我们就到该城往西的草原工作。有一晚，我梦中听见牛叫。的确，我们露营的地方，是牛群集中所在地。那晚因怕牛群冲过来，把我们踏死，因此一夜没有睡，一夜都在听牛叫。在草原中，虽是一大片草原，空间都充满了地莺 Medow Lark 的鸣声，间有斑鸠。走近它地下的巢时，母鸠就飞起翅膀一闪一闪的，好像受伤模样，此真所谓自欺欺人是也。其他的可爱的小飞鸟，满地都是。间有小溪，野鸭带着她们的小鸭群、满溪皆是。草原地都是黑土，腐殖质甚多，与东三省的土一样地肥美。伙伴们每天都去研究草种，我一人觉得无聊。有一天，我自己把福德开去溪中钓鱼。用的是木棍，线粗，而且也无钓具，花了两三小时空手而回。

那时，草原没有正规的道路，有泥土或水沟，当地人则顺便铺芦草填平。比得尔笑着说："草原中最好的路，是草垫平的。"我们开过车后，亦觉得他这话的真确性。他们工作地点，常常在移动。有一次露营地在河边，早上起来就想去溪中洗身兼洗衣。忽然间，一阵阵臭味吹来，当雾散后，我们就去找这个臭味的来源。结果，在河边的沙土上有一条大死牛，肚子胀得很大，死了好久了，腐臭味四散。我们三人轮流用带来的一把铲子挖坑，沙土还算容易，费了约半个时辰挖好大坑。可是怎么将死牛拖下去哩？幸好，带有长板，三人各拿一块，合力撬牛尸，才慢慢地把它推下去，覆上沙，葬礼完毕，大家才舒畅的透口气来。

三五天后，Prof. Keim 开车来我们工作地。教授开的是轿车型的福德，与我们的 Model T 型有天渊之别。当天，我们就离开工作地，因为我是客人，教授让我坐他车中，比得尔及 Rooney 仍坐破车一同随行。这次我们的目的地，是内省中部的 Swan Lake 天鹅湖。教授带了钓具，每人给一只寸把大的鱼钩，一两个大锡坠（每个约二三两重），还有麻绳子一大把。此外还有牛肉一大块，及一小刀。这个湖只有两三公顷大，但水很深，水中大头鲢鱼甚多，把钩放下去，就一尾一尾的上钓，每尾约一两磅重。那天下午我们四人合计钓了二三十尾。当晚比得尔及 Jim 杀鱼烧鱼及烧咖啡。鱼是

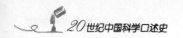

肥大，但是土腥气太大，不太好吃。等到我们吃过饭，太阳已西坠，天已到傍晚时，于是我们被蚊子咬得无地可容，比得尔就同 Rooney 去找枯草，扎成一把一把的草把，点起来，把烟驱走亿万的蚊群。当晚我睡在教授的轿车内，比得尔他们还是露营，不料半夜雷雨大作。我真怕我的伙伴们葬身泽国。清早起来，比得尔告诉我们雨虽大，但所下的雨都渗透到沙土中，他们一点儿都没有打湿，大家都作会心的微笑，于是开车回林肯。

比得尔将林肯事结束后，我同他坐便车北上。他是回家，他家在 Wahoo（一个小镇）。他家有一老父，约五十余，在家经营九十余英亩的农场，一人在家。比得尔的妹妹 Ruth 那时从林肯回家帮忙家事，但暑假一过，要到康校上学，家中只剩老父一人。那晚我在比得尔家住一宿。一早起来，Beets（比得尔的小名，以下同此）去牛房内收拾他的福德车 Model A 型。这是第一次改良的福德。本来 Beets 东去后，存在那里，此车只能坐三人，是我们回程的交通工具。当他在收拾车子时，我闲来无事，看见院中满地满屋都是白羽红冠的来亨鸡。因为没有事，就随便上仓楼去看看，看见草上，一堆堆蛋，随便拾了十几枚，放在我的短裤内，自己因为节俭成性，满楼都是鸡蛋，岂不可惜，哪知我一下楼就遇见 Beets，他问我在干什么？我想坐下来跟他好好讲，不料臭气四溢，原来我拾的都是陈蛋，结果花了许多工夫才洗掉。

Beets 接着到镇上的银行去把他妈妈给他的存款转户到康大内所在地的银行，似乎有七八千元之巨。在那时是一个大数，因为正教授像 Doc.，还兼任研究院主任，一年才有七千元的报酬。跟着，我们买罐头、Bacon 及其他路上吃的，并购备露营的用具（三人用）。又回到家中，把家中的洋芋、洋葱大量地装在车厢里。第二天一清早，我们就上路，Beets 只向他的父亲、妹妹说一声"再见"。

由此开车回纽约的绮色佳 Ithaca（康大所在地），差不多有一千多英里。那时的公路不像现代的超级路，差不多只是柏油路，因此车行不太快。加以车子又不太好，每小时能走三十英里是正常的速度。第一站 Ames，Iowa，是去接 Dr. I. F. Phipps。他是澳洲人，刚刚在 Doc. 处拿到博士学位，得到学位后，一人西行在依省的 Ames 有名的农业大学。相会晤后，然后一同乘车东返康校。司机还是 Beets，我坐在中间，右侧则是 Phipps。7 月初开始回程，每天约开两三百英里，Phipps 是衣冠整齐，而 Beets 及我，还是那一套黄汗衫及短裤，又脏且臭。因此不愿再到其他大学去参观，自卑心理作祟，见不得人，自寻苦恼，于人何扰。

这次东返：一不到馆子，二不住店，三越往东去，人烟越稠密。因此在路上，有河流及湖泊的地方，一定下河洗澡兼洗衣。每晚露营地方，大概是小学后面草地上。那时的小学，只有一个老师，教室则在红砖墙屋内。一女教师教六班。教室后面，大概总是有劈柴、水井（用打水机抽水）。后面的草地相当深，睡在上头还很舒服。正路上睡了七八晚，居然没有遇见毒蛇，幸运也。一早起来，就打水洗脸，做早饭。大概每人一杯咖啡，一个火腿蛋，一两片面包。中午到时，就吃一两片三明治。晚上喝咖啡，吃洋芋、洋葱及各种肉食罐头。大概八九点就睡，帆布棚则放车后，幸好那几天没下雨，否则，真不堪设想了。

　　有一天晚上，半夜里醒来，车子开来甚多，大概该地是情人幽会的集中地点，是不是周末，没有理会。到 Ohio 省内，有一天中午，我在车中打瞌睡，忽听见一爆炸声，猛然地将我惊醒，我说："车胎炸了"，他俩哈哈大笑。后来才知道是 7 月 4 日，是美国的国庆日，炮是他们放的，恶作剧吓吓我，引得我亦大笑不已。再前行就到Ohio的产油区 Lima，时已傍晚，找不着红砖小学，只得在分叉路旁的沟中露宿。那里也有一口井，打上水来，似乎有点气味，煮咖啡后，气味更浓。于是当晚很狼狈，没有水喝。早上起来，以为煮过的水，气味可以没有了，哪知道气味更臭。于是收拾行装，开车到街上，洗脸，吃了一顿丰富的早餐。出门将一月了，在外买吃也是这一次。回康大后，Beets 只算 Dr. Phipps 与我每人各十元，作为买汽油费用。其实，买机油，车子的消耗等等，他都没有算在内。

　　回校以后，洗澡，换衣，以后才去学校看看。那时，我已决定修读博士学位，清华给我五年官费已用去四年，再读下去，还得筹划一年的费用。恰好植物系的教授 Dr. L. F. Randolph 的德籍助手离去，他需人帮忙，我就去应征。每天从早上八点，做到晚上十点，礼拜天亦如是，这是论点计值的工作。每月可有一百五十元左右。Beets 同 Dr. Barbara McClintock 他们每天在楼下第二层的试验室内，似乎要到深夜才散伙。那时，玉米正在开花，garden 中的玉米工作者，一早七时就到那里作套袋工作。早饭后，就回到田中作授粉工作。作为细胞工作者，还要做采取花粉母细胞的工作。工作到十二时左右，大家一伙儿到风干室前聚在一起听 Doc. "摆龙门阵"，随便把"便当盒"拿出，自己为自己预备的三明治等，边听边吃。Doc. 不是讲书，而是讲"狗"及其他的南美之行及在船上等掌故。他讲时，极为幽默，而听者都觉得津津有味。约一时左右，大家分头又去工作。工作忙时，有时到傍晚才授粉完毕。晚上还要去做显微镜工作。

那年八月，《科学》杂志发表 McClintock 和 Beadle 的杰作，Asynapsis 也是后来 Beets 用来作论文的材料。1928 年 Beets 同 Marion Hill 结婚。一般讲，在绮色佳的气候比较冷，玉米多半在 9 月底 10 月初收获，收获后在风干室风干。我因 1928 年 7 月，中华文化教育基金会送给我一千美金的奖学金，同时清华还送给我半官费（一年四百元），同时康大研究生奖学金又是一年四百元。因为有这些补助，良师益友的鼓励，我在 1929 年研究院读完。当年 Beets 替 Doc. 当助手，每天看见他替 Doc. 数玉米。

那年夏天 7 月时，中午休息，Beets 吹他的立定跳远如何如何的"棒"，Doc. 说他从前也是跳远的能手，愈吹愈起劲。于是 Beets 在路上划一线，蹲下去跳一下，似乎有十尺多。他划一线后，请 Doc. 来跳，果然 Doc. 把烟斗放下，亦在同线上一蹲，忽听大叫一声 Auch，五十余的老翁，把腰扭了。在家疗治月余后，8 月底，终于由我开车去接他来玉米田。他手扶两支拐杖，指挥我们学生去替他授粉。

1929 年 12 月，我考完后归心似箭，把论文交给 Beets 整理一番，然后由他寄去发表。Beets 的学位 1931 年才拿到，1931 至 1933 年，Beets 在 C. I. T. Prof. T. H. Morgan 从事果蝇研究的中心作研究，后来与 Dr. A. H. Sturterant 合写了一本《遗传学概论》。我在国内教书时，也拿它作参考书。

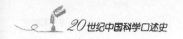

1933 至 1935 年他因为另一问题，去巴黎与 Dr. B. Ephrussi 会同研究果蝇眼的染色体变种问题。他回国后，在哈佛当副教授。自 1936 至 1937 年。他事后与我讲波士顿很冷，哈佛的设备不好，没有意思。因此他又到四季如春的加州的司坦福大学当教授（1937 至 1954），从事另外一种研究。

当我们在康大时，有一次，一位研究细菌学的教授曾告诉我们说："Neurospoar Crassá 将来会给研究遗传学放一异彩。"Beets 果然就用这个材料，用 X 光等使它发生突变，这些变异都是受到酵素的支配。他的伙伴们都是生化学家及生理学家。本来我们花了几十年去找变异，每个变异是受一个或多个基因所控制，现在他去找的是基因的产物（生物化学），最后他提出"一个基因一个酵素"的学说。1958 年他同他的伙伴 E. L. Tatum 得到诺贝尔奖金（生理学医学）遗传学者获得这个荣誉的是第三、四、五人了。Beets 跟着写一封短短的谦虚信给我，说他不配得这个学术最高的荣誉。他们这个"一个基因一个酵素"的学说，后来被科学家们发现并不正确，但大体尚符合。

1944 年我第一次重游美国，在他家中住了一个半月。他那时正在司坦福大学作教授，该校是前总统胡佛创立的，地址在 Palto - Alto，在旧金山南四十英里。我那次是先到西部，转美京受训后，一站一站往西部的大学及试验所参观及考察。到 Palto - Alto 时，Beets 开了一个十五年前开的那个 Model A 的福特车来接我。Beets 在校的西郊盖了一坐西班牙式的住房，房的四周有七英亩半的空地。他在房子的前面，请他的伙伴及他们的太太们栽植蔬菜，自己种，自己收。他的太太 Marion 已与他生了一个男孩 David，已是中学生了。这个时候是暑假，男孩去别处打工，我始终没有看见过他。Beets 的住宅相当大，中间是很大的会客厅，两头是卧室。他同他太太的卧室在西边，东边是客房及厨房。我到后第二天早晨，Beets 预备早饭，我们两人先吃，然后他用盘送一份给还未起床的太太。接着问我要不要同他去挖马粪，于是我们坐上一个小卡车（借来的）到一个旧的马房。我们一同用叉子，把马粪一叉一叉挖起放在卡车上。装满一车后，送回他家的院子。卡车是自动的，把马粪放下，然后再回原处去装第二车，记得那一天一共装满七车。回家洗澡后，我们一同乘"脚踏车"去试验室。他的试验室在地下室，我们先到工具室，玩意很多，可以自己修理试验室的各种器材。中午到饭厅吃，他介绍我会见该校的教授群，饭后教我把 Neurospora 的八个孢子，用很细的玻璃管，在双管的显微镜下一个一个分开。那一天是他的助手教我的，他的助手手巧熟练，一点钟能分开十一只。Beets 自己说他能分十二只。我天天在做，天天去学，总是做不成，一直到第十一天才把第一只分开。以后一小时内，可以分开两只，这不是手巧不巧的关系，而是方法会不会的问题。

我到后不久，Beets 得着 Sigma Xi 学会的邀请在各学校去演讲。走的头一晚，在司坦福大学预演相当成功。我回国十五年后，说英语的机会，少而又少，更不用说演说了。Marion 常批评我说的英文还是土里土气，一点儿没有长进。Beets 这次的试讲，不只英文好，而且〔有〕许多生物化学的公式，好像是学过生物化学的学者。记得在 1929 年时，他在康大数学系选微积分。那时的农科大学，尤其是农艺

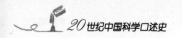

系，都不让学生选读较深的数、理、化。他的生化大概是因为需要自己念或在司坦福读过，不得而知。我从 1964 年开始，重学现代生物学，学生物化学的时间很多，我亦自修过，但记不得，半途而废，也许聪明不及 Beets 甚远，或者年纪太大了。Beets 远赴全国，回来后，我不久就离开司坦福东去。

加州理工学院（C. I. T.）的生物学院，本来是 Prof. T. H Morgan 主持的。摩根教授原来是在纽约的哥伦比亚大学动物系教书，因为用果蝇作遗传学的研究，创明染色体论的遗传而闻名于世。C. I. T. 那时因加州的气候宜人，东部比较有地位的人们，都涌到加州去欢度他们的晚年，因此 C. I. T. 基金很大。特此用高薪美金二万元及他的研究室的所有研究果蝇的人员，通通请去。还有一附带条件，他们每年暑假中还要回东部 Woodshole 的海洋生物所去作研究。1956 年摩根教授去世，理工学院的董事们，就选 Beets 去那里当生物学院院长，似乎条件相当优厚。Beets 也把他的伙伴们带去，时代往前进，学问亦跟着进，这不是我们传统的"一朝天子，一朝臣"的想法，而是以科学的变迁及进步为前提。以遗传学为例，摩根教授是以基因为学说，Beets 他们则进步到基因的产物为学说。1954 年，我赴巴黎参加国际植物学会，顺道台湾糖业公司请我到各地看看糖业的进步情形。我先到美国南部访老友布兰德博士。因南部各航线罢工的关系，我就先飞芝加哥，再转西飞洛杉矶，本来预定时间是当晚十一时，但飞机延迟至清晨两点方到洛城前五十英里的一站。坐得太久了，想下去走一走，活动筋骨。黑夜里，我正在埋头疾行中，忽然听见 Beets 在招呼我，他要我上机去把手拿的行李取下，同他当晚去 Pasadena（C. I. T. 所在地）。他说："离此不远，洛离巴城较近，行李我自会安排。"当我们到巴城的家时，已三点在望了。他住的房子是摩根教授的。他 1953 年已与 Morion 离婚，新夫人是一位名记者 Muriel Barnett，还带着一位"拖油瓶"Redmond，那年才十二岁，很矮小。我七时起来，同夫人及"Red"吃早点，夫人告诉我："Beets 一大早就开车到浴城飞机场去取你的提箱了，清早车子少，不久就可以回来。"八时左右，Beets 回来，把提箱交给我。他住宅很大，进门处养了八九只纯种暹罗猫。Beets 顺便抱起来，摸一摸，拍一拍，夫人讲："猫是他养的。"接着 Beets 同我到办公室，他在司坦福的伙伴们还有几人跟着他，但遗传学因时代的前进而又前进了一大步。那天他带我到地下室去看他的一位博士后期生 Dr. S. Benzer。他在作吃细菌的 Phage。临走时，Beets 同他的学生开一玩笑，告诉他说："你一定要详详细细解释清楚，让他懂，否则我叫你不及格。"这个博士与我讲他的研究工作约一点多钟，讲一点就再三的问，你懂不懂？你懂不懂？那一阵子的研究工作，是崭新的，讲一次以后，我心中就明白了。他本来只要十分钟左右的解释就够了，但是他却花了一点钟反复的跟我谈。最后，他看见我不太耐烦，于是最后他跟我说：不久以前一个日本博士来参观，他讲什么，日本人都说"是"，后来 Beets 把他骂了一大顿。Benzer 以后回到我母校普渡大学教书，享大名。在 1969 年，我到普大去看他时，这个小犹太人的目中无人的情形，非言语可以形容。

Beets 第二天陪我去参观 F. W. Went 教授的温室，我在那里花了二小时。那时花上五十万美金造一个有气温调节的

温室，是一件大事。最近台湾大学亦仿造一座。在新的生物学前进的时候，似乎 Beets 他们的 Neuropora 研究人员也比较没像他们在司坦福时那样起劲了。1956 年，我去东京参加日本召开的国际遗传学讨论会，在旅馆中偶然地遇见 Beets 及其夫人，原来他们是被日本人请来作大会的主要讲员。我请他们来台北看看，他因事忙未果。1958 年，他与他的伙伴 Tatum 获得诺贝尔奖金后，他们一同去瑞典。Beets 事前同 Muriel 到英国牛津大学去研究。Muriel 以记者妙笔生花的词句，写了一本 *These Ruins Are Inherited*，共三百五十九页。他

比得尔夫妇与儿子

出版后，送了我一本，书架上。

1961 年，我率团到檀香山参加第十届太平洋科学会议。会后，我到芝加哥去主持大女恩泽的婚事，Beets 已被芝加哥董事会选为该校校长，听说他的年薪是五万多，一座三层楼的校长官邸。事前，我写信给 Beets 问他我可否住在他那里，他回信说可以给我住一间。芝大是久负盛名的学校，校的四周，全是黑人区，好的教授都远走他方。Beets 被请作校长，也是学校当局想借重他的名来重整芝大的盛名。

我记得是 1961 年 9 月 4 日到芝城,那次不是城外的 Ohara 机场,而是芝大南面约一公里的机场。下机后,叫了一部计程车到芝大 Beets 校长住宅。一按电铃,Beets 在家,就亲自把我的提箱送上楼。他家中有三个佣人,都是黑人(女),一人烧饭,两人打扫房子。Beets 说:"这就是你的卧房。"床大,还有洗手间,会客室,再进去,还有一小间化妆室。原来我睡的卧室,的确是一间,不过是预备给夫妻用的,因此大小有四间。第二天,大女恩泽在芝城公证结婚,下午恩泽同他的准丈夫吕德璠来 Beets 家看我,因此他们亦得此机会见这位名震世界的遗传学家。恩泽对此一件事,是毕生难忘大事之一。

Beets 还在芝城内租一块空地种玉米,不是作研究,而是种甜玉米,供生食用。9 月 6 日,Beets 同我走到他的办公室。他总是笑容满面,办公室内两位胖胖的女办事员也是客气的不得了。Beets 一点架子也没有,凡事总是自己动手。待一会儿,陪我游游芝大的新建筑,都是 Beets 手内建造的。他告诉我芝大的收支情形,因为是私立,一切开支,都要自己设法。他说他要效法哈佛,校中有基金三十几亿美元,耶鲁也是二十几亿。每年基金的收入,就打若干万,再有 NSF、NIH 等政府设立的基金会(像我国现在的国科会),每年学校的研究补助,就有大部分从那种基金会请来。学校所收的学费,是小而又小(其实芝大的学费是很高的)。他想在他的任内募集十几亿美元。以后没有机会再讨论这个问题,因此他在任内所募捐的基金是否达到他所预期的目的,不得而知。

Beets 在芝大,尚有一个大任务,是收回邻校黑人住宅

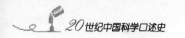

区的房子，Beets 夫妇对于黑人有高度的同情心，因此，工作进行甚为顺利。Beets 对于芝大遗传学不是太热心，因为芝大遗传学的教授们不太行，从头做起，他自己无力，也没有这个时间。我对于他收集的论文单行本甚有兴趣。那时候，还放在他们的书房中，我打趣地问他，你行政工作既然那么忙，是不是把这套单行本送给我的图书馆？他笑笑。但是不久以后，这两三万的单行本，从美国寄到植物所，包装及运费，全是 Beets 自理。现在中研院植物研究所有 Beets 赠送的那一套单行本。我对于这个盛举衷心感佩。相反的，我在美国的朋友中，也〔有一位〕接到类似的"赠与"，这位朋友不知道他是开玩笑或真是心里想的也如此，开口要我三千美金。这与 Beets 比较，有天渊之别。

1968 年，我病刚刚好一点，第十一届国际遗传学会在东京开会，我扶病偕如玲勉强带血压器及日常服用的血压药去参加。那时，自己的血压还甚高，加以鼻窦炎也正在开始，在冷气开放场所，我都不能出声。9 月 19 日是礼拜日，如玲扶我去参加木原均主席的邀请，到者是该届的名誉主席 Beets 及 Muriel 夫妇及十国的副主席。Beets 的头顶慢慢地在秃头中。这次请的是中菜，Muriel 及 Beets 似乎还能欣赏。开会时，名誉主席有一个为时约一小时的讲演，似乎 Beets 更会说话，题目似乎讲遗传学今后的远景。听者有三千余人，都为之动容。在开会期中，Beets 也去各处听演讲，似乎作学问的，一旦进去了就入迷。记得有一瑞士的学者，作四十分钟的演讲，他的题目是"动物体细胞的培养"，他的结果，可以长成翅膀。本来安排的会场过小，结果换了一个较大的，还是有许多人站着听。Beets 亦在听众中，足见读书人的兴趣了。我那年因遗传学大会在日本召开，也在会前会后请学人来合作专题演讲，事前也设法想请 Beets 夫妇来参加。在东京时，亦当面邀请，他们因事忙不能来。

1969 年我同如玲去美国的西雅图参加国际植物学会。我作论文报告后，就同如玲东飞芝加哥，去看那时在芝城西五十英里奥尔冈国立原子能研究所的大儿泽豫。他本在康大当副教授，被该所请来主持一群学人来计算新型原子炉的材料问题，他是顾问。那时 Beets 已不是芝大校长了，自己在校长住宅那一条街的北端买一住宅，甚小，而且在黑人区内。有一天，Beets 请我们一家四人在芝大的招待所吃晚餐，饭前我们到他的新居看看。Beets 的父亲已于前几年过世，一个孤独的老人，在乡下活到那么大的年纪（九十余岁），实在不容易。Muriel 的小孩现已甚高大，六尺三四寸高，已在哈佛大学攻读历史，得了博士学位，已结婚，现在哈佛教书。我问 Beets 在芝大罢课期间，他感觉如何？他笑笑说："我在家办公"。〔对〕芝城西面黑人区暴动抢劫事，他并没有表示意见。第二天下午，泽豫送我到芝城北部 Beets 的所长办公室，他那时是一个医药研究中心的所长。经费多，设备也不算太差，但人才方面 Beets 似乎不太满意。参观完了，也到了下班时候，Beets 同我到邻近一火车站，搭车南下。约十英里，下车后，我们步行几条街就到他的住宅。Beets 说自己开车，费时多，加以找不到停车处，不合算，因此上下班都坐火车来往。在晚间走路，黑人甚多，我问他为什么要住在这一带？他说"他们也是美国公民"。足足显示他们伟大的人格。泽豫到时，来 Beets 处接我，自此以后，我同 Beets 及 Muriel 就没再有见面的机会了。听说 Beets 最近已辞去所长，

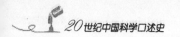

但是他还在芝城住着，还继续在研究玉米的起源工作，照样去参加玉米遗传研究组每年的集会。

Beets 是道地美国西部的农家子，父亲是一农夫，财富那时只能算中等人家。他聪明、和气，受知于中学的老师，而进那不勒斯卡省立大学。又受教授 Keim 的赏识，而把他推荐到东部的康奈尔大学进入 Dr. R. A. Emerson 门下为研究生。他的成绩好，读完后，又受国家学会的补助，在果蝇研究室的学者们，重新在走入一个新生物的林中。随后到巴黎研究另一个题目。他聪明，有智慧，又一天到晚都在研究室，是他成功秘诀之一。到司坦福大学后，又同生物化学群合作，研究一个新生物同新方法，从事遗传学另一方面的研究，而得大大的成功，因此得诺贝尔奖。到加州理工学院生物学院接替摩根大师的位置后，行政多于研究，那时遗传学又进一步，他的学说已不复为世人重视。加州理工学院大学生只六七百人，而研究生及博士训练生有三四千人。每一研究教授，只管三四个研究生而已。Beets 在加省理工学院显出他的行政专长，因之后来到芝大当校长。

Beets 的婚事，第一次是失败的。我在司坦福大学与他们同住时，他的太太 Marion 常常串门子，回来时，吹吹她的杰作：今天与某太太吵一架。Beets 的第二位太太，是一个贤淑貌美而又有文学修养的一位才女，同 Beets 还共同写了一本大众可读的遗传书。

Beets 的嗜好是爬山，在加州理工学院他给我看他的爬山工具，这是好强冒险的心理。当我们在康校时，我们有一天到绮色佳东面一个瀑布附近。同路是三人，Beets 外，尚有一位苏格兰人，说曾爬过瑞士爱尔卑斯山。这一句话，引起了 Beets 的好胜心，他们愈走愈快，过冒险的山头悬崖断壁，两人互不相让，争先恐后，惟恐落后。我以"身体发肤受之于父母"的古训为理由，自甘落后。

Beets 心地和善，笑容常开，我同他相处这许多年，从来没有看见他有怒容过。他对于人道主义有远大的眼光，对于黑人及其余的有色人种，帮助他们惟恐人后。因此他在芝大的成功，及校长退休后仍住在黑人区，以倡导人权。大智、大仁、大勇这个评语，Beets 当之无愧。谨以此现存学人的成功及做事做人的种种介绍于世人，这不是 Beets 个人的光荣，康大同学亦有荣焉。

脱稿于 1973 年 3 月 16 日

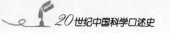

李先闻传略

APPENDIX

李竞雄

　　李先闻，1902 年 10 月 10 日出生在四川省江津县农村一户"只能温饱的中产之家"。祖籍广东梅县，父辈中最受他尊敬的哲夫四叔（早年留日，曾参加同盟会倒清活动），是力主李先闻外出读书、决定其一生命运的关键人物。

　　1906 年，李先闻就读于乡村小学，后转到重庆依仁高小，1914 年毕业。次年考取清华留美预备学校。五四运动中，以童子军身份积极参加救国活动，结识了弃武从文、任操练团副团长的高班同学赵连芳。赵在校组织新农社，引发了李先闻学农的志趣。他们二人后来在农业界多次共事合作，情谊深厚。李先闻在清华八年，爱好体育，并有专长。"九一八"事变后他从东北退到北平失业时，曾借此在母校马约翰手下谋得教练一职，并常述及引以自豪。

　　1923 年留美进印第安那州普渡大学园艺系，学习期间他仍热心参加体育活动。擅长机械操，获校选手称号。暑期到农家打短工，学到不少农活和养蜂技术。1926 年毕业，慕名进康奈尔大学研究生院深造，在育种系 R. A. Emerson 教授指导下攻读遗传学。玉米遗传学研究的创立和发展，当时集中于这位著名学者和他的学生们组成的研究集体里。李先闻是这个研究集体中唯一的中国学生。从此他如愿以偿，更加刻苦学习，每年夏季要和十多位师生忙于玉米的授粉工作，从事各自的论文研究，这批同行后来逐渐成为著名的遗传学家，其中有与李先闻相处和谐，情谊最深的 G. W. Beadle，后因提出一个基因一个酶的学说而获 1958 年诺贝尔奖；有曾任美国农业部首席玉米育种家的 G. F. Sprague；有当时的细胞学讲师、五十年代初首先发现转座子而获 1983 年诺贝尔医学奖的 B. McClintock 等。李先闻的论文是研究玉米一种矮生性状的遗传，于 1929 年获博士学位后回国。

回国后，李先闻的工作岗位因学用不一致而多次变动。先是受聘于中央大学蚕桑系，继而自费留日，到九州帝国大学从事蚕体细胞遗传研究。回南京时原想仍在中央大学任职，发现受人摆布，不得不改受东北大学生物系之聘，前往教植物学。不久，"九一八"事变突起，乃仓皇携眷转迁北平，临时谋得北平大学农学院兼职。但仍难以糊口，不得已求得清华大学体育老师马约翰相助，充任篮球教练。自叹用非所学，亦以国难当头，能有这点业余技能得以谋生为幸。1932 年 2 月，应河南大学农学院之聘，前往开封任教，在艰苦的环境中，不愿放弃理论研究，首先完成了番南瓜与南瓜杂交的细胞学论文。后来全力投入到研究粟的育种基本问题上来，写出一系列文章，在国内外杂志上发表。当时校内虽有一批高水平的教授与李先闻相处友善，但因其他人事倾轧，深感难以久留，乃于 1935 年 8 月转到新办的武汉大学农学院任教。

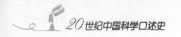

在武汉大学两年半的工作中，李先闻焕发了再展宏图的夙愿。在初具规模的农学系内，开展了稻、麦育种，粟的种间杂交，珍珠粟的四倍体等项研究。1937年"七七"事变后，武汉大学谋迁四川乐山，李先闻受故乡友人邀约，于1938年初离开武昌入川，改到四川省农业改进所工作。

在1938—1946年长达九年的期间里，李先闻以服务桑梓、报效祖国的愿望，在作物的遗传学研究和育种栽培两个方面均做出了满意的成绩。他亲手培养了李竞雄、鲍文奎等人，并和他们一道作出了许多研究成果。同时，他以充沛的精力投入全省的粮食增产工作中去。1944年夏，他奉命与几位专家赴美国考察农业，更新知识。1945年5月回到成都后又滞留一年，就进入上海中央研究院植物研究所任研究员，继续进行麦、粟等细胞遗传研究。在此期间，还受台湾糖业公司邀请，多次前去考察甘蔗生产。1948年7月，李先闻当选为中央研究院院士。

1948年年底，李先闻赴台湾，先后在台湾糖业公司农场屏东、台南两分场落脚，从事甘蔗育种改良工作长达十四年之久，获得优异业绩，被农民誉为"甘蔗之神"。其间，他多次参加太平洋科学会议、国际植物学会、世界遗传学大会等。1954年受命筹建台湾中央研究院植物研究所，1962年任所长，从此以水稻诱变育种为重点课题，数年之间选获了优异的水稻矮秆品系。为此，由国际原子能总署出面，在台湾召开了一次国际学术讨论会，1971年，李先闻因病退休时，该所已发展成为一个现代化的研究机构了。

## 我国植物细胞遗传学的奠基人

早在 1926 年清华毕业前夕，李先闻受俞振镛老师临别赠言的启发，有志于主攻育种学。当他到康奈尔大学育种系作研究生时，没有听从系内务实派教授的建议，选择了著名遗传学家 R. A. Emerson 教授作为他的主修科导师，着重攻读遗传学。这说明他对理论学科的认识，是不同于当时一般见解的。事实上，后来进入这个育种系的中国研究生中，再没有像李先闻那样主修遗传学的。正因如此，康奈尔大学这个从事玉米遗传的研究集体，给李先闻以后的学术生涯奠定了一个牢固的基础。但学成回国后的头几年里，他一直是壮志未酬。1933 年和 1934 年开始发表两篇文章：《人工引变与育种》和《细胞遗传学与育种之关系》，这是在国内刊物上首先出现的这类实验性的研究报告。李先闻到了河南以后，先是研究栽培粟的育种问题，随即开展了粟的性状遗传和种间杂交试验，为以后研究粟的进化打下基础。武汉大学是他施展理论研究才能的理想园地。在那里，他和助手们首先发现了玉米不正常花粉发育的突变体，并对它进行了细胞学观察，写出了一篇论文。他们又第一次试验成功了小麦与黑麦的远缘杂交，由于准备迁川，只好把这株杂种苗从地里移到小花盆，随身带着，路经宜昌、江津、重庆到达成都，然后栽到温室里。到开花前，采取幼穗固定，进行细胞学分析，明确了染色体异常行为与花粉、胚珠败育的关系，由此可见李先闻搞科研的一股韧劲。

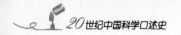

在主持四川省农业改进所稻麦试验场期间，李先闻几乎全为行政事务和外出巡视所缠身，但只要有一些时间，他就跑到那间六七平方米的简陋试验室来关心助手们发现的新奇现象，或是给他们必要的指点，在1938—1945年，李先闻、李竞雄、鲍文奎三人接连发表了多篇论文，主要涉及粟的细胞遗传、多倍体系和进化途径，小麦矮生性的遗传，小麦联会基因消失的作用结果以及秋水仙素诱变植物多倍体研究。

以李先闻为首的这个研究集体对粟类种属进化关系获得的系统结论是，粟属（Seteria）起源于黍属（Panicum），在粟属内存在着染色体数（n）为9、18、27和36四类倍数体物种，这些物种的演化是依照n数由低到高的程序进行的。但如果根据采集到的九个粟种的刺毛多少、花序形状、分枝小穗数等形态特征以及生态习性来分析，它们的进化顺序却显然与上述程序不一致。如将二者结合起来，再根据某些种间的杂交结果，就能比较合理地描绘出进化程序的图解。这个图解阐明，栽培粟的进化位置居中，其近缘祖先是狗尾草（S. Viridis）。另一个野生种S. faberii（n = 18）是异源四倍体，其中至少有一组是栽培粟或狗尾草的染色体组。faberii种与这二者之间的杂交一代呈全部不育，但经秋水仙素加倍后，可以获得n = 27的新物种。

李先闻时常把他从事的理论研究风趣地说成是"洋八股"，这是他戏用社会上对理论研究的一种贬词。特别是在抗战时期，在一个省级农业科研机构中，由身负粮食增产任务的主管人来带头进行一时用不到生产上去的研究工作，是很难逃脱社会舆论的讥讽和指责的。但李先闻竟是这样坚定不移地搞下去，足见他对自己专业学科的热爱以及从事理论研究的远见和勇气。1948 年他去了台湾，在前途迷茫，生活困难、受雇于台湾糖业公司的情况下，在从事甘蔗改良工作之余，还有一股闲情逸致去数计甘蔗种那样繁多的染色体数。凡此种种，可以充分说明他是当之无愧的我国植物细胞遗传学研究的引路人。在这个领域内，他一共发表了一百多篇论文。

## 从实际出发，为农业生产显身手

李先闻常说，自己是一个农家子弟，想不到能留洋深造。在入科学之门以后，他深知理论研究的重要，但也没有忘记国家当前需要各种实用的科学技术。回国以后，目睹国难当头，农村凋敝，他又自恃清高，不愿涉足政经之界，深知只有立足农业，为桑梓祖国效力，才能实现自己的夙愿。所以，在四川农业改进所稻麦改良场工作期间，经常能够见到他穿一双草鞋，骑着"洋马儿"满场奔忙；或是披星戴月，到川西各县检查农业技术推广情况，尝遍了"未晚先投宿，鸡鸣早看天"的乡村生活。从旧社会成长的知识分子都有着这样适应环境的经历。对李先闻来说，这充分表明了他在强调理论科学的同时，是多么重视有应用价值的科学技术了。

在此期间，水稻品种的鉴定及推广是全所的重点工作，李先闻为此结合地方实际，全力以赴地进行推动，承上启下，从而做出了较好的成绩。

李先闻在台湾花了大约十二年光景致力于甘蔗品种的改

良。为了摸清种蔗家底，他跑遍全岛一百八十多个农场，受尽了日晒雨淋和蜂蜇之苦。有一年看到甘蔗叶烧病蔓延成灾，原有推广品种 COX·F108 等受害减产，威胁着台湾糖业的全部生产。正当忧心忡忡，束手无策之际，李先闻和他的同事从区域试验中发现了由南非引来的 N: CO310 新品种表现高产、高糖分、抗病、抗风、抗盐，比原推广种 F108 增产百分子七十，随即组织繁殖，同时说服公司领导，加以推广。1953 年刚推广时面积只有全部甘蔗种植面积的百分之一点三，从 1956 年起，这个甘蔗良种连续六年在全岛九万多公顷的种蔗总面积中占到全部种蔗收获面积的百分之九十上下，从而使计穷力竭的台湾糖业公司获得了新生，全岛制糖业也从濒危中复苏过来。当时台湾百分之七十的外汇要靠蔗糖的外销得来，有了这个良种的推广，台湾经济随之稳定下来。这就是农民把李先闻看作是"半仙"和"甘蔗之神"的原因。随着良种的发展，李先闻不顾病魔缠身，前往留种区虎尾农场开会，提出建立甘蔗宿根种植的制度，对甘蔗的增产进一步发挥了作用。

## 手脑并用，因材施教，培养后生

早在三十年代李先闻在河南执教时，就有一位诚挚忠厚的孟及人充当助手，从田间到试验室，不分工种粗细，总在一起操作。他们之间的年龄相差不大，在那艰难环境中，总能相互配合，成为良师益友。后来二人一同到武汉大学，又转到四川。由于川东试验分场乏人照管，李先闻要孟及人前去合川工作，抗日战争胜利后，才分手数年。到台湾时，他又把孟及人推荐给台湾糖业公司，主持一个分场的农务工作，获得上下各方的信任。他们前后几十年融洽相处，从来没有一句怨言相责。

李先闻本人素有吃苦耐劳的作风，也要求他的助手们亲自动手，手脑并用。这种习惯的养成可以追溯到他当研究生时代。从他保存的照片上可以看出，他和康奈尔大学玉米遗传研究小组师生们那副田间劳动的着装，满身携带着一大堆授粉用的纸袋和刀等用具，完全像一群田间工作的农民。他们既要抓紧玉米开花盛期，完成大量的授粉工作，又要进行细致的田间观察，真正是手脑并用的繁重劳动。李先闻从他老师那里学到的优良作风，也就以身教言传的方式要求他的学生和助手们去履行。有一次武汉大学一位教授向李先闻推荐李竞雄去当他的水稻方面的助教，一听说是苏州人氏，他就一口拒绝了，认为来自文弱之乡的青年一定不能吃苦耐劳。经过解释，他才愿意试用。等到数年之后，李先闻重提此事时说，人不可以貌相。李先闻为人坦诚直率，有时不容易为人们所理解。但在同他相处较久之后，就会了解他具有正义感，乐于助人，并有因材施教的长处。在台湾植物研究所工作期间，为了使科学事业后继有人，他骑着自行车，亲自到各地农业院校招募有志青年，还在台湾大学设置个人奖学金，以鼓励后进。在植物研究所工作时，由他培养推荐出国深造而获得博士学位的多达二十七人以上。以专业而言，分布于分子生物学、细胞遗传学、生态学、群体遗传学、植物生理等学科领域。当他病情趋重之际，主动提出退休，好让后起之秀及时接替。

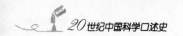

## 屡经困境，奋斗一生

在 1929 年回国以后的头两年里，李先闻初次闯入社会，就碰到了不寻常的遭遇。他以植物遗传学专业出身，受聘于南京中央大学农学院，却被分到蚕桑系任讲师，完全超出了自己的意料之外。接着不久，在好友的劝慰下，他用回国时节余的美金，自费留日，改学蚕体细胞遗传学，以适应今后的教学任务。不料回到南京以后，他的原有职位却已被人顶替，变成了鸡飞蛋打的结局。他不得已而跑到南通农学院谋出路，终因那里设备太差，只能兼课；他无意迁就，才另求东北大学生物系教职，担任学非所长的植物学教学工作，事后得知，这还只是个代理职务。当他带着新婚伴侣回沈阳后不久，"九一八"事变突起，又仓促移迁关内，谋得北平大学农学院兼课教职，所得不足以糊口。回到母校求助，被生物系主任拒绝，幸由体育老师马约翰教授照顾，充当篮球教练之职。清华虽好，终非自己久居之地，等不到一年，只好赴河南开封任教。

开封是当年风沙之区，学校教学条件和生活景况十分艰苦。可以告慰的是第一次请他开设了符合自己本行的课程。李先闻自知不会有人欣赏他的细胞遗传学那一套，就心安理得的搞起他的粟类育种研究。河南大学农学院本来汇聚了不少有识之才，是大有作为之所。但由于倾轧之风迭起，学校变化多端，李先闻才决心离开，去接任武汉大学农艺系主任、教授的新职了。

以一生工作的变迁史来说，在武汉的两年半时光和以后回家乡服务的八九个年头，是李先闻工作上能够发挥才智而使他最感愉快的岁月，也是他在学术成就上绚丽多彩的上升年华。

1948 年李先闻初到台湾工作，当时是举目无亲，人生地疏，经济拮据，使他对前景产生了悲观情绪。他回忆说，第一年过春节竟是一文不名，心情十分苦闷，感到来到这个小岛，前途渺茫。到了谋得台湾糖业公司台南糖业试验所工作时，生活仍然艰苦，为筹划四个子女的学费，东拼西凑，节衣缩食，勉强应付。为了筹建台湾中央研究院植物研究所，在既缺人才，又少设备的情况下，全靠他求助于当局，以艰苦创业的精神，才慢慢建成为一个像样的研究单位。他在台湾生活了二十八年，健康状况一直不佳。五十年代初，误以为患有癌症，去美国检查后，才释去心理负担。1955 年还偶吐鲜血，体质从此衰退。六十年代后期患有高血压，风湿症，为了支付高昂的医药费，不得不典卖过去不多的一些积蓄。1971 年因病退休，最后因心脏病发作，于 1976 年 7 月 4 日逝世。在临终前几年，他自己行动不便，要人扶抬之际，还念念不忘植物研究所内的一切。他酷爱科学事业甚于自己的生命。他全心全意为科学奋斗的崇高品德，赢得了后人缅怀仰止之情。

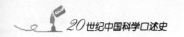

# 李先闻年表

APPENDIX

1902 年　10 月 10 日出生于四川省江津县。

1906 年　进小学。

1911 年　进高小。

1915 年　考取清华留美预备学校。

1923 年　清华学校毕业，同年赴美。

1923—1926 年　留学美国印第安那州普渡大学农学院园艺系毕业。

1927—1929 年　美国康奈尔大学植物育种系研究生，毕业获博士学位。

1930 年　任中央大学蚕桑系讲师，8 月赴日本九州帝国大学进修。

1930—1931 年　东北大学生物系教授。

1931 年—1932 年 2 月　北平农学院兼职教授，清华大学体育教练。

1932 年 2 月—1935 年 7 月　河南大学农学院教授。

1935 年 8 月—1937 年 12 月　武汉大学农学院农艺系教授、系主任。

1938—1945 年　四川省农业改进所稻麦改良场技正兼场长。

1944 年 8 月—1945 年 6 月　由农林部派赴美国考察。

1946—1948 年　中央研究院植物研究所研究员。

1947 年　应邀赴台湾考察糖业，年底到屏东从事甘蔗细胞研究。

1948—1961 年　台湾糖业公司专家顾问，台南糖业试验所评议会主席，良种推广执行委员会主任。

1950 年　赴澳洲参加世界糖业技术协会会议。

1952 年　推广 N：CO310，下半年生病。

1953 年　1 月赴美就医，5 月病愈回台。10 月赴马尼拉参加第 8 届太平洋科学会议。

1954—1962 年　台湾中研院植物研究所筹备主任。

1954 年　7 月赴巴黎参加第 8 届国际植物学大会，会后转赴美国夏威夷等地考察糖业。

1955 年　下半年因病休养。

1956 年　赴日本东京、京都参加国际遗传学研讨会。

1957 年　12 月率团赴泰国曼谷参加第 9 届太平洋科学会议。

1958 年　赴美国、加拿大参加全美农艺学会议、国际小麦会议、第 9 届国际遗传学大会、国际科联大会。

1961 年　6 月移家台北南港，7 月赴美参加中美科学会议，8 月率团参加在夏威夷举行的第 10 届太平洋科学会议。

1962—1972 年　台湾中研院植物研究所所长。

1963 年　参加第 10 届世界遗传学会会议（海牙）并赴沙特阿拉伯考察农业。

1964 年　主持第 1 届暑期科学研讨会生物组。

1965 年　赴美国华盛顿参加第 2 届中美科学会议。

1965—1972 年　台湾中研院生物研究中心主任。

1968 年　赴日本东京参加第 11 届国际遗传学大会。

1969 年 4 月—1970 年 4 月　写作自传，在《传记文学》连载，1970 年 7 月由台北商务印书馆出版单行本。

1976 年　7 月 4 日在台北病逝。

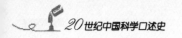

# 李先闻主要著述目录

APPENDIX

1　Li H W. Heritable characters in maize, XL V – Nana. *Jour Hered.* 1933 (24): 279～281

2　Li H W, Meng C J, Liu T N. Problems in the breeding of millet Setariaitalica (L. ) Beauv. *Jour Amer Soc Agron*, 1935 (27): 963～970

3　Li H W, Meng C J, Li C H. Genetic studies with foxtail millet, Setariaitalica (L. ) Beauv. *Jour Amer Soc Agron*, 1940 (32): 426～438

4　Li C H, Pao W K, Li H W. Interspecific crosses in Setaria, II. Cytologicalstudies of interspecific hybrids involving 1) S. faberii and S. italica, and. 2) A three way cross, F2 of S. italica x S. viridis and S. faberii. *Jour Hered*, 1942 (33): 351～355

5　李先闻, 鲍文奎. 粟类之演化. 四川省农业改进所农业丛刊, 1943 (36): 1～17

6　鲍文奎, 李竞雄, 陈之长, 李先闻. 小麦矮生性之遗传. 科学农业, 1943 (1): 1～12

7　Li H W, Li C H, Pao W K. Cytological and genetical studies of the interspecific cross of the cultivated foxtail millet, Setaria italica (L. ) Beauv. and the greenfoxtail millet. S. viridis L. *Jour Amer Soc Agron*,

1945（37）：32～54

8  Li H W, Pao W K, Li C H. Desynapsis in the common wheat. *Amer Jour Bot*, 1945（32）：92～101

9  李先闻，敦鑫. 小麦属"合成二元体"染色体逾规之研究. 国立中央研究院植物学汇报，1947（1）：173～186

10  李先闻，骆君骕，（李正理）. 甘蔗类植物之细胞研究——高贵种、茅草及野生杂种. 国立中央研究院植物学汇报，1948（2）：147～160

11  李先闻，夏镇澳，（李正理）. 小麦穗形之变化与遗传因子多寡之关系. 国立中央研究院植物学汇报，1948（2）：243～264

12  Li H W, Pao W K. Desynapsis and other abnormalities induced by high temperature. *Jour Genet*, 1948（48）：297～310

13  Li H W, Leung T C. Cytological studies of sugarcane and its relatives, Ⅶ. Hybrid between Saccharum officinarum and S. narenga. *Jour Sugarcane Res*, 1949（3）：259～270

14  Li H W, Cheng C F, Leung T C. Genetic analysis of the hybrids obtained in crossing POJ 2725 and Miscanthus japonicus Anders. 7th Congress, International Society of Sugar Cane Technologists, 1950：266～270

15  Li H W, Ma T H, Shang K C. Cytological studies of sugarcane and its relatives. X Exclusive "patroclinous" type in the F1f sugarcane variety and Miscanthus japonicus Anders. Rep. *Taiwan Sug Exp Sta*, 1953（10）：1～6

16  Li H W, Ma T H, Shang K C. Cytological studies of sugarcane and its relatives. Ⅺ Hybrids of sugarcane and corn. *Taiwan Sugar*, 1954（1）：13～24

17  Li H W, Shang K C. Cytological studies of sugarcane and its relatives. ⅩⅣ. Abnor malmeiotic divisions in POJ 2725 and corn hybrid. *Proc*

*Int Genetics Symposia*, 1956, Tokyo and Kyoto, 1957: 305 ~ 313

18  Li H W, Shang K C, Hsiao Y Y, et al. Cytological studies of sugar-cane and its relatives. XV. Basic chromoso menumber of Saccharum officinarum L. *Cytologia*, 1959 (24): 220 ~ 236

19  Li H W, Hu C H, Chang W T, et al. The utilization of X - radiation for rice improvement – effects of ionizing radiation of seeds. International Atomic Energy Agency, Vianna, 1961; 485 ~ 492

20  Li H W, Chen C C, Weng T S, et al. Cytological studies of Oryza sativa L. and its related species, 4. Interspecific crosses involving O. australiensis with O. sativa and O. minuta. *Bot Bull Acad Sinica*, 1963 (4): 65 ~ 74

21  Li H W, Chen C C, Wu H K, et al. Cytological studies of Oryza sativaL. and its related species. 5. Differential condensation and chromosomepairing in the hybrid O. sativa x O. australiensis. *Cytologia*, 1963, (28): 3

22  Li H W, Sheng Wang, Pao – zun Yeh. A preliminary note on the structure analysis of glut in ousgene in rice. *Bot Bull Acad Sinica*, 1965 (6); 101 ~ 105

23  Li H W, Kweichi Ho. Cytological studies of Oryza sativa L. and its relative species. 10. Study on meiosis and unreduced gamete formation of the hybrid O. sativa L. x O. australiensis Domin. *Bot Bull Acad Sinica*, 1966 (7): 13 ~ 20

24  Li H W, Lin Wu, Tsai K S. Cytological studies of Oryza sativa L. and its related species. 12. An alien additional line second backcross generation of O. sativa x O. australiensis. *Bot Bull Acad Sinica*, 1967 (8): 165 ~ 170

25  Li H W, Wu H P, Wu L, et al. Further studies of the interlocus recombination of the glutinous gene of rice. *Bot Bull Acad Sinica*, 1968

(9)：22~26

26  Li H W, Y. Studies Ma on the polyacrylamidegel electrophoresis of riceisozymes. *Bot Bull Acad Sinica*, 1969 (10)：29~35

27  Li H W, Yuan Ku, Wu Lin. The phenolic compounds differentiation between the cross of Oryzasativa (AA) and O. australiensis (EE). *Bot Bull Acad Sinica*, 1969 (10)：36~41

28  Wu L & Li H W. Induction of callus tissues initiation from different somatic organs of rice plant by various concentration of 2, 4 - dichlorophenoxyacetic acid. *Cytologia*, 1971 (36). 411~416

29  李先闻.《遗传学在民主和极权国家内争论的检讨》. 台北：大陆杂志社，1953. 186 页

30  李先闻. 李先闻自传. 台北：商务印书馆，1970. 269 页

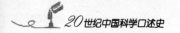
20世纪中国科学口述史

人名索引

APPENDIX

图书在版编目（CIP）数据

李先闻自述/李先闻著．—长沙:湖南教育出版社，
2009.7 （20世纪中国科学口述史/樊洪业主编）
ISBN 978－7－5355－6078－0

Ⅰ.李… Ⅱ.李… Ⅲ.植物学：遗传学—进展—中国—
20世纪 Ⅳ.Q943-12

中国版本图书馆CIP数据核字（2009）第117090号

---

| 书　　名 | 20世纪中国科学口述史 李先闻自述 |
|---|---|
| 作　　者 | 李先闻 |
| 著作权引进合同登记号 | 图字18-2006-160号 |
| 责任编辑 | 罗青山 |
| 责任校对 | 龚　昊　王　莎 |
| 出版发行 | 湖南教育出版社（长沙市韶山北路443号） |
| 网　　址 | http：//www.hneph.com　http：//www.shoulai.cn |
| 电子邮箱 | 228411705@qq.com |
| 客　　服 | 电话：0731－85486742　QQ：228411705 |
| 经　　销 | 湖南省新华书店 |
| 印　　刷 | 湖南天闻新华印务有限公司 |
| 开　　本 | 16开　710×1000 |
| 印　　张 | 23 |
| 字　　数 | 236 600 |
| 版　　次 | 2009年7月第1版　2009年7月第1次印刷 |
| 书　　号 | ISBN 978－7－5355－6078－0/G·6073 |
| 定　　价 | 46.00元 |